高等院校石油天然气类规划教材

海洋油气生产与施工安全

主　编　李　吉
副主编　李占东　逯广东　张海翔

石油工业出版社

内 容 提 要

本书系统介绍了海洋油气生产与施工安全方面的专业知识，全书涵盖海洋油气开发概况、海洋油气生产与施工设备、海洋油气工程施工管理体系及作业安全分析体系、海洋油气工程施工风险分析及控制措施等内容，具有较强的实用性及普适性，对于海洋油气工程安全生产具有很好的指导作用。

本书可作为海洋油气工程专业学生的教材，也可作为海洋油气企业工程技术人员、安全监管人员的培训教材。

图书在版编目（CIP）数据

海洋油气生产与施工安全／李吉主编 . —北京：石油工业出版社，2020.8

高等院校石油天然气类规划教材

ISBN 978-7-5183-4107-8

Ⅰ.①海… Ⅱ.①李… Ⅲ.①海上油气田－油气田开发－高等学校－教材②海上油气田－安全生产－高等学校－教材　Ⅳ.①TE5

中国版本图书馆 CIP 数据核字（2020）第 121080 号

出版发行：石油工业出版社
　　　　　（北京市安华里 2 区 1 号楼　100011）
　　　　网　　址：www.petropub.com
　　　　编辑部：（010）64250091
　　　　图书营销中心：（010）64523633　（010）64523731
经　　销：全国新华书店
排　　版：北京中石油彩色印刷责任有限公司
印　　刷：北京中石油彩色印刷有限责任公司

2020 年 8 月第 1 版　2020 年 8 月第 1 次印刷
787 毫米×1092 毫米　开本：1/16　印张：13.5
字数：330 千字

定价：33.00 元
（如发现印装质量问题，我社图书营销中心负责调换）
版权所有，翻印必究

前　言

由于海洋环境的复杂性，海洋油气开发存在许多难以估量的不确定性因素和安全风险，正是因为这种高风险性，在海洋油气开发过程中很容易发生事故，并可能带来灾难性、颠覆性的后果，给国家、企业和个人造成无法挽回的巨大损失。同时，海洋油气开发还具有高投入、高科技的特点，这对安全工作提出了更高更严的要求。

在安全已经成为衡量海洋油气开发成败与否的情况下，所有与海洋油气开发相关的管理和技术人员都必须具有扎实的专业知识，能从多方面做工作以预防安全事故的发生，竭尽全力防止人员的死亡与健康伤害，防止生产设施的损坏，防止海洋环境的破坏。本书全面、系统地叙述了海洋油气生产与施工安全的相关知识，将理论与实践相结合，一方面希望能为从事海洋油气开发的相关人员提供相关知识，提高从业人员的安全意识；另一方面，也希望更多的技术人员关注海洋油气开发的安全工作，提高专业人员之间的配合、协作能力，从整体上提高海洋油气生产的安全管理水平。

全书共分八章。第一章简要回顾海洋油气工业发展历程及储量情况、开发现状及发展趋势。第二章概括介绍了海洋油气生产与施工设备，对油气生产设备和施工设备的主要类型、结构、特点、适用性进行了客观描述。第三章简要介绍作业安全分析与风险控制的实施流程及施工风险等级评估，重点介绍在作业安全分析方法涉及的主要术语、危险有害因素辨识的方法、风险评价的常用方法及风险控制的措施。第四章介绍了海洋油气工程施工安全管理的含义范围及管理措施，包括电气系统、危险品、施工资格审查、承包商施工资格、出海人员、系物、安全培训及事故事件等管理措施。第五章详细论述了通信系统、供电系统、防火系统、安全联锁系统、逃生系统、求助信号等的系统结构、管理模式及检查维护方式。第六章围绕物探施工、海洋油气工程建设、平台拖航、钻完井、延长测试、井下施工、含硫化氢场所施工、海底管道集输、弃井等不同阶段所面临的风险因素进行分析并提出了风险防控的相关措施。第七章论述了海洋油气生产突发事故处理。第八章列举了典型的海洋油气生产过程中所发生的事故案例及原因分析。

本书由东北石油大学石油工程学院海洋油气工程系李吉、李占东、逯广东、邱淑新、张海翔，广东石油化工学院机电工程学院安全工程系赵芙蕾，中国海洋石油（中国）天津分公司渤海石油研究院渤西开发室吴鹏联合编写，李吉担任主编，李占东、逯广东、张海翔担任副主编，并邀请中国石油集团海洋工程有限公司张贺恩担任主审。具体编写分工如下：第一章、第四章、第六章、第八章由李吉编写；第二章由李占东编写；第三章由逯广东编写；第五章由赵芙蕾、吴鹏编写；第七章由张海翔、吴鹏编写。全书由李吉统稿，张贺恩进行了审核。本书在编写过程中，东北石油大学石油工程学院研究生庞鸿、王久星、王佳琦、顾亚萍、干毕成、刘建辉、田鑫、冯加志，海洋油气工程系本科生李虹达从事了文字录入工作，在此表示衷心感谢。本书在编写过程中得到了东北石油大学石油工程学院海洋油气工程系多位老师的支持和帮助，在此表示衷心感谢。

由于编写人员的知识、经验和水平有限，书中难免有不妥之处，敬请读者批评指正。

编者

2020 年 4 月

目 录

第一章 绪论 ··· 1
　第一节 海洋油气工业发展概况 ··· 1
　第二节 海洋油气安全管理发展历程 ··· 5
　习题 ·· 7

第二章 海洋油气生产与施工设备 ·· 8
　第一节 海洋油气生产过程及对安全生产的要求 ···························· 8
　第二节 海洋油气生产设备 ·· 10
　第三节 海洋油气施工设备 ·· 16
　第四节 水下采油系统 ··· 18
　第五节 海洋油气集输系统 ·· 23
　习题 ·· 26

第三章 作业安全分析 ·· 27
　第一节 概述 ·· 27
　第二节 相关术语 ·· 30
　第三节 JSA 风险评价 ·· 32
　第四节 JSA 风险控制 ·· 37
　第五节 JSA 的管理流程 ··· 40
　第六节 JSA 的实施流程 ··· 42
　习题 ·· 43

第四章 海洋油气工程施工的管理措施 ·· 44
　第一节 管理措施的含义及范围 ·· 44
　第二节 电气系统的管理措施 ··· 45
　第三节 危险品的管理措施 ·· 46
　第四节 施工资格审查的管理措施 ·· 48
　第五节 承包商的管理措施 ·· 50
　第六节 出海人员的管理措施 ··· 52
　第七节 系物的管理措施 ··· 52
　第八节 安全培训管理措施 ·· 53
　第九节 事故管理措施 ··· 54
　习题 ·· 54

第五章　海洋油气工程施工的安全系统 …… 55
第一节　概述 …… 55
第二节　通信系统 …… 60
第三节　供电系统 …… 65
第四节　防火系统 …… 68
第五节　安全联锁系统 …… 72
第六节　逃生系统 …… 79
第七节　求助信号 …… 83
习题 …… 84

第六章　海洋油气工程施工风险分析 …… 86
第一节　海洋油气生产风险概述 …… 86
第二节　海上物探施工 …… 94
第三节　海洋油气工程建设 …… 102
第四节　移动式海洋平台拖航就位 …… 114
第五节　海上钻完井施工 …… 121
第六节　海上延长测试施工 …… 133
第七节　海上井下施工 …… 137
第八节　含硫化氢场所施工 …… 145
第九节　海底管道集输 …… 149
第十节　海上弃井与设施弃置施工 …… 155
习题 …… 160

第七章　海洋油气生产突发事故处理 …… 161
第一节　概述 …… 161
第二节　突发事故管理 …… 162
第三节　井喷 …… 166
第四节　溢油 …… 169
第五节　火灾爆炸 …… 183
第六节　中毒 …… 185
第七节　机械损伤 …… 186
第八节　其他突发事故 …… 187
习题 …… 189

第八章　案例分析 …… 191
第一节　井喷失控案例 …… 191
第二节　火灾与爆炸案例 …… 192
第三节　平台遇险案例 …… 194
第四节　直升机事故案例 …… 196
第五节　船舶海损案例 …… 197

第六节　油气生产设施与管线破损案例 …………………………………… 199
第七节　有毒有害物质遗散案例 …………………………………………… 203
第八节　急性中毒案例 ……………………………………………………… 204
第九节　潜水施工事故案例 ………………………………………………… 206
第十节　溢油事故案例 ……………………………………………………… 207

参考文献 ………………………………………………………………………… 208

第一章 绪 论

第一节 海洋油气工业发展概况

现今,海洋油气工业方兴未艾,全球已有一百多个国家在进行海洋油气勘探开发。从区域看,海洋油气勘探开发形成"三湾、两海、两湖"的格局。"三湾"即波斯湾、墨西哥湾和几内亚湾;"两海"即北海和南海;"两湖"即里海和马拉开波湖。其中,波斯湾的沙特阿拉伯、卡塔尔和阿拉伯联合酋长国,里海沿岸的哈萨克斯坦、阿塞拜疆和伊朗,北海沿岸的英国和挪威,还有美国、墨西哥、委内瑞拉、尼日利亚等都是世界重要的海洋油气勘探开发国家。世界最著名的海上产油区有波斯湾、委内瑞拉的马拉开波湖、欧洲的北海和美洲的墨西哥湾,称为四大海洋油气区。世界海洋油气主要产区包括:波斯湾、北海、墨西哥湾、马拉开波湖、里海、西非(几内亚湾)、巴西海域、地中海、印度尼西亚海域、澳洲海域、中国渤海、中国东海、中国南海等。

一、世界海洋油气工业发展概况

海洋蕴藏着极其丰富的油气资源,其石油资源量约占全球石油资源总量的34%,主要分布在大陆架,大陆架的石油资源量约占全球海洋石油总资源量的60%。据海洋油气专家预测,世界海洋石油的可采储量约有 $3000 \times 10^8 t$,其中在大陆架以内的约为 $1350 \times 10^8 t$,此外,还有 $140 \times 10^{12} m^3$ 的天然气。据统计,截至2018年年底,全球海洋石油资源探明储量约为 $1350 \times 10^8 t$,天然气探明储量约为 $140 \times 10^{12} m^3$。

世界上最早的海洋油气勘探要追溯到1887年,在美国加利福尼亚海岸的海域钻探了世界上第一口海上探井,从此开始了海洋油气勘探开发的征程。迄今,海洋油气工业已经历了一百多年的发展历史,经过了一个由浅水到深水、由简易到复杂的发展过程。

1897年到20世纪40年代是海洋油气工业发展的初始阶段。海洋石油开发主要采用木结构平台和人工岛,只在近岸海边和内湖进行,产量、储量规模较小。

20世纪40年代末至60年代末是海洋油气工业早期发展阶段。随着工业水平的提升,海洋油气勘探和油田建设向大陆架延伸，海洋油气开发所需的许多技术和装备水平得到了迅速提高，建造了移动式钻井装置和固定式钢质采油平台等至今仍广泛使用的海洋油气设施，海洋油气生产规模也不断扩大。20世纪40年代末，海洋石油产量为$4000 \times 10^4 t$，占世界石油总产量的7.5%，20世纪60年代末达到$3.29 \times 10^8 t$，占世界石油总产量的14.6%，20年的时间产量提高了8倍。

20世纪70年代至90年代是海洋油气工业快速发展阶段。这一时期，海洋油气开发更为活跃，全世界有150多个国家管辖着一定范围的近海地区，约有80个国家进行了大陆架勘探，海洋开发成为国际合作的领域。海洋油气钻采技术日臻完善，出现了坐底式平台、自升式平台、半潜式平台和浮式平台等设施。到1990年全球海洋石油产量达到$8.7 \times 10^8 t$，占世界石油总产量的26%。

20世纪90年代末开始，海洋油气工业进入全面发展阶段，不仅保持了常规水域、浅海区域的油气产量稳定增长，而且很多国家开始到水深超过500m的海域找油，并且不断刷新钻井和采油水深记录。海洋油气生产规模不断扩大，产量不断增加，为顺应生产施工条件需要出现了塔式平台和张力腿平台等新型设施。到2018年，海洋石油产量达到$14.88 \times 10^8 t$，占世界总产量的37%，海洋天然气产量达到$12800 \times 10^8 m^3$，占世界天然气总产量的32%。

从图1-1和图1-2可以看出近四十年海洋石油和天然气产量的变化趋势。

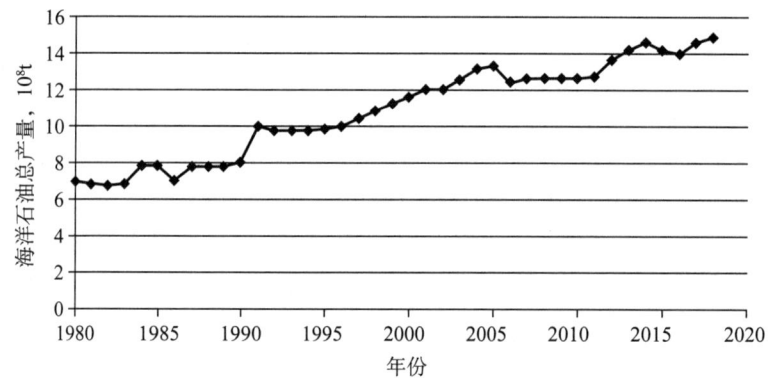

图1-1　世界海洋石油产量变化图

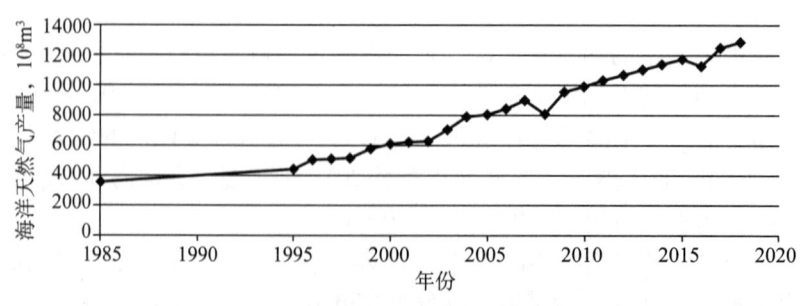

图1-2　世界海洋天然气产量变化图

纵观世界海洋油气工业发展史，不难发现，海洋油气储量、产量始终保持着较高速率的增长。根据国际能源署（IEA）发布的世界能源展望预测：2020—2050年世界石油需求预计年平均增长1.6%，需求量最高达到$57.96 \times 10^8 t/a$；天然气的需求量年均增长2.4%，需求

量最高达到 42.03×10^8t/a 油当量。随着陆上石油产量的逐步下降，要满足今后巨大的油气需求，海洋油气资源无疑将是承担这一接替任务的主角，未来全球海洋油气勘探开发将继续保持较快增长，施工的海域范围和水深也将不断扩大。

目前，全球已探明的海洋油气储量的 80% 以上是在水深 500m 以内，而水深大于 500m 的大面积海洋中的油气资源约占全球海洋石油总储量的 44%，尚有待探明。近年来，全球获得的重大勘探发现中，有 50% 来自深水海域，其探明储量约为 1000×10^8t 油当量。墨西哥湾、巴西海域、西非海域及被称为第二个波斯湾的中国南海是最有希望的深水油气区。目前，全世界约有 60 多个国家从事深海的油气勘探，且已发现了 33 个超过 5×10^8bbl 的深水大型油田。因此，向深海要油气是大势所趋。

虽然深海油气的勘探开发是石油工业一个重要的前沿阵地，但是风险极高。深海油气资源勘探开发最直接的风险是极大的施工风险。海洋平台结构复杂，体积庞大，造价昂贵，技术含量高。风、海浪、洋流、海冰和潮汐等时时作用于平台结构，还受到地震、海啸作用的威胁。在此环境条件下，环境腐蚀、海洋生物附着、地基泥层冲刷和结构材料老化、构件缺陷、机械损伤及疲劳损伤累积等不利因素都将导致平台结构构件和整体抗力的衰减，影响结构的服役安全度和耐久性。然而，深水油气田的平均储量规模和平均日产量明显比浅水油气田高，所以尽管深水油气田勘探开发风险更大，仍旧吸引着许多石油公司向深海发展，使其成为世界石油工业重要的领域和科技创新的前沿。

二、我国海洋油气工业发展概况

我国既是一个陆地大国，也是一个海洋大国，海岸线超过 1.8×10^4km。按海域自然边界计算，渤海、黄海、东海、南海的总面积约为 470×10^4km^2。根据有关海洋的国际法规定，属于我国的海洋国土面积约为 300×10^4km^2。经过几十年多种形式的勘探开发实践，在我国 130×10^4km^2 的浅海大陆架范围内，已经找到了渤海、南黄海、东海、南海珠江口、北部湾、莺歌海及台湾浅滩 7 个大型含油气盆地，并且这些地区的油气资源蕴藏丰富。据地质专家估计，这些地区的石油资源量约为 $(150\sim200)\times10^8$t，天然气资源量约为 14×10^{12}m^3。特别是中国南海油气资源潜力尤其大，南海勘探的海域面积仅有 16×10^4km^2，而发现的石油储量有 55.2×10^8t，天然气储量有 12×10^{12}m^3。

我国的海洋油气工业准确地说是在 1964 年发现大港油田（当时叫 641 厂）之后，1965 年石油工业部决定"下海"才开始的。当时，世界海洋油气勘探开发的热潮已经兴起，海洋油气工业已经发展到了相当先进的程度，但是由于历史原因，我国只能从零开始，一切都是靠自己摸索前进。我国的海洋油气工业大致经历了以下三个发展阶段。

1. 早期艰苦探索阶段

1957—1979 年是我国早期海洋油气勘探开发所走过的一段低速、较长的探索历程，这期间海洋油气工业的发展十分缓慢。最初，我国采取"以陆推海"的办法寻找海洋石油。直到 1966 年，在渤海钻探的第一口探井——海 1 井喜获成功，我国才诞生了第一口真正意义的海上油井。为了进一步加大海洋油气勘探开发力度，20 世纪 70 年代，我国又从国外引进了一批钻井平台，极大地增强了钻探力量，海洋油气产量有所上升。在这 22 年中，共钻井 127 口，发现含油构造 14 个，探明石油地质储量 3700×10^4t，在海 1、海 4 和埕北三个小油田进行试生产，建造安装 16 座导管架，建成原油年生产能力 $17 \times 10^4 t$，累计采油 $64.8 \times 10^4 t$。

2. 对外合作与自主经营并举阶段

1979—1999 年是我国海洋油气工业高速发展的阶段，虽然以对外合作为主，但实现了合作与自营双丰收。1982 年国务院颁布《中华人民共和国对外合作开采海洋石油资源条例》，成立了中国海洋石油总公司，专门负责海洋石油资源勘探开发业务，这是我国海洋油气发展的重要转折点。到 1997 年年底，中国海洋石油总公司先后与 18 个国家和地区的 67 家外国公司合作，共签订了 68 个石油合同与协议，完成了地震测线 $48.3 \times 10^4 km$、探井 265 口，相继合作建成埕北油田、惠州油田、西江油田、陆丰油田、番禺油田和流花油田等一批优质高产的近海油田群。同时，随着国家政策的调整，中国石油天然气集团有限公司、中国石油化工集团有限公司也开始在滩海、滩涂地区从事海洋石油勘探，发现了一批有利构造，并在胜利埕岛油田、大港滩海油田建设了多座人工岛进行开发，油气产量也有所斩获。总体来看，这 20 年与前一阶段相比，海洋油气地质储量提高 16 倍，原油年产能力提高 100 倍。1999 年海洋石油产量达到 $1800 \times 10^4 t$，天然气产量达到 $44 \times 10^8 m^3$，分别占全国油气总产量的 11% 和 18%。

3. 新世纪高速发展阶段

进入 21 世纪，国内三大石油公司的海洋油气业务都得到迅速发展，储量和产量都有大幅度的增长，海洋油气勘探开发技术装备也具有了相当规模。我国近海已投入生产的油气田超过 50 个，已形成规模化的石油基地和海洋石油公司，分别是以塘沽为基地的渤海石油公司、以上海为基地的东海石油公司、以广州和深圳为基地的南海东部公司、以湛江和三亚为基地的南海西部公司、以东营为基地的胜利油田海洋石油公司、以冀东和大港及辽河油田为基地的浅海石油公司；渤海和南海东部已成为我国海上两大重要油气生产基地。2010 年，国内海洋石油产量首次突破 $5000 \times 10^4 t$，相当于建成一个"海上大庆油田"，我国海洋已经成为陆上油气开发最重要、最现实的接替区，标志着我国能源开发已经步入"海洋时代"。

虽然我国经历了几十年的海洋油气勘探开发，但开发程度远远不及陆上充分，还有很多海洋油气资源有待探明，具有较强的开发潜力。对此，有关专家认为，未来的 10～20 年，我国的海洋油气开发将以国内三大石油公司为主，常规技术更为成熟，深海技术将得到快速发展，海洋油气产量将呈现跨越式增长。首先，渤海油气生产将稳定增长，目前渤海油田年产油气产量已经突破 $3000 \times 10^4 t$，而且还有一批油气田正在建设或扩建，可以预见渤海油田将长期成为我国海洋油气增储上产的主力区；其次，有望在南海建设"深水大庆"，虽然我国已经在南海东部、南海西部水深小于 300m 的区域建成了千万吨级海上大型油气田，但在我国南海的争议海域却因为技术问题、环境问题和地缘政治问题，油气产量始终没有大的突破。随着我国深水勘探开采技术和装备力量的不断更新发展，这些阻碍我国深水石油勘探开发的技术瓶颈将迎刃而解，无论是依靠自身开发还是通过对外合作，南海深水在未来都将会是我国海洋油气开发的主战场。另外，有机会在东海油气开发争议中抢占先机，使其成为我国海洋油气的战略接替区；在黄海寻找新突破，并不失时机地实施海外海洋油气并购。相信我国的海洋油气工业在未来一定会取得更大的发展，在我国能源需求结构中的地位将越来越重要。

第二节　海洋油气安全管理发展历程

一、海洋油气安全管理概述

伴随着海洋油气勘探开发规模的不断扩大，我国涉足海洋油气勘探开发领域，如何确保从业人员安全，确保海洋油气生产与施工的安全，就一直是相关部门不断探索的课题，在实践中随着认识的不断深化，海洋油气安全这一概念也就应运而生，并逐步得到丰富和发展。

海洋油气安全主要是研究海洋油气勘探开发过程中与安全有关的领域，分析安全管理的规律和安全要素的特点，提出相应的安全对策，从而提高安全系数和本质安全化程度，防止或减少从业人员受到伤害，防止和减少海洋污染及各类事故的发生。

海洋油气安全是一门新兴的应用科学，是安全科学的一个重要分支和组成部分。海洋油气安全在范畴上有广义和狭义之分，广义的海洋油气安全所涵盖的范畴不仅包括安全方面的内容，在习惯上还包括环境方面的和从业人员健康方面的内容，以及更广泛层面上与之相关的内容。狭义的海洋油气安全所涵盖的范畴重点在安全层面上，对环境和其他方面的内容涉及较少。

海洋油气安全所包括的内容涉及从海洋安全的法律法规、安全技术、安全评价、安全对策、事故案例分析到人的素质、设施的状况、环境的因素、管理的体系等。

海洋油气安全具有以下主要特点：

（1）综合性。从事海洋油气勘探开发所用到的知识和技术是多学科的，包括海洋知识、油气勘探开发知识、海洋装备知识、自动化知识、船舶知识、平台结构知识等。因此，必须综合应用相关学科知识，才能更好地从事海洋油气勘探开发事业，科学地指导海洋油气勘探开发工作。

（2）前沿性。由于海洋油气勘探开发技术持续发展，为了不断提高海洋油气田开发程度和安全水平，需要学习和应用大量先进的技术与前沿的知识，使海洋油气勘探开发技术处于领先地位。

（3）边缘性。海洋油气勘探开发的安全体系是伴随着海洋油气勘探开发的发展而不断发展的，是多学科交叉和结合的结果，具有边缘性的特点。

（4）发展性。海洋油气事业发展前景良好，海洋油气安全所包含的内涵和外延要素具有发展潜力。随着人们对海洋油气开发认识的不断深化和对安全规律的深入研究，安全知识持续发展完善，为人们安全、合理、科学地利用海洋油气资源提供帮助和指导。

二、我国海洋油气安全管理发展历程

海洋油气安全需要多方面的共同努力和配合，目前我国海洋油气安全管理实行"企业全面负责，政府监督管理，第三方检验把关"相结合的工作制度。企业就是指从事海洋油气勘探开发的作业者或承包者，是海洋油气安全生产的责任主体；政府依照国家法律法规对企业的安全生产过程进行监督管理，即海洋油气作业安全办公室对整个中国海域海洋油气施工实施严格的安全生产综合监督管理；而专业的第三方检验机构协助企业和政府对安全管理及监督工作进行完善和补充。

在我国海洋油气勘探开发历史上曾经发生过重大的海难事故，如1979年11月25日，"渤海2号"钻井船在渤海湾拖航作业途中翻沉，死亡72人；1983年10月25日，我国从美国阿科公司租用的"爪哇海"号钻井船在莺歌海钻探时遇台风袭击，船上81名中外人员遇难。这些事故给我国海洋油气行业的教训十分沉痛、十分深刻，使大家认识到两点：一是海洋油气安全管理必须由一个政府机构来具体负责；二是必须有一套适合海洋油气的安全法规来实施监督管理。为此，中国海洋石油总公司认真总结对外合作过程中安全管理方面的经验教训，并吸取美国、英国和挪威等国家海洋石油作业安全管理先进体制与成功的管理经验，提出设立海洋石油作业办公室的构想。

1985年5月，经石油工业部批准，正式成立海洋石油作业安全办公室，全称为石油工业部海洋石油作业安全办公室，作为海洋油气安全生产工作的监管执法主体，机构挂靠在中国海洋石油总公司。

1988年6月，国务院机构改革，撤销石油工业部，成立能源部。由能源部行使有关海洋油气对外合作的政府管理职能，同时海洋油气作业的安全监管归能源部统一管理，石油工业部海洋石油作业安全办公室职能转为能源部授权，名称改为能源部海洋油气作业安全办公室。

1993年10月，能源部撤销，中国海洋石油总公司的业务归口国家发展计划委员会管理，能源部海洋石油作业安全办公室转为国家发展计划委员会授权，名称改为中国海洋石油作业安全办公室。

1998年9月，海洋石油总公司的业务又转为国家经济贸易委员会管理，随之中国海洋石油作业安全办公室也转为国家经济贸易委员会授权，名称不变，行使中国海域海洋油气安全监察和海上油气设施的技术监督检查职能。

2003年10月，国家安全生产监督管理总局（原国家安全生产监督管理局）由国家经济贸易委员会管理的委内局变为国务院直属机构，负责全国安全生产综合管理。根据《关于国家安全生产监督管理局（国家煤矿安全监察局）主要职责内设机构和人员编制调整意见的通知》（中央编办发〔2003〕15号）文件，国家安全生产监督管理总局正式成立海洋石油作业安全办公室，对海洋油气安全生产实行综合监督管理，原中国海洋石油作业安全办公室的职能转到国家安全生产监督管理总局海洋石油作业安全办公室（简称"海油安办"）。

2004年年底，国家安全生产监督管理总局进一步明确了海油安办的职能，确立了海油安办对海洋油气安全生产实施综合监督管理的地位。同时，为了保留海洋油气安全监督管理的连续性，充分发挥中央直属大企业的作用和积极性，海油安办分别在中国海洋石油总公司、中国石油天然气集团公司和中国石油化工集团公司相应设立了三个分部，即海油分部、中油分部和石化分部，各分部依照有关规定实施具体的安全监督管理。三个分部根据监管工作需要，在主要涉海油气田的地区公司，又设立了天津、上海、深圳、湛江、辽河、大港、冀东和胜利八个地区的安全监督处，形成安全监督管理机构框架，如图1-3所示。

2014年12月，国家安全生产监督管理总局下发了《关于健全海洋油气安全监管机构明确海洋油气安全监管职责的意见》（安监总海油〔2014〕140号），对各分部、地区监督处的机构设置与监管职责划分进一步进行了明确和界定,这是一次新的改革,将对今后海洋油气安全监管产生重要影响。

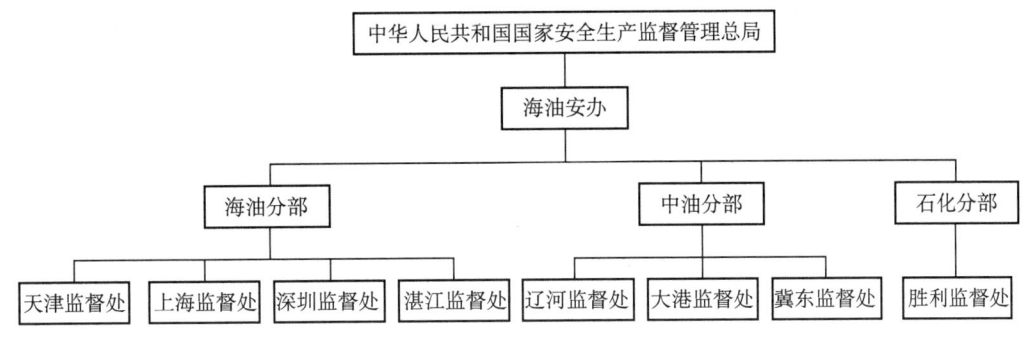

图1-3 海洋油气安全管理机构图

几十年来,海洋油气安全管理机构虽几经变迁,但安全监督职能始终没变,并根据经济的快速发展不断调整和完善监督职责,使之更好地服务于蓬勃发展的海洋油气事业,在保障我国海洋油气安全生产稳定的工作中发挥了重要作用。

习 题

1. 我国的海洋油气工业大致经历了哪几个发展阶段?
2. 简述我国海洋油气安全管理的发展历程。
3. 简述实施海洋油气安全管理的意义。
4. 海洋油气安全管理的主要特点有哪些?
5. 实施海洋油气安全管理对企业发展有哪些作用?

第二章
海洋油气生产与施工设备

第一节 海洋油气生产过程及对安全生产的要求

一、海洋油气生产过程

海洋油气生产就是将海底油气藏中的原油或天然气开采出来，然后收集，并对油气水进行分离与加工处理、储存和外输的全过程，如图 2-1 所示。

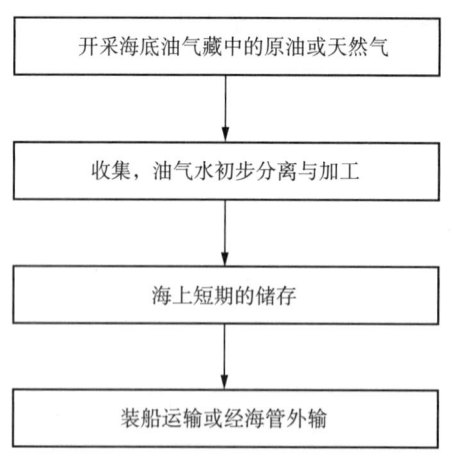

图 2-1 海洋油气生产过程

二、海洋油气安全生产的基本要求

由于海洋油气的生产主要是在海上生产设施上进行，这也就决定了海上平台与陆地石油开采的不同之处。海洋油气生产的基本要求主要包括以下六个方面。

1. 对自然环境适应性的要求

海上平台要面对各种复杂的自然灾害,如恶劣气候、风浪的袭击、海水的腐蚀和地震的危害等。为了确保海上平台的安全性和可靠性,需要从设计和建造上提出更为严格的要求。

2. 对安全生产的要求

由于海上采出的油气资源以危险化学品居多,加之海上交叉施工较多,事故发生的概率相对较大,同时受平台空间的限制,油气生产区、人员居住区往往集中在同一平台上,因此平台的安全生产显得尤为重要。现阶段海上生产设施的安全系统(包括火灾探测与报警、紧急关断、消防与水喷淋、救生与逃生)主要为自动控制,同时辅以手动控制。

3. 对海洋环境保护的要求

油气生产过程中可能产生的污染源有两种:一种是正常施工情况下,平台生产污水及生活污水的排放;另一种就是事故状态下产生的油气泄漏。因此,海洋油气生产设施往往需要设置生产和生活污水处理设备,以实现污水达标排放,同时在油田的中心平台还应备有溢油回收和处理器具及设备。

4. 对生产生活供应系统的要求

海上平台远离陆地,乘坐直升机来往平台和陆地往往都需要 1h 以上,因此必须建立一套完善的供应系统来满足海上平台人员的生产和生活需要。

陆地对海上的供应方式一般有两种:一种是船舶供应,也是海上主要的供应工具;另一种是直升机运输。一般来说,海上平台都具有一周左右的维持能力,可以满足正常的生产和生活需要。

5. 对电力系统的要求

海洋油气生产的特殊性决定了海上油田一般采用平台发电设备孤岛运行的形式。

一般情况下,海上平台利用燃气轮机驱动发电机发电,并通过配电盘将电源送到各个用户。发电机组的台数配置往往是一用一备的原则,以保证其中一台发电机停止工作时,电气设备仍能保证生产和生活的正常需要。

与此同时,为确保生产和生活的安全,平台上还设有独立的应急电力保障系统,包括应急发电组、蓄电池组和不间断电源(UPS)。应急电力保障系统能在主电源失效的情况下,确保 3min 内启动并持续供电 18h 以上。

6. 对通信系统的要求

海上平台通信系统的主要任务是保证平台与外界、平台与平台及平台内部能够进行可靠的通信联系,确保海上生产安全。

正是由于海洋油气生产的上述特点,在整个油气田的开发和生产过程中,中国海洋油气企业必须以国际先进石油公司为榜样,建立一整套国际化的现代安全管理体系,尽最大可能将风险减少到最低程度。如何合理地进行安全投入,有效开展安全管理,使企业快速稳步发展,是摆在中国海洋油气企业面前的一大课题。

第二节　海洋油气生产设备

海洋油气开发整个过程都必须依靠生产和施工设备来实现。因此，海洋油气开发与海洋钻井、采油、集输、海洋油气工程等技术和装备能力是密不可分的，海洋油气生产和施工设备的技术水平直接反映了海洋油气工业的发展程度。

海洋油气生产设备是指以开采海洋油气为目的的海上固定平台、单点系泊、浮式生产储油装置、海底管线、海上输油码头、滩海陆岸、人工岛和陆岸终端等海上和陆岸结构物。虽然海上生产设备类型众多，但大致可将其分为固定式生产设备和移动式生产设备两大类。

一、固定式生产设备

固定式生产设备是用桩基、坐底式基础或其他方法固定在海底，具有一定承载能力和稳定性的在海上进行油气生产的结构物。较为常见的海上固定生产设备有钢质固定平台、混凝土重力式平台、人工岛、滩海陆岸、陆岸终端、海底管道等。

1. 钢质固定平台

钢质固定平台是最典型的海上固定式生产设备，是目前海洋油气生产中应用最多的一种，具有建造及安装施工技术成熟、稳定性好、海况影响小、生产平稳安全等特点。钢质固定平台主要由四个部分组成，即桩基、导管架、导管架帽和甲板模块。钢质固定平台油气生产处理设备的设置不同、用途各异，一般情况下按其用途可以分为井口平台、生产处理平台、储油平台、生活动力平台，以及集钻修井、井口采油、生产处理、生活设备于一体的综合平台，如图 2-2 所示。但在滩海油田及边际油田，由于水深条件、产能规模等因素的影响，钢质固定平台的适用性受到极大限制，又衍生出单腿、两腿、三腿和筒形基础结构形式的简易导管架平台。

2. 混凝土重力式平台

混凝土重力式平台是与钢质固定平台不同的另一种形式的平台，它不需要用插入海底的桩去承担垂直载荷和抵抗水平载荷，完全依靠本身的重量直接稳定在海底。混凝土重力式平台通常由沉垫、甲板和立柱三部分组成，如图 2-3 所示。沉垫（底座）是整个平台的基础，为了抵抗风、浪、流的推力，要求沉垫具有很大的体积，而这样正好可以用来储存原油，因此使混凝土平台具备了钻、采、储多种功能。这种类型的平台具有海上施工简易，混凝土的防腐、防火、防爆性能好，生产安全可靠性高等特点，但对平台基础的稳定性要求较高。

3. 人工岛

人工岛是指为了进行海洋油气勘探开发，以砂、石、混凝土、钢等主要材料建成的与陆岸无连接的岛式构筑物，如图 2-4 所示。人工岛是在海上建造的人工陆域，也是滩海地区（一般水深小于 6m）采油生产的主要选择，人工岛上可设置钻机、油气生产处理设备、公用设备及码头。目前国内外已经建造的人工岛按照岸壁形式可分为护坡式人工岛和沉箱式人工岛两种，而沙袋或块石护坡式人工岛和钢壳圈闭沉箱人工岛是最为常见的人工岛形式，如图 2-5 所示。与钢质固定平台相比，人工岛场地开阔，具有施工周期短、结构稳定性好、生产连续性高等特点。在滩海沿岸地区的油气开发中，人工岛起到了不可替代的重要作用。

图 2-2 典型钢质固定平台

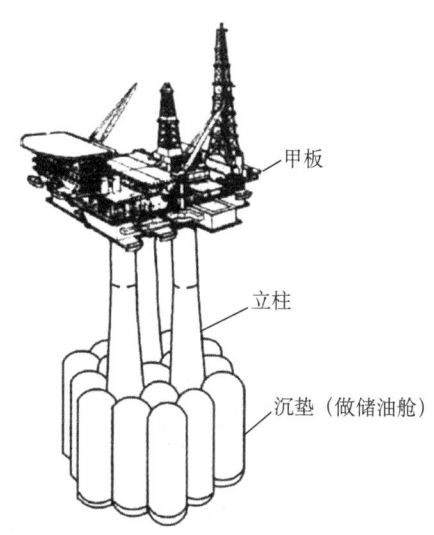

图 2-3 混凝土重力式平台

图 2-4 人工岛

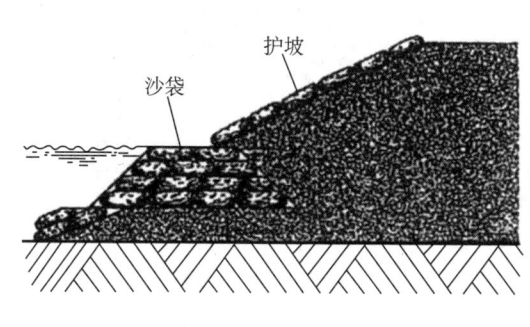

(a) 沙袋护坡式人工岛

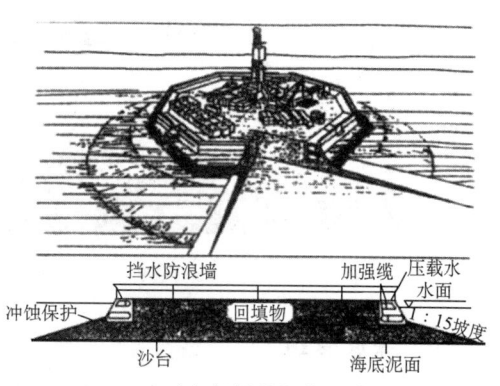

(b) 钢壳圈闭沉箱人工岛

图 2-5 护坡式人工岛和钢壳圈闭沉箱人工岛

4. 滩海陆岸

滩海陆岸是指在最高天文潮以下的滩海区域内，采用筑路或栈桥等方式与陆岸相连接，石油施工活动中修筑的滩海通井路、滩海陆岸井台及相关石油设备，如图 2-6 所示。其中，滩海陆岸井台与前面介绍的人工岛相比，结构形式基本一致，最主要的区别就是有滩海通井路与陆岸相连接，适合于水深更浅的区域。由于有滩海通井路的连接，因此滩海陆岸井台除了具备人工岛的优势外，还具有交通运输方便、离陆岸更近、应急抢险更快速的特点。

图 2-6 滩海陆岸

5. 陆岸终端

陆岸终端建造在陆地上，用于接收、处理海洋油气田开采出来的油、气、水或其混合物，并初步加工处理，一般设有原油或轻油脱水与稳定、天然气脱水、轻烃回收和污水处理，以及原油、轻油、液化石油气储运等生产设备，并有供热、给排水、供变电、通信等配套的辅助设备与生活设备，如图 2-7 所示。陆岸终端的特点与陆上油气田集输中心（联合站）大体一致，能够大规模集中处理、储存和外输油气，几乎不受气候的影响。但由于其靠近海洋，对海洋环境保护的要求较高，因此在设计标准和安全管理等方面相比于陆地联合站则更为严格。

图 2-7 陆岸终端

6. 海底管道

海底管道是指铺设在海底，用于输送石油、天然气、水等单一介质或混合介质的管道工程所有组成部分的总称，包括管段、立管、附件、控制系统、仪表及支撑件等互相连接的系统。海底管道是海洋油气生产设备中不可缺少的组成部分，它是输送大量油气最快捷、最安全和最可靠的方式，通过海底管道能把海洋油气田的生产集输和储运系统联系起来。海底管道的优点是可以连续输送，几乎不受环境条件的影响，输油效率高，输油能力大；另外，海底管道铺设工期短、投产快，并且管理方便、操作费用低。但它的缺点是管道处于海底，多数又需要埋设于海底一定深度，检查和维修十分困难。

海底管道按其输送介质可划分为海底输油管道、海底输气管道、海底油气水混输管道和海底输水管道等；按结构可划分为单层管道、双重保温管道和多重保温管道，如图 2-8 所示。

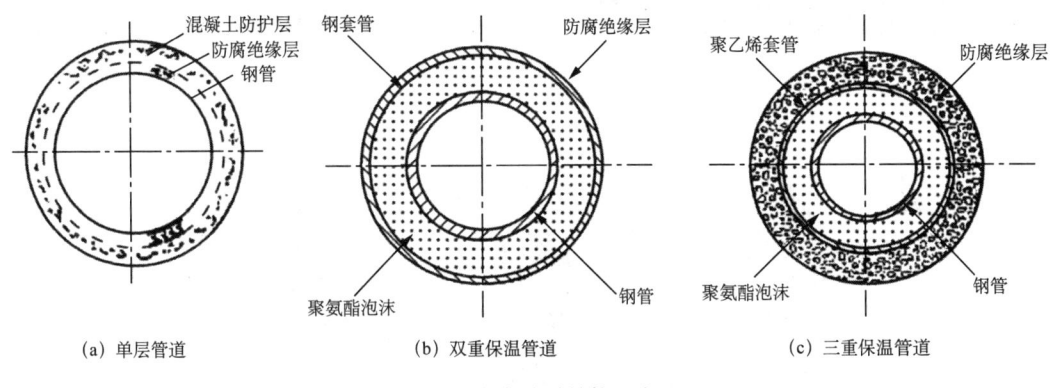

图 2-8 海底管道结构示意图

二、移动式生产设备

移动式生产设备是指在完成钻井施工后，根据需要可以在海上移动到其他地方重复利用的钻井设备，包括自升式钻井平台、坐底式钻井平台、半潜式钻井平台、钻井船等，其移动可以依靠平台自身进行自航，也可以由其他动力船舶拖航。近些年，随着滩海油田的规模性开发，移动式生产设备还包括滩海人工岛和滩海陆岸井台上所使用的移动式钻机。

1. 自升式钻井平台

自升式钻井平台是由驳船型船体构成的工作平台和数根可自行升降的可接地的桩腿组成的既可固定于海底进行施工又可浮于海面移动的平台。从自升式钻井平台的应用来看，目前正在服役的自升式钻井平台约占移动式钻井平台总数的 60%，使用相当广泛。其优点是适应性强，稳定性好；缺点是工作水深受桩腿长度限制，一般不超过 200m，拖航比较困难且风险大。自升式钻井平台按其桩腿本身的结构形式可以分为圆筒型桩腿和桁架型桩腿，如图 2-9 和图 2-10 所示。中国石油集团海洋油气工程有限公司自行建造的"中油海 5 号""中油海 10 号"等平台都属于自升式钻井平台。

2. 坐底式钻井平台

坐底式钻井平台具有沉垫（浮箱），既可借助沉垫坐于海底进行施工，也可利用浮箱漂浮于海面并在海上移动，如图 2-11 所示。它的优点是可在钻井时固定牢固，完井后移运灵活；缺点是工作平台高度固定不能调节，工作水深有限，一般不超过 30m，当海底松软且冲刷严重时，平台易移位，需要采取防滑移、防冲刷及防掏空等措施。

图 2-9　圆筒型桩腿自升式钻井平台

图 2-10　桁架型桩腿自升式钻井平台

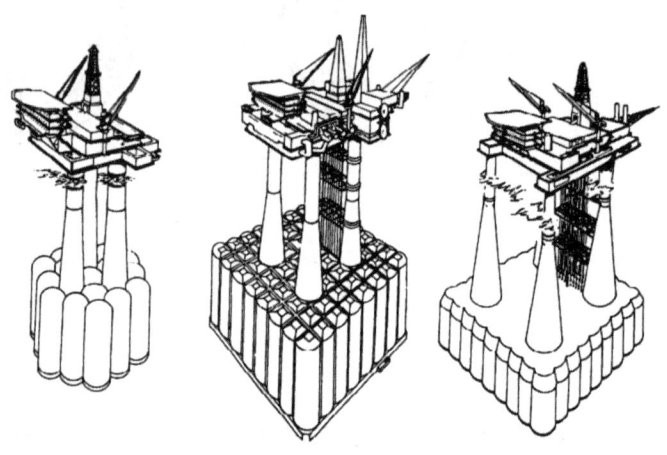
图 2-11　坐底式钻井平台

3. 半潜式钻井平台

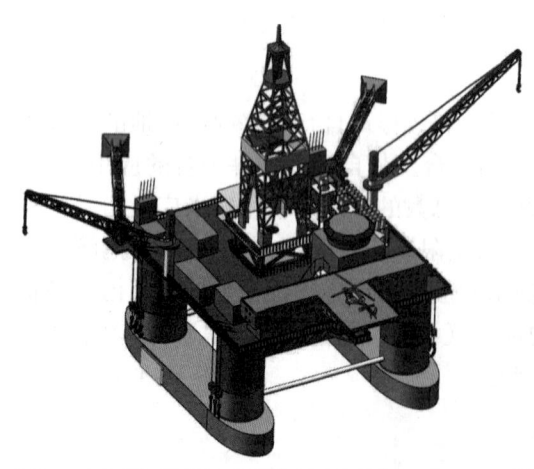
图 2-12　"海洋石油 981"半潜式钻井平台示意图

半潜式钻井平台是由上部工作平台、中间立柱和下部船体（浮箱）组成的类似于坐底式平台的一种可移动钻井设备。通常情况下，工作平台漂浮于海水中，相当于钻井船。半潜式钻井平台兼具坐底式钻井平台和钻井船的优点，既能满足水深多变的要求，采用锚泊定位时工作水深可在 30～1500m，又能较好地解决稳定性和移运性问题，能适应恶劣的海况条件。因此，半潜式钻井平台相比于其他形式的钻井平台更有发展前景，对于今后更深、更恶劣海况的海洋油气勘探开发来说，半潜式钻井平台将成为主要施工设施。目前，"海洋石油 981"是我国首座自主设计、建造的第六代深水半潜式钻井平台，最大施工水深达 3000m，最大钻井深度可达 10000m，如图 2-12 所示。

4. 钻井船

钻井船是通过改装或新建的以普通船型的单体船、双体船、三体船或驳船的船体作为钻井平台的一种海上移动式钻井设备,如图 2-13 所示。钻井施工时,钻井船船体呈漂浮状态,其工作水深主要取决于钻井船的定位方法,用锚泊定位时工作水深可达 1500m,采用动力定位时工作水深可达 6000m。钻井船具有自航能力强、移运灵活、停泊简单、适用水深大等特点,但稳定性差,受风浪影响大。钻井船更适合于深海钻井,在海洋石油向深海发展之际,它已成为一种重要的装备。

图 2-13 钻井船

5. 浮式生产设备

浮式生产设备是利用改装的或专建的半潜式钻井平台、自升式钻井平台及油轮,并装设采油设备、生产处理设备、储油和卸油设备的海洋油气生产设备。目前,随着科技的发展,浮式生产设备在海上得到了很广泛的应用,它具有海上设备少、安装周期短、储油能力大、可重复使用的特点,国内外许多大型海上油田都采用浮式生产设备,而使用较多的是以生产储油轮为主体的浮式生产设备,如图 2-14 所示。这种浮式生产设备分为浮式生产储油装置(FPSO)和浮式储油装置(FSO)两种。

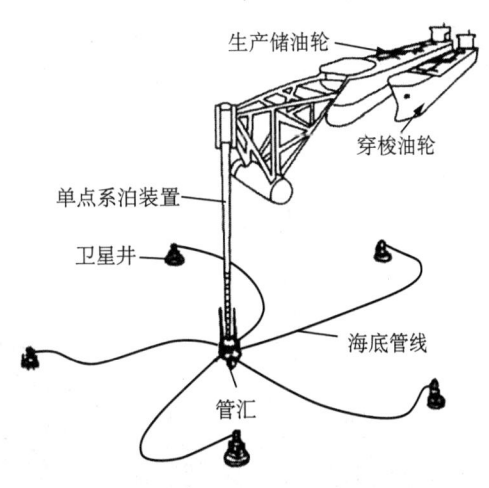

图 2-14 浮式生产设备

FPSO 是一艘安装有生产分离设备、注水(气)设备、公用设备及生活设备等装置并具有储油和卸油功能的油轮。油气通过海底管道输送到单点系泊装置(SMS)后,经单点系泊装置上的油气通道通过软管输到系于单点系泊装置上的 FPSO,FPSO 上的油气处理设备将油、气、水进行分离处理。分离出的合格原油储存在 FPSO 的油舱内,经计量标定后用穿梭油轮运走。

FSO 也是具有储油和卸油功能的油轮,但它没有生产分离设备及公用设备。通过海底管道输送汇集来的合格原油直接储存于 FSO 的油舱中,由穿梭油轮定期运走。

单点系泊装置（SMS）是海上油田用于系泊 FPSO 和穿梭油轮，并通过它完成石油输送和装卸施工的终端，是以生产储油轮为主体的浮式生产设备中必不可少的重要组成部分。单点系泊装置是一种弹性系统，设有可转动 360°的系泊转台，转台上的系泊桩柱带着被系泊的油轮一起，根据风浪流的方向，可以自动地绕系泊中心点转动，使油轮始终处于受力最小的位置，从而使原油从海底管道经过单点上的旋转密封接头连续地进入储油轮。单点系泊装置主要有两种基本类型，即悬链式浮筒系泊装置和单锚腿系泊装置。近年来，为了适应海上油气田的开发需要和深海恶劣的环境条件，单点系泊装置不断改进，在这两种基本类型的基础上，逐步发展了多种类型的系泊装置。

第三节　海洋油气施工设备

海洋油气施工设备是指用于海洋油气施工的海上移动式钻机、海上移动式修井和试采平台、铺管船、起重船、固井船、酸化压裂船等设备。这些设备为实现海洋油气安全高效开发提供了关键的装备保障和技术支撑。

一、海上移动式钻机

海上移动式钻机是指应用在滩海人工岛或滩海陆岸井台上的钻机，主要有两种形式：一种是为适应井口槽油气井钻井需要，新建或改建的以陆地钻机为基础的模块钻机（图 2-15），另一种是常见的陆地可移动式钻机（图 2-16）。尽管这种钻井设备在装备性能上与陆地普通钻机基本一致，工作场所也相当于陆地的钻井井场，但由于受到人工岛上安全距离、滩海特殊的环境条件及安全技术标准要求的限制，这些海上移动式钻机在装备性能、设备防火防爆、井控装备配置、人员配置等各方面的要求都要高于常规的陆地钻机。

图 2-15　模块钻机

图 2-16　陆地可移动式钻机

二、海上移动式修井和试采平台

海上移动式修井平台的组成与海上移动式钻井平台相似，但因起下施工的重量相对较轻，故修井机的功率等基本参数均相对钻机较小。海上移动式修井平台可分为自升式

(图2-17)、坐底式、半潜式等类型。滩海陆岸和人工岛修井施工则会用到可移动式模块修井机或陆地修井机。

海上移动式试采平台与钻修井平台的区别在于，试采平台设有采油设备及原油储罐，常见的有自升式试采平台和坐底式试采平台（图2-18）。有时候由于生产施工的需要，也会在原钻井装置或井口平台上临时安装配套工艺设备，再辅以油轮或FPSO组成临时海上试采设施。

图2-17 自升式修井平台

图2-18 坐底式试采平台

三、铺管船

铺管船是海洋油气管道领域最常见和使用最普遍的铺设装备。经过数十年技术设备的更新换代，目前铺管船的技术性能和装备水平已经从第一代浅水平底驳船发展到第三代深水半潜式，可在恶劣的海况下进行铺管施工。铺管船上装备有吊机、破口加工、焊接、接头涂敷、无损探伤等设备，还有铺管船施工必需的张紧器和托管架。在施工时，除了铺管船自身以外，还需要配备辅助支持船。目前，"海洋石油201"是我国最先进的自主详细设计并建造的3000m深水铺管起重船，如图2-19所示。

四、起重船

起重船又称浮吊船，是为海洋油气工程建设（如平台安装）提供水上起重、吊装施工而使用的大型工程船舶。起重船上装有大吨位吊机，一般为非自航的，也有自航的，如图2-20所示。起重船一般分成两大类：一类起重臂能够360°回转；另一类吊臂固定在船上的一个方向，整个船靠拖轮拖带转向，或是靠船向各个方向抛锚，通过牵拉不同方向的锚链而实施重物回转。目前，我国自行研制建造的"华天龙"号起重船，其全回转吊机最大起重能力可达4000t。

五、其他工程服务船舶

其他工程服务船舶主要包括固井船、酸化压裂船及守护船等多种施工支持船。

固井船是指设有固井用设备，装有足够的水泥及淡水等物品，专门为固井施工提供技术服务的船舶。

图 2-19 "海洋石油 201"铺管船

图 2-20 起重船

酸化压裂船是指安装酸化液罐、压裂液罐、高压泵和高压管汇的多用工作船，如图 2-21 所示。

守护船上设有救助及医疗设备，为海上生产设备或施工设备执行看守、值班及协助抛锚、起锚等施工，如图 2-22 所示。

图 2-21 酸化压裂船

图 2-22 守护船

第四节 水下采油系统

把采油树、储油罐和处理设备等放在水下的生产系统称为水下采油系统。该系统主要包括水下采油树、水下管汇或水下管汇中心（能完成油气计量、控制、集输、注气、注水、注添加剂等功能）、水下底盘、海底管线和水下分离器等。从装有水下采油树的海底井出来的油气，经海底管线到水下管汇（或水下管汇中心）进行计量、收集，再经水下分离器初步处理，然后通过海底管线或油轮运往岸上进一步处理。目前，这套系统主要是水下完井系统（即采用水下采油树完井的系统，分干式和湿式两种）。在大多数情况下，它可与固定平台或浮式生产系统结合使用。

水下采油系统使用的设备，除水下采油树外，其他均与固定平台采油系统所用的设备相同，而水下采油树则与放在平台上的水上采油树有很大区别。

一、水下采油树

水下采油树按不同的分类方法，可分为不同的类型。按安装方式可分为立式采油树、卧式采油树和插入式采油树（一部分部件插于海底某一深度）；按结构形式可分为干式采油树和湿式采油树；按修井方式可分为 TFL 采油树和非 TFL 采油树；按完井方式可分为单管采油树和双管（多管）采油树；按是否需要潜水员协助可分为需潜水员安装的采油树、不需潜水员安装的采油树、部分需要潜水员安装的采油树；按井的布置可分为卫星井采油树和底盘井采油树。

1. 干式采油树

干式采油树是安装于一个大气压的水下井口舱内，与海水不接触的采油树。

1）水下井口舱

水下井口舱分立式和卧式两种，图 2-23 为立式，图 2-24 为卧式。目前生产中多采用卧式水下井口舱，主要是为了增强通过输油管工具的能力，扩大工作人员进行操作的空间。

水下井口舱的主要作用是保护采油树和它的有关阀门，为操作人员提供维修的有利环境，在海底不利的情况下，可对油井进行控制。井下设备与海水隔开，这样就使采油树不受到海水的腐蚀和压力。所有设备都可以采用标准的和现成的型号。当水下井口舱无人时，它总是充满惰性气体（一个大气压的氮气），电气设备都采用防爆型。

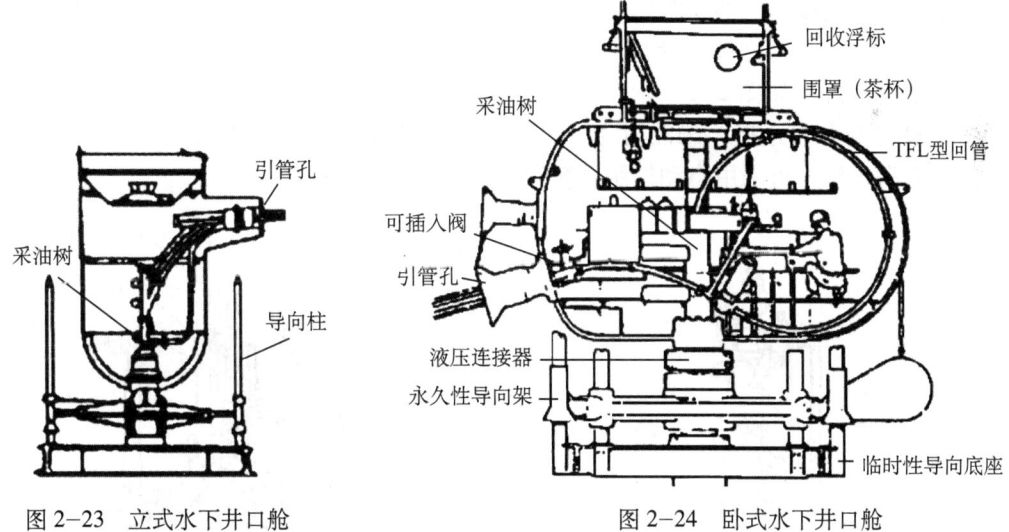

图 2-23 立式水下井口舱　　　　图 2-24 卧式水下井口舱

2）服务舱

服务舱（图 2-25）的功用主要是给人员和绳索或泵送工具提供一个从水面供应船到水下井口舱的通道，其外形像一个球体，上下开有舱口，底部呈袖状（带有围裙）。服务舱的核心部分是球形承压壳和围裙密封部分（湿封接缘）。球形承压壳附在一个装有4台电动推进器的推进舱上，因而使它在海水中升降时有足够的推力，以抵抗海流。湿封接缘是装在袖口状底部内的一个装有厚橡皮衬垫的宽法兰上。它坐到水下井口舱杯状体的法兰上时，其中少量的水排干后，海水压力就挤压橡皮衬垫形成密封。在服务舱的顶部有一个供保证安全用的舱孔，其下部法兰上的舱孔作为工作舱结合到井口舱上面并形成密封以后的一个通道,其左上方有一根脐带,通过这根脐带可排出空气,也可从供应船向服务舱补充空气和电力。通信和数据信号线路也都是通过这根脐带通向水面服务舱的。

2. 湿式采油树

湿式采油树即与海水直接接触的水下采油树。根据特殊的环境、要求和可能,它有不同的尺寸与形状,但是所有的湿式采油树其基本部件都是相同的。这些部件主要有采油树与井口连接器、采油树与输油管线连接器、采油树阀件、Y 形短管、TFL 回路管线、导向架、采油树帽、控制系统等。

1) 需潜水员安装的单油管挂非 TFL 型卫星式水下采油树

这种采油树是一种简单的卫星式采油树,如图 2-26 所示,能在潜水员可到达的深度范围(一般为 122~183m)内经济地完成一口水下油井。在安装时,潜水员需完成的工作有:采油树与井口装置的连接,采油树与输油管线的连接,采油树阀件的操作与维修,采油树与其他部件的检查和维修。

2) 不需潜水员安装的单油管挂非 TFL 型卫星式水下采油树

这种采油树的外形如图 2-27 所示。在该采油树下部有液压连接器,因此在安装时无需潜水员协助就可与井口连接。采油树与井口的连接、输油管线与采油树的连接、各阀件的开关等都无需潜水员,可采用自动控制系统。

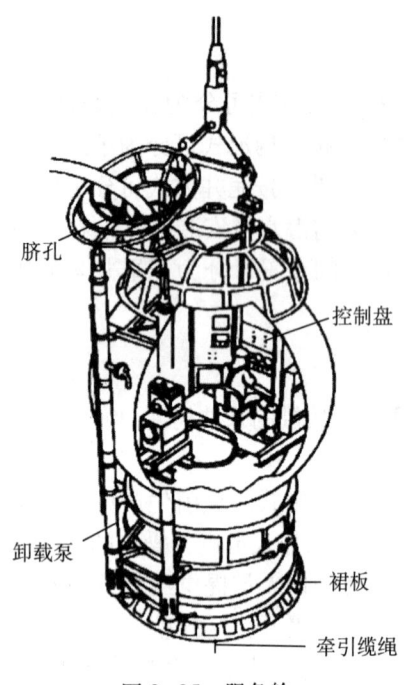

图 2-25 服务舱

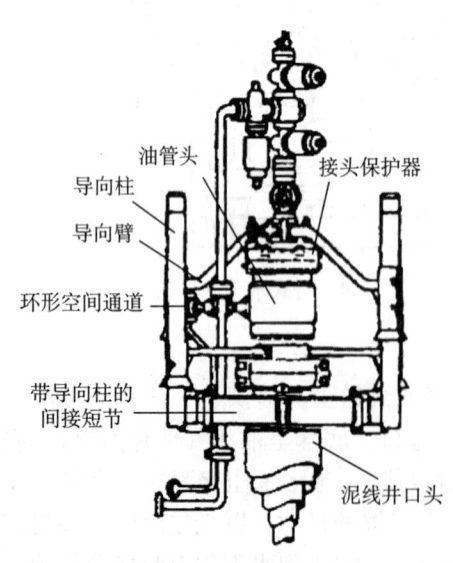

图 2-26 需潜水员安装的单油管挂非 TFL 型卫星式水下采油树

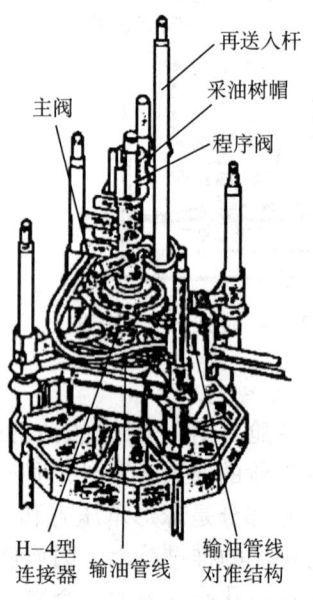

图 2-27 不需潜水员安装的单油管挂非 TFL 型卫星式水下采油树

3. 插入式采油树

插入式采油树也称沉箱式采油树（图 2-28），是 20 世纪 80 年代初期发展起来的一种新型采油树。这种采油树是把主阀、连接器和水下井口全部放在海床下 9.1～15.2m 深的导管内。在海床的井口装置很矮，一般高于海床 2.1～4.6m（常规水下采油树高于海床 10.7m 左右），因此减少了拖网、抛锚及冰山对它的破坏。

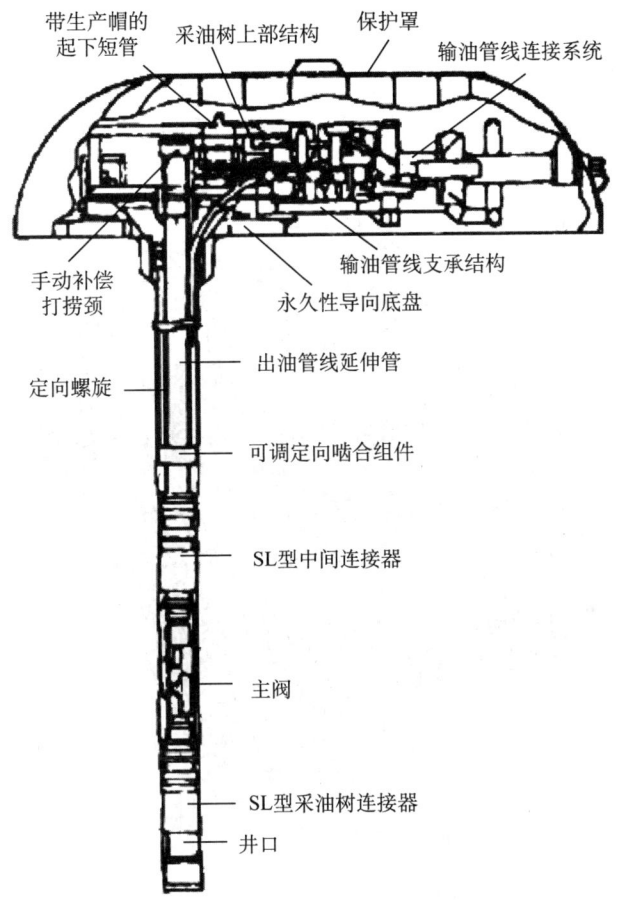

图 2-28 插入式采油树

二、水下管汇

水下管汇的作用是将几口海底油气井的油气集中起来，再通过一条输油管线混合油流，送到最近的采油平台或岸上基地进一步处理，它可减少海底管线的长度。

水下管汇分干式和湿式两种。图 2-29 为一座可以管理 3 口井的干式水下管汇，它有 7 个引管孔，其中 3 个孔用于生产井，穿进每个孔里的

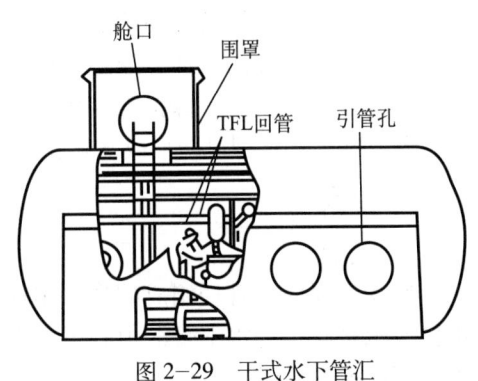

图 2-29 干式水下管汇

管束，包括 2 根直径 5.1cm 的输油管、一根直径 5.1cm 的环形空间管线（供气举、注入防腐剂或防水化剂、清蜡或其他目的之用）与一根直径 3.2cm 的液压管线。一个引管孔供混合油液输送到平台上的输油管，另一个引管孔作为从平台来的通过输油管工具管线的入口，电流和通信电缆及液压油供应管线通过一个公用孔穿入，第七个孔是一个共用孔。

水下管汇上端有一个短圆筒，给服务舱提供了一个结合面，便于工作人员下去操作。

三、水下管汇中心

水下管汇中心也是水下生产系统的一种主要设备。图 2-30 为 1982 年 5 月在北海 Cormorant 油田安装的一座水下管汇中心，其功能和一座固定平台相似，可在恶劣海区和深海区安全可靠地开发油气田。

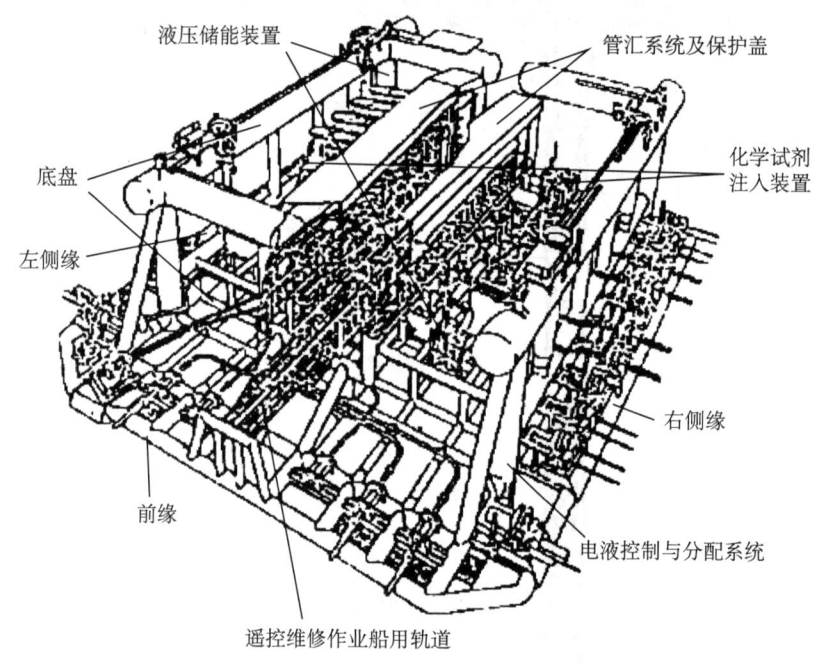

图 2-30 某水下管汇中心

1. 功能

水下管汇中心所具备的功能有：通过底盘钻海底丛式井和连接卫星井；汇集和控制底盘井或卫星井产出的流体，通过海底管线输往附近的平台作油气处理；将来自邻近平台的海水选择注入井中，以保持地层压力；能实现从平台进行的遥控操作，可实现无潜水员维修设备；注入化学剂以防形成水化物。

2. 组成

1）底盘

底盘主要由大管径制成的框架组成，可为钻井提供导向，为水下管汇中心安装的设备提供支承基座，为水下管汇中心下入海底提供浮力；可提供一个隔离物，以保护水下管汇中心部件不被撞坏。

图 2-30 所示的水下管汇中心底盘长 52m，宽 42m，高 15m，包括所用预先安装的生产设备（不包括井口设备），在空气中重 2120t，在水中重 1785t，排水量为 2300t。该底盘用大管段制成，分成 44 个不漏水的分隔舱，以提供一个可控制的浮力。在水下管汇中心安装过程中，这些分隔舱作为压载物和调整平衡使用。

底盘上部的大直径管线，其外径为 2.7m，它提供一个高的浮心，以使水下管汇中心在安装过程中处于稳定状态。这些大直径管线在水下管汇中心安装后，可保护生产设备和底盘采油树。垂直管的外径为 2.1m，可用作调整舱。底盘基座管线的外径为 14m，是油井导向柱和生产设施的主要支承结构。

其他管线起着支承侧缘和前缘的作用，也可分隔成若干个浮力舱。底盘用 4 根直径为 760mm 的桩固定于海底，这些桩通过底盘上的桩导管下入，然后固上水泥。如果需要底盘，可用安装于桩头上靠重量固定的滑套来进行调平。在插入海底的水泥桩凝固后，用钻杆起下一个带 J 形槽的工具在下面的带桩导槽套筒位置上，以及下一个调至预定高度的弯头处，与底盘连接。

2）管汇系统及保护盖

水下管汇中心的管汇管线布置在遥控维修施工船所用通道的两边。从底盘井及卫星井产出的流体，经管汇聚集后用管线输至平台，经处理的注入水从平台泵入，经管汇分配至各注水井。

直接安装于管线上方的保护盖，作为泄漏物的收集装置和保护罩，可以防止掉落物体对管汇的损坏。保护盖的反向槽能收集因漏失或维修所溢出的碳氢化合物。水下管汇中心的控制系统能连续监视槽中的含烃量，用遥控操作的油槽放空阀清除槽中的烃。

四、水下底盘

水下底盘的作用是为钻井提供合适井距，并为钻井设备提供导引，缩短钻井与开发之间的时间，使油田能较早投产。因为在井完钻后，使用活动式钻井设备能很快完成油气的开发（早期生产），而这种生产方式的经济性主要取决于底盘的情况。与卫星井相比，底盘井较集中，可节省投资。对高凝原油来说管线越短，热量损失越少，越有利于保温输送。卫星井分散，底盘井集中。一般来说，底盘井的操作比较方便，保护也比较容易，操作费用也比较省一些。

第五节 海洋油气集输系统

海洋油气集输系统包括海洋油气生产设备及为其提供生产场地、支撑结构的工程设施。根据所开发油田的生产能力、油田面积、地理位置、工程技术水平及投资条件等，可分别组成不同的油气集输系统。

海洋油气集输系统是按完成油气集输任务的环境位置区分的。随着海上油田开发工程由近海向远海发展，海洋油气集输系统形成了全陆式、半海半陆式和全海式三种类型。它们的根本区别在于集输的生产处理设施是放在海上还是陆上。

影响海洋油气集输系统选择的因素很多，必须在掌握大量资料的基础上进行综合经济

分析比较,才能得到合理的方案,其主要影响因素包括:

(1) 油气藏情况:油田面积、可采储量、开采方法、油气井生产能力、开采年限、油气性质等。

(2) 油田位置:离岸距离、岸上码头情况或建港条件、油田附近有无岛屿等。

(3) 环境条件:油田水深、海底地形、海水和土壤性质、气象、海况、地震资料等。

(4) 油气销售方向:原油内销还是出口,到消费中心的距离远近,输送路线是水路还是陆路等。

(5) 海上施工技术:承制海上结构的工厂及海上施工、运输、铺管等技术水平和设备条件等。

(6) 其他条件:原油价格、材料价格、临时设备重复利用的可能性、投资、操作费用、经济评价后的盈利情况等。

一、全陆式集输系统

全陆式集输系统是指原油从井口采出后直接由海底管线送到陆上,油气分离、处理、储存全在陆上进行。

全陆式集输系统的海上工程设施一般有:

(1) 井口保护架(平台)通过海底出油管上岸,如图2-31所示;

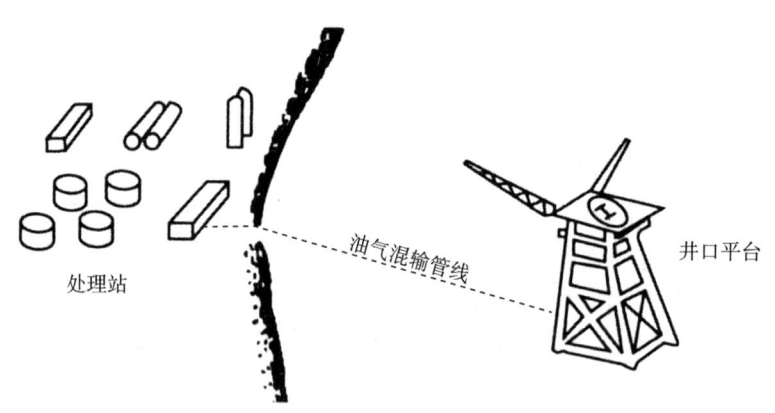

图2-31 全陆式集输系统示意图

(2) 井口保护架(平台)通过栈桥与陆地相连;

(3) 人工岛通过路堤与陆地相连。

全陆式集输系统在海上只设井口保护架(平台)和出油管线,极大减少了海上工程量,便于生产管理。陆地生产操作费用比较低,而且受气候影响小,与同等生产规模的海上生产系统相比,其经济效益好。

全陆式集输系统由于海上工作量少,因而投资省、投产快。但这种集输系统因受井口压力的限制对离岸远的油田不适用,而且集输管线是油气水三相混输,管内摩阻大,要求管径也相应增大。

因此，该系统一般适用于浅水、离岸近、油层压力高的油田。我国滩海油田开发多采用这一集输系统。

二、半海半陆式集输系统

半海半陆式集输系统是指部分工艺设施放在海上、部分放在陆上，一般是在海上进行采集、分离、计量、脱水等，经过分离初处理后，再将原油经海底管线运送到陆上进行稳定、储存、外输，如图2-32所示。

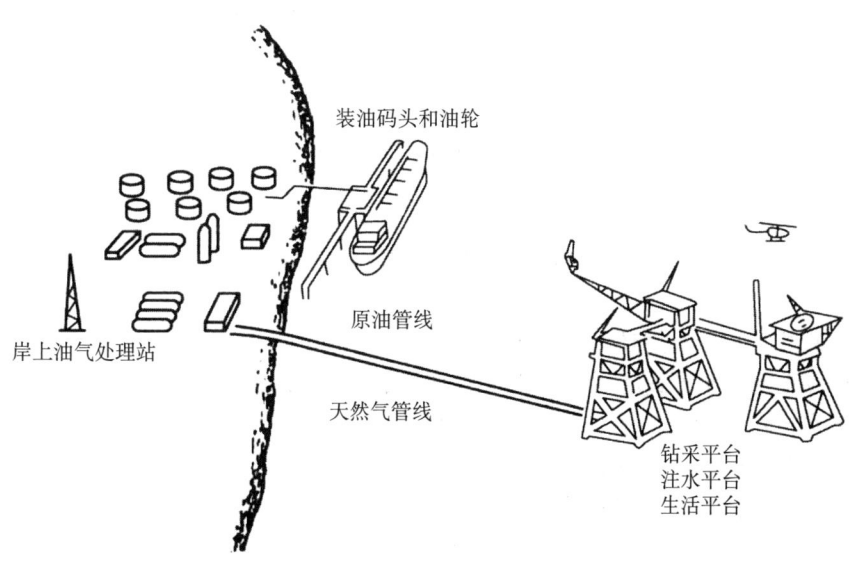

图2-32 半海半陆式集输系统示意图

半海半陆式集输系统适用于离岸不远、油田面积大、产量高、海底适合铺设管线及陆上有可利用的油气生产基地或输油码头条件的油田，尤其适用于气田的集输。但该系统必须铺设海底管线，对于海底地形复杂，或原油性质不适宜管输的情况，不宜采用这种系统。

三、全海式集输系统

将油气的集中、处理、储存和外输工作全部放在海上的油气集输系统，称为全海式集输系统，如图2-33所示。全海式集输系统可以是固定式，也可以是浮动式；井口生产系统可以在水上，也可以在水下。这种集输系统既适合小油田、边际油田，也适合大油田；既适合油田的常规开发，也适合油田的早期开发。这是当今世界适应性最强、应用最广的一种集输系统。

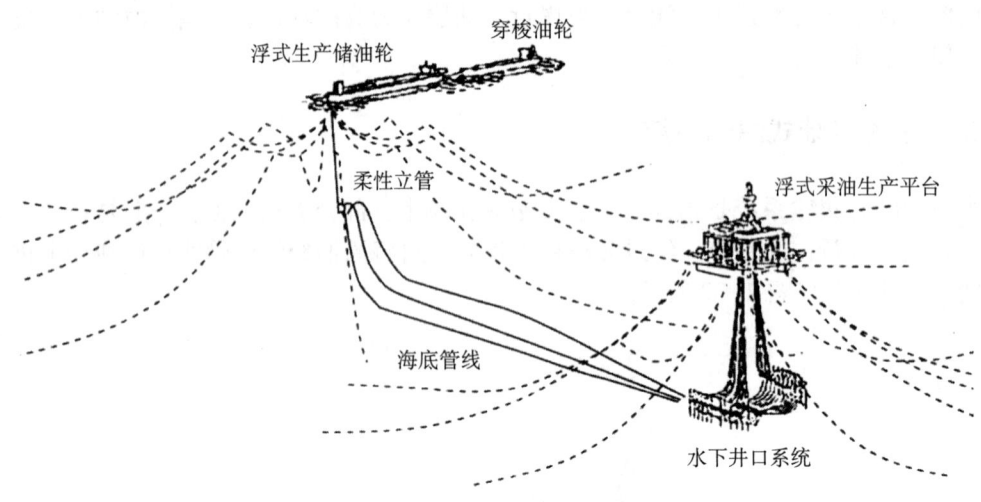

图 2-33　全海式集输系统示意图

习　题

1. 简述海洋油气安全生产的基本要求。
2. 简述海洋油气生产设备的分类及其具体设施。
3. 海上移动式钻井设备分为几类？各自有什么特点？
4. 简述水下采油系统的组成。
5. 海洋油气集输系统有哪几种？

第三章 作业安全分析

第一节 概 述

一、基本概念

作业安全分析（Job Safety Analysis，简称 JSA），又称工作前安全分析，是由美国葛玛利教授 1947 年提出的一套旨在防范意外事故的方法，也是一种危害辨识方法，是近年来国内外一些高危行业广泛应用的一种风险管理工具。它是指在执行工作之前，有组织地进行危害识别、风险评价和制定实施控制措施，组织者指导岗位工人对自身的施工过程进行危害辨识和风险评估，仔细研究并记录工作的每一个步骤，识别已有或潜在的隐患并对其进行风险评估、制定措施以减小或消除这些隐患可能带来的风险，以避免意外的伤害或者损失，达到安全施工的目的。

JSA 不仅仅是简单易行的风险识别和管理，开展好危害辨识和风险评估，可以提高员工的安全意识、风险意识，知晓工作中的危害和风险，预防事故的发生，进一步夯实安全管理基础，同时也是国内外石油天然气行业有效提升公司安全文化最简单和直接的方法。

二、JSA 的重要性

开展 JSA，可以帮助识别和找到以前忽略的危害因素，从而更有效防止伤害事故的发生。同时，JSA 也可以帮助员工有组织地完成工作。

正确应用 JSA 会揭露出企业在安全管理方面存在的问题，一个好的 JSA 也可以变成施工程序的一部分。如果发现一项重大的安全隐患，就要在完成 JSA 后、开始施工之前采取控制措施，降低潜在风险。通过事前培养思考安全的意识，使员工按照工作程序进行工作，养成安全工作的习惯。

持续不断地进行 JSA，有助于帮助员工了解各类施工活动中所面临的风险，以及违章可能带来的后果，提高员工的风险意识和安全技能，提高其遵守规章制度和操作规程的自觉性。通过 JSA，进行自查自纠身边的不安全行为和事故隐患，在控制事故隐患方面起到积极作用，进而做到"三不伤害"，即不伤害自己、不伤害他人、不被他人伤害，实现自我约束、自我防范，自觉搞好安全生产。

在安全生产的实践中，人们发现，对于预防事故的发生，仅有安全技术手段和安全管理手段是不够的。当前的科技手段还达不到物的本质安全化，设施设备的危险不能根本避免，因此需要用安全文化手段予以补充。不安全行为是事故发生的重要原因，大量不安全行为的结果必然是发生事故。安全文化手段的运用，弥补了安全管理手段不能彻底改变人的不安全行为的先天不足。

JSA 同样有助于 HSE 原则在特定的施工中贯彻实施，这点的基础是 JSA 是施工活动的一个重要部分，不可剥离。值得注意的是，JSA 本身并不能控制事故发生，它需要施工人员实施 JSA 的要求，进而达到控制事故发生的目的，并且通过不断完善来降低事故的再发生概率。

三、事故金字塔理论

美国安全工程师 Heinrich 在 1931 出版的著作《安全事故预防：一个科学的方法》中提出了著名的"事故金字塔"法则，它是通过分析 55 万起工伤事故的发生概率，为保险公司的经营提出的。事故金字塔的意思是：1 起死亡重伤害事故背后，有 29 起轻伤害事故，29 起轻伤害事故背后，有 300 起无伤害虚惊事故，以及大量的不安全行为和不安全状态存在。

从事故金字塔塔底向上分析，2016 年我国的较大及以上事故、一般事故、轻微事故比例为 1∶4.5∶25，中国事故金字塔如图 3-1 所示。

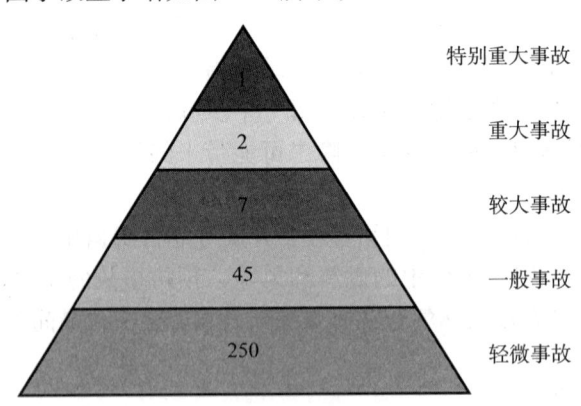

图 3-1　2016 年中国事故金字塔

Heinrich "事故金字塔"揭示了一个十分重要的事故预防原理：要预防死亡重伤害事故，必须预防轻伤害事故；预防轻伤害事故，必须预防无伤害虚惊事故；预防无伤害虚惊事故，必须消除不安全行为和不安全状态；而能否消除不安全行为和不安全状态，则取决于日常管理是否到位，也就是常说的细节管理，这是作为预防死亡重伤害事故最重要的基础工作。现实中就要从细节管理入手，抓好日常安全管理工作，减少"事故金字塔"最底层的不安全行为和不安全状态，从而实现企业当初设定的总体方针，预防重大事故的出现，实现全员安全。

预防事故发生的基本原则主要有以下四条：

（1）事故可以预防。在这一原则基础上，分析事故发生的原因和过程，研究防止事故发生的理论及方法。

（2）防患于未然。事故隐患与后果存着偶然性关系，积极有效的预防办法是防患于未然。只有避免了事故隐患，才能避免事故造成的损失。

（3）根除可能的事故原因。任何事故的出现，总是有原因的。事故与原因之间存在着必然性的因果关系。为了使预防事故的措施有效，首先应当对事故进行全面的调查和分析，准确地找出直接原因、间接原因及基础原因。所以，有效的事故预防措施，来源于深入的原因分析。

（4）全面治理的原则。在引起事故的各种原因之中，技术原因、教育原因及管理原因是三种最重要的原因，必须全面考虑、缺一不可。预防这三种原因的相应对策分别是技术对策、教育对策及法制（或管理）对策。这是事故预防的三根支柱，发挥这三根支柱的作用，事故预防就可以取得满意的效果。如果只是片面地强调某一根支柱，事故预防的效果就不好。

JSA 是对施工活动的每一个步骤进行分析，辨识潜在危险，继而确定相应的管理与技术措施，在个体防护设施的辅助下，最大程度防止事故的发生。因此，JSA 是组织整个风险管理系统的有机组成。

四、JSA 的特点

JSA 与其他风险评价方法相比而言，有如下特点：
（1）简单、实用，便于操作；
（2）易于掌握，可行性高，适用性强；
（3）与实际工作结合，有针对性、时效性；
（4）分解施工，可随客观条件变化；
（5）施工者参与其中，风险管理意识自主化。

JSA 是针对具体施工进行风险识别进而采取的控制措施，较为微观；而安全评价则是利用系统工程方法对拟建或已有工程、系统可能存在的危险性及其可能产生的后果进行综合评价和预测，并根据可能导致的事故风险的大小，提出相应的安全对策措施，以达到工程、系统安全的过程，较为宏观。

JSA 是施工人员随时可用的一种工具，不需要专业人员，从业人员经过简单的培训即可进行 JSA。它不仅能够改善施工执行情况、提高施工计划性、促进施工前期培训，而且能够提高人员的安全意识，降低发生事故的可能性。而安全评价则需要专业人员根据安全评价的对象选择适用的施工评价方法，安全评价内容较为复杂，其评价的目的、对象和指标也与 JSA 不同。

五、多米诺骨牌理论

多米诺骨牌理论认为，一系列因素导致事故的发生，这些因素就像是一连串垂直放置的多米诺骨牌，第一个因素的发生就意味着第一个骨牌倒下，引起后面一连串连锁反应，每个骨牌都倒下。当代表事故的最后一个骨牌倒下时,伤害也就发生了。在一个相互联系的系统中,一个很小的初始能量就可能产生一连串的连锁反应,人们把它们称为"多米诺骨牌效应"或"多米诺效应",如图 3-2 所示。

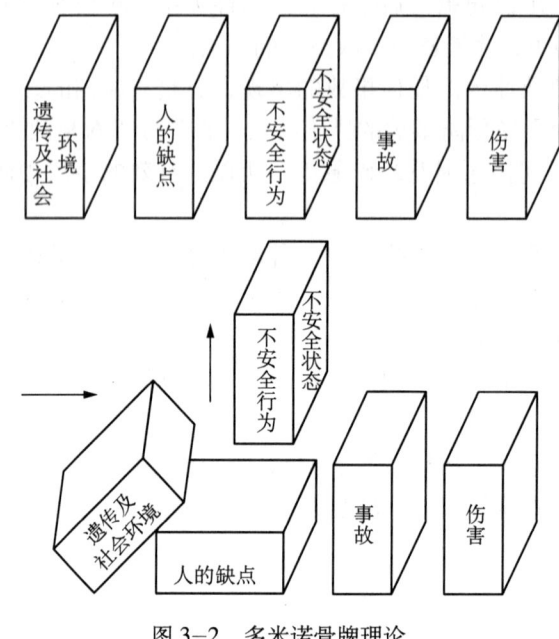

图 3-2　多米诺骨牌理论

根据多米诺骨牌理论,防止事故的措施就是拿走某一个中间骨牌。例如,消除人的不安全行为,就可以避免伤害的发生。

第二节　相关术语

一、危险（Dangerous, Danger）

根据系统安全工程的观点,危险是指系统中存在导致发生不期望后果的可能性超过了人们的承受程度。从危险的概念可以看出,危险是人们对事物的具体认识,必须指明具体对象,如危险环境、危险条件、危险状态、危险物质、危险场所、危险人员、危险因素等。

一般用危险度来表示危险的程度。在安全生产管理中,危险度由生产系统中事故发生的可能性与严重性给出。

二、危险源（Hazard）

危险源是指可能导致人身伤害和（或）健康损害的根源、状态、行为,或其组合。

从危险源所造成的结果来看,危险源的定义不再涉及"财产损失"和"环境破坏"。从危险源的本质来看,危险源是指一个系统中具有潜在能量和物质释放危险的、可造成人员伤害、在一定的触发因素作用下可转化为事故的部位、区域、场所、空间、岗位、设备及其位置。它的实质是具有潜在危险的源点或部位，是爆发事故的源头，是能量、危险物质集中的核心，是能量从那里传出来或爆发的地方。

危险源由潜在危险性、存在条件和触发因素三个要素构成。

三、事件（Incident）

事件是指发生或可能发生与工作相关的健康损害或人身伤害（无论严重程度），或者死亡的情况。事故是一种发生人身伤害、健康损坏或死亡的事件。

事件的发生可能造成事故，也可能不造成损失。由此可见，事件包括未遂事件和事故。未遂事件通常是指由于偶然因素没有造成人身伤害、健康损害或死亡的事件，但实际上，如果客观条件稍有不同就有可能造成人身伤害、健康损害或死亡，也就是事故。因此，必须将未遂事件作为数据收集、研究，以便掌握事故发生的规律和频率，并采取相应的措施，防患于未然。

四、事故隐患（Accident Potential）

事故隐患是指可导致事故发生的物的危险状态、人的不安全行为及管理上的缺陷。

国家安全生产监督管理总局颁布的《安全生产事故隐患排查治理暂行规定》，将"安全生产事故隐患"定义为：生产经营单位违反安全生产法律、法规、规章、标准、规程和安全生产管理制度的规定，或者因其他因素在生产经营活动中存在可能导致事故发生的物的危险状态、人的不安全行为和管理上的缺陷。

事故隐患具有隐蔽性、潜伏性和不稳定性，在某种特定条件下就会转化为事故。事故隐患的级别取决于其可能导致事故发生的风险程度和整改难度两个因素。

事故隐患分为一般事故隐患和重大事故隐患。一般事故隐患是指危害和整改难度较小、发现后能够立即整改排除的隐患。重大事故隐患是指危害和整改难度较大，应当全部或者局部停产停业，并经过一定时间整改治理方能排除的隐患，或者因外部因素影响致使生产经营单位自身难以排除的隐患。

五、风险（Risk）

风险是指发生危险事件或有害暴露的可能性，与随之引发的人身伤害或健康损害的严重性的组合。

风险的大小取决于事件发生的概率和后果的严重程度，可以用下式表示：

$$R = L \text{（Likelihood）} \times C \text{（Consequence）}$$

风险矩阵（Risk Matrix）评价法就利用了这个概念，表述为风险随着事件发生的可能性和严重性的增大而增大。

危险与风险相互联系。危险是风险的前提，风险是由危害事件出现的概率和可能导致的后果严重程度的乘积来表示的。风险是衡量危险的指标。危险客观存在，不能改变；风险则是人们用来判断危险性的表征，通过人的主观意志和合理的控制措施，能够在一定程度上降低风险值。

例如在日常生活中，人们开车出行，就有发生交通事故的危险，这种危险客观存在，不能消除，但人们通过制定交通规则、改进汽车制造技术及汽车制造材料等方法降低交通事故发生的可能性和后果的严重程度，所以仍然有越来越多的人买车，并安全地开车出行。可见，人们更关心风险，而不仅仅是危险，因为直接与人发生联系的是风险，而危险是事物的客观属性，风险是一种前提表征。可以做到客观危险性很大，但实际承受的风险很小。

六、风险评价（Risk Assessment）

风险评价是指对危险源导致的风险进行评估，对现有控制措施的充分性加以考虑及对风险是否可接受予以确定的过程。

风险评价主要包括两个过程，一是通过对风险发生的可能性和严重程度进行判断，评估风险的大小；二是将得到的风险值与事先确定的最低可接受风险值进行比较，确定该风险是否在可接受的范围内。通过风险评价得到的结果，来判定现有的控制措施是否足够，是否需采取进一步的风险控制措施。

七、可接受的风险（Acceptable Risk）

可接受的风险是指根据组织的法律义务和职业健康安全与环境方针，已降至可接受的程度的风险。

对于风险分析评估的结果，人们往往认为风险越小越好。实际上这是一个错误的概念。减小风险是要付出代价的。无论是减少危险发生的概率，还是采取防范措施使发生危险造成的损失降到最小，都要投入资金、技术和劳务。通常的做法是将风险限定在一个合理的、可接受的水平上，根据风险影响因素，经过优化，寻求出最佳方案。"风险与利益间要取得平衡""接受合理的风险"——这些都是风险可接受的原则。风险可接受程度对于不同行业、不同系统、不同事物有着不同的准则。

八、工具箱会议（Toolbox Meeting）

工具箱会议是指施工人员在施工前，集中在一起，由施工负责人或技术人员对工作进行交底，同施工人员沟通工作中风险及安全措施的短暂、非正式的会议。

第三节　JSA 风险评价

危险有害因素的辨识只是整个风险管理的第一步，要实现对风险的控制，还需对风险进行评估。对于风险来讲，并不是越小越好，而是要衡量这些危害可能造成的事故或伤害结果的程度是否在人们可以接受的范围内，也就是最低合理可行原则（As Low As Reasonably Practicable，简称ALARP）。风险的最低可接受标准需要根据行业、企业的实际情况考虑。风险评价时，通过判断危险有害因素发生的频率、产生的后果确定风险等级，再与最低可接受标准对比,从而根据不同的风险等级,确定控制先后顺序,采取相应的控制措施,确保人员、环境和财产的安全。

根据风险分析的目的、可获得的可靠数据及组织决策的需要,风险分析可以是定性的、半定量的、定量的或以上方法的组合。在施工前安全分析中,大多数情况下不能得到可靠的统计数据,因此,多采用定性评估的方法。定性评估可通过"高、中、低"这样的表述来界定风险事件的后果、可能性及风险等级。如果将后果和可能性结合起来,并与定性的风险准则比较,即可评估最终的风险等级。这里介绍两种最常用的方法:LEC 法和风险矩阵法。

一、LEC 法

施工条件危险分析法（LEC 法）是美国的格雷厄姆（K.J.Graham）和金尼（G.F.Kinney）在研究人们在具有潜在危险环境中施工危险性的基础上,采用与系统风险率相关的三方面指标来评价系统中人员伤亡的风险大小,这三种指标分别是:

"L"代表"发生事故的可能性"（Likelihood）;

"E"代表"暴露于危险环境的频繁程度"（Extensive exposure）;

"C"代表"发生事故产生的后果"（Consequence）。

如果风险用"D"表示,则风险 D 的计算公式为:

$$D = L \times E \times C$$

1. 发生事故的可能性（L）

当用概率来表示事故发生的可能性大小时,绝对不可能发生的事故概率为 0,必然发生的事故概率为 1。然而,从系统安全角度考察,绝对不发生事故是不可能的,即概率为 0 的情况不存在,所以人为地将发生事故可能性最小的分数定为 0.1,而必然要发生的事故的分数定为 10,介于这两种情况之间的情况指定为若干中间值,见表 3-1。

表 3-1 事故发生的可能性

事故发生的可能性	分数值
完全可以预料	10
相当可能	6
可能,但不经常	3
可能性小,完全意外	1
很不可能,可以设想	0.5
极不可能	0.2
实际不可能	0.1

2. 暴露于危险环境的频繁程度（E）

人员出现在危险环境中的事件越多,则危险性越大。规定连续出现在危险环境的情况为 10 分，而非常罕见地出现在危险环境中定为 0.5 分，介于两者之间的各种情况指定为若干个中间值，见表 3-2。

表 3-2 暴露于危险环境的频繁程度

暴露于危险环境的频繁程度	分数值
连续暴露	10
每天工作时间内暴露	6
每周一次或偶然暴露	3
每月一次暴露	2
每年几次暴露	1
非常罕见暴露	0.5

3. 发生事故产生的后果（C）

事故造成的人身伤害与财产损失变化范围很大，所以规定分数值为 1～100，把需要救护的轻微伤害或较小的财产损失的分数定为 1，把造成多人死亡或重大财产损失的分数定为 100，其他情况的数值介于 1～100，见表 3-3。

表 3-3 发生事故产生的后果

发生事故产生的后果	分数值
重大灾难	100
灾难	40
非常严重	15
严重	7
重大	3
极其重大	1

4. 危险程度（D）

根据 LEC 的方法，风险值是以上三个因素的乘积，即 $D=L\times E\times C$，根据这个公式就可以计算出危险程度。

求出危险程度 D 之后，将 D 值与危险性等级划分标准中的分值相比较，进行风险等级划分，见表 3-4。根据经验，D 值在 20 以内被认为只是稍有风险，是可以接受的；20～69 认为是一般风险，需要注意，这样的风险类似日常生活中骑自行车去上班；如 D 达到 70～159，那就有显著的危险性，需要及时整改，并编制管理方案；如果 D 为 160～320，必须立即采取措施进行整改，并编制管理方案和应急预案；320 以上表示极其危险，不能继续施工，应立即停止。

表 3-4 危险程度分数表

危险程度	分数值
极其危险，不能继续施工	> 320
高度危险，需要立即整改	160～320
显著危险，需要整改	70～159
一般危险，需要注意	20～69
稍有危险，可以接受	< 20

对等级高的风险应采取措施来消除风险或将风险降至可接受的水平。风险界限值并不是长期固定不变，在不同时期，企业应根据其具体情况来确定风险级别的界限值，以体现持续改进的思想。

5. LEC 法的特点

LEC 法的特点是比较简单，容易在企业内部实行，它有利于掌握企业内部危险点的危险状况，有利于整改措施的实施。但这种方法也存在一定的问题：由于三种因素的打分需凭借主观经验，所以在准确性上主要依赖于参与者的水平。不同的评价人员取值可能存在较大差异，可重复性较差。这就要求企业在进行风险评价时，多选择一些经验丰富的人员参加，而且利用头脑风暴法反复进行评价，以便评价结果更加符合运行经验，更加趋于一致。此外，对 L、E、C、D 分值的界定并不是固定不变的，企业应根据自身情况对 L、E、C、D 取值进行合理的调整，用 LEC 法是用这种评价方法的思路，不可照搬照抄。例如，对 C 的分值界定可做如表 3-5 所示的调整。

表 3-5 发生事故的后果对应分数

分数值	后果	
	对人的危害	财产损失
100	数人死亡	1000 万元以上
40	一人死亡或永久性能力丧失	100 万～1000 万元
15	导致某些工作能力永久性丧失	10 万～100 万元
7	对完成目前工作有影响	1000 元～10 万元
1	对健康没有任何伤害	1000 元以下

风险等级划分标准也可以根据组织的风险可接受程度进行适当调整，组织可以根据实际情况划为三个或四个风险级别。

二、风险矩阵法

风险矩阵（Risk Matrix）是一种将定性或半定量的后果分级与产生一定水平的风险或风险等级的可能性相结合的方式。矩阵格式及使用的定义取决于使用背景，关键是要在特定情况下使用合适的设计。

风险矩阵可用来根据风险等级对风险、风险来源或风险应对进行排序。它通常作为一种筛查工具，以确定哪些风险需要更细致的分析，或是应该首先处理的，这需要提高到一个更高层次的管理。它还可以挑选哪些风险此时无须进一步考虑。根据风险在矩阵中所处的区域，此类的风险矩阵也被广泛应用于决定给定的风险是否被广泛接受或不接受。

下面介绍一种在石油化工行业内被广泛应用的定性风险矩阵。所谓定性风险矩阵，就是在矩阵中，将后果对应的可能性作图画出折线，与所导致的风险类型相对应，分别用不同的阴影表示。风险类型分为不可接受的风险区域、需要考虑削减的风险区域和可进行正常操作但仍需继续改进的风险区域，风险矩阵见表3-6。

表3-6 风险矩阵

严重性	后果				可能性				
	人员	财产	环境	声誉	行业内未发生过	行业内发生过	本企业内发生过	本企业内发生过多次	企业每年发生多次
					1	2	3	4	5
5	多种灾害	广泛损失	广泛影响	国际影响	5	10	15	20	25
4	单独特大伤害	主要损失	主要影响	国内影响	4	8	12	16	20
3	重大伤害	局部损失	局部影响	很大影响	3	6	9	12	15
2	小伤害	小损失	小影响	有限影响	2	4	6	8	10
1	轻微伤害	轻微损失	轻微影响	轻度影响	1	2	3	4	5

风险矩阵法相对于其他方法最大的特点就是，危害发生的可能性较好确定，它是用过去该危害发生的频率来衡量现在同样危害发生的频率，简单易行，而且可重复性较强，能够将风险很快划分为不同的重要性水平。该方法中后果的严重性考虑了人员伤亡、财产损失、环境影响和声誉破坏等四个方面的内容。

同一危害事件的发生，有时不可能同时对人员、财产、环境和声誉都产生影响，或通常四个方面的影响程度不会正好在同一个严重性等级上，有时为简便起见，通常把可能造成几个方面后果中最严重的那一方面的影响等级，作为这一事件的后果严重性等级。同样，企业可根据自身的情况对后果类型的选择及后果严重程度的分级标准进行调整和改进，比如在管道行业，后果类型中可以考虑停输造成的影响，对于与国外输油输气管道公司有业务的企业，还应考虑停输造成的国际影响。

但风险矩阵法也有一定的局限性：

(1) 必须要根据实际情况设计出适用于各相关环境的矩阵。

(2) 使用过程中具有较强的主观色彩，不同经验的人分级可能会有不同的结果。因此，使用此方法要尽可能邀请相关专业经验足够丰富的人员参加评价。

(3) 无法对风险进行总计，如人们无法确定一定数量的低风险或者是界定过一定次数的低风险相当于中风险，组织可以对这种情况进行界定。

(4) 组合或比较不同类型后果的风险等级可能会有困难。在施工前安全分析中，由于风险等级是根据施工步骤来判断的，后果的类型相对较单一，因此，存在这种问题的概率较小。

第四节　JSA 风险控制

一、风险控制措施选择的原则

要保证风险能够被控制在可接受的范围内，则需要在危害辨识和风险评价的工作基础上，制定风险控制计划。按照事故发生的原因和产生的后果来考虑，风险控制措施可分为：避免原因发生的控制措施（预防）和减少后果影响的控制措施（探测、控制和缓和）。在选择风险控制措施时，应考虑以下原则：

1. 必要性和可行性原则

采取控制措施时，一方面要考虑安全生产的实际需要，如针对在安全生产检查中发现的隐患、可能引发伤亡事故和职业病的主要原因，新技术、新工艺、新设备等的应用，安全革新项目和职工提出的合理化建议等方面编制安全技术措施；另一方面还要考虑技术可行性和经济承受能力。

2. 自力更生与勤俭节约的原则

在采取控制措施时，注意充分利用现有的设备设施，挖掘潜力，讲求实效。

3. 轻重缓急与统筹安排的原则

优先考虑发生频率最高、后果影响最大的危险。

4. 员工参与原则

加强领导和员工在控制过程的参与程度，确保控制措施落到实处。

二、风险控制层次

在给出风险控制措施时，应遵循"消除、替代、降低、隔离、程序、减少员工接触时间及个人防护装备"的先后顺序。可以利用"消除、替代、降低及隔离"等工程控制措施，首先考虑能否消除潜在危害或风险来源；如果无法消除风险，则考虑降低风险。当然，除了一系列的工程控制措施，还可以利用"程序、减少接触时间及个人防护装备"等管理控制措施来进一步减少风险。这里值得注意的是，为员工配备适合的个人防护装备是最后应采取的控制措施。

1. 工程控制方面

（1）消除。从根本上消除存在的潜在危害或风险来源，也就是达到所谓的本质安全，这是风险控制的最优解决方案。对于一些存在重大风险的工作任务，应考虑能否通过采用其他安全的新技术手段取代危险的操作，如利用自动化机械装置取代手工操作。

（2）替代。当危害因素无法从本质上被消除时，可以考虑采用其他替代物来降低风险，如利用安全物料或介质替代易燃易爆的物料或介质，用机械装置替代手工操作，用无毒材料替代有毒材料等。

（3）降低。此外还可以通过一些工程设计和工程设施来降低风险，如设置局部通风、设置防护栏（罩）、设置隔离栏（带）、增加照明及采用密闭设备等措施。

（4）隔离。隔离措施是最常用的一种安全技术措施之一。隔离措施能有效地将员工与已经识别出的能量、危险物质等危害因素维持在相对安全的空间距离上，即使能量释放、危险物质泄漏也能保证人员的生命安全，如设置安全罩、防护栏、防护网、盲板、警示带、隔热层等隔离措施。

2. 管理控制方面

（1）程序。程序是指导员工进行操作的依据。好的程序应能让员工充分了解可能存在的危险及危险程度，正确地进行操作来避免或降低风险，有明确清晰的步骤指示来作为员工操作的"说明书"。最常见的程序有工作许可、操作规程、风险评级、施工前安全分析、工艺流程图及检查表等。要注意的是，好的程序要与恰当足够的培训配合，才能发挥最大的作用，要确保员工接受过相关技能和知识的培训。

（2）减少员工接触时间。当某些施工被认为是风险仍然较高时，应减少员工的接触时间，包括严格控制参与施工员工的数量和控制员工的接触时间。例如，在如晚上（周末）进行危险性工作、合理设计工作场所、工作岗位轮换及实行倒班制度等。

（3）个人防护装备。在以上控制措施均被充分地考虑和应用后，仍然存在危害因素可能对施工人员产生伤害，则应使用个人防护装备，这是对人体保护的最后一道防线。常见的个人防护装备有安全帽、安全鞋、空气呼吸器、安全带等。使用个人防护装备并不能降低风险，只能降低在危险发生时其对员工造成的人身伤害。因此，在选用个人保护装备时，应保证质量合格、数量充足，并按时检查、维护、更换个人防护装备。

另外，在进行一些风险相对较高的施工时，还应考虑制定相应的应急方案和措施，如进行动火施工时，安排经验丰富的安全员监督，并准备好相应的消防设备。

以上七大类控制措施是遵循"消除、替代、降低、隔离、程序、减少员工接触时间及个人防护装备"的先后顺序，如图3-3所示，其消除、消减和控制风险的可靠性也依次降低。其中，工程控制措施可靠性明显高于管理控制措施。因此，对于后果较严重的风险，必须优先选择可靠性高的措施，并综合考虑使用其他控制措施。但要注意的是，在采用各种控制措施的同时，也要考虑措施的可执行性、成本及生产效率的问题，应根据实际情况，综合分析，才能给出最适合的控制措施方案。

最后，还应注意的是，任何变更都会带来新的风险。所有新的风险控制措施对于原装置和员工都是一种变更，因此，在制定任何风险控制措施时，都要系统地分析变更带来的新风险来作为选择控制措施的一条依据。

三、风险控制措施的制定

在进行了初始的风险评价后，如果风险值大于规定的可接受值，则需要采取合适的风险控制措施，一般从技术措施、管理措施和个人防护用品三个角度来考虑。根据图3-3可知，首先应该采取预防措施，防止可能触发事件的原因产生；然后再考虑如果事件发生了，采取什么措施能防止更严重后果的发生；最后还要考虑当后果发生后，应采取怎样的措施，缓和严重后果造成的影响。

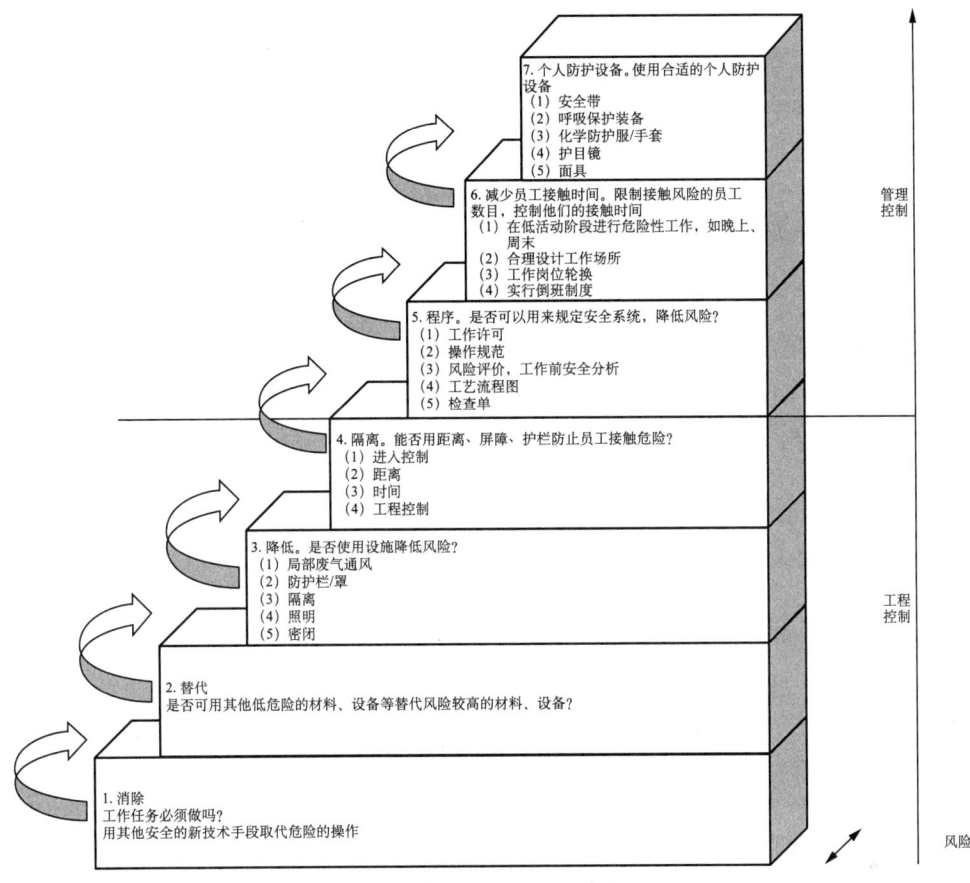

图 3-3 风险控制措施优先顺序示意图

风险控制最终达到的效果应遵循最低合理可接受原则（图 3-4），采取控制措施后，仍需对危险有害因素进行控制措施消减后风险的评价。若风险值在可接受的范围内，则可以按照所采取的措施施工；若风险值仍然高于最低可接受的标准，则需进一步采取措施进行控制，直到风险降至可接受的范围内，才能开展施工活动。

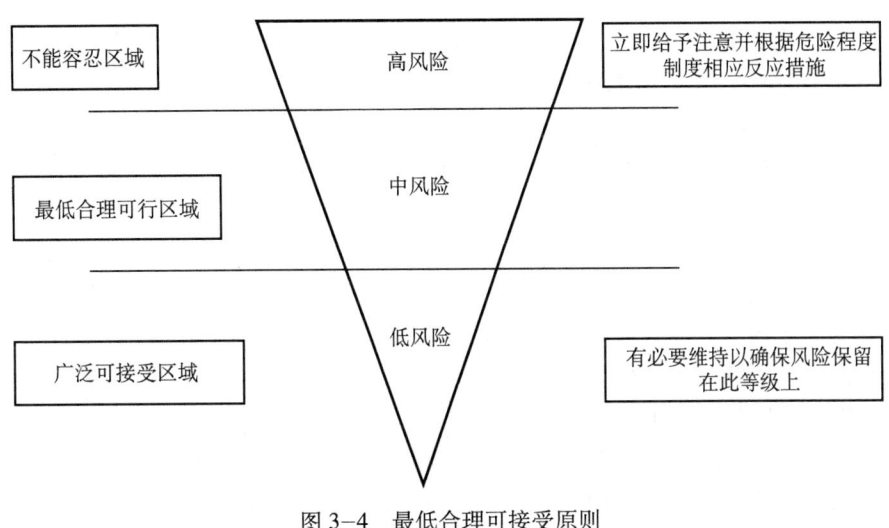

图 3-4 最低合理可接受原则

第五节 JSA 的管理流程

一、JSA 基本流程

JSA 基本流程包括任务审查、JSA 的实施、施工许可和风险沟通、现场监控、反馈与总结。详细的 JSA 管理流程如图 3-5 所示。现场施工前，先由专业技术负责人对工作任务进行初始审查，确定工作任务内容，根据风险程度（低、中、高）结合施工的实际情况，判断是否应做工作前安全分析，明确执行 JSA 人员所需要的能力，制定 JSA 计划。

（1）现场施工人员均可提出需要进行工作前安全分析的工作任务。

（2）低风险且由能胜任的人员完成的施工，只需进行口头评估。能胜任的人员指经施工负责人确认其具备识别该项施工风险的人员。

（3）一般情况下，新工作任务（包括以前没做过 JSA 的工作任务）在开始前均应进行 JSA，如果该工作任务是低风险活动，并由有胜任能力的人员完成，可不做 JSA，只需进行口头评估。

（4）若初始任务审查判断出的工作任务风险无法接受，则应停止该工作任务，或者重新设定工作任务内容。

（5）已做过分析或有规定程序的工作任务可不再进行 JSA，但应判定以前的 JSA 或规定程序是否满足本施工要求；如果存在不满足的条件，应重新进行 JSA。

（6）在施工期间，施工条件（如施工人员、环境条件）变化时，应重新进行 JSA。

（7）紧急状态下的工作任务，如抢修、抢险等，如果不具备时间条件，可直接执行相应的应急预案。

（8）如果一项工作任务无法确定需不需要进行 JSA，那就必须开展 JSA。

二、JSA 小组

JSA 不是一个人能完成的工作，需要集合团队的智慧和经验，所以开展 JSA 前应先成立 JSA 小组，明确组长及组员的职责。

JSA 小组通常由 4～5 人组成，组长通常由施工区（站队）主管负责人或其指定人员担任，应选择熟悉 JSA 方法的管理、技术、安全、操作人员组成小组。一般来说，JSA 小组应包括以下人员：

（1）参与施工人员；

（2）施工负责人；

（3）熟悉施工内容的专业人员（如安全、工艺、电气、仪表工程师）；

（4）有经验的 JSA 人员。

JSA 小组人员应具备以下能力：

（1）接受过 JSA 培训，应熟练掌握 JSA 过程中的相关专业知识；

（2）了解工作任务、区域环境和设备，并熟悉相关的操作规程；

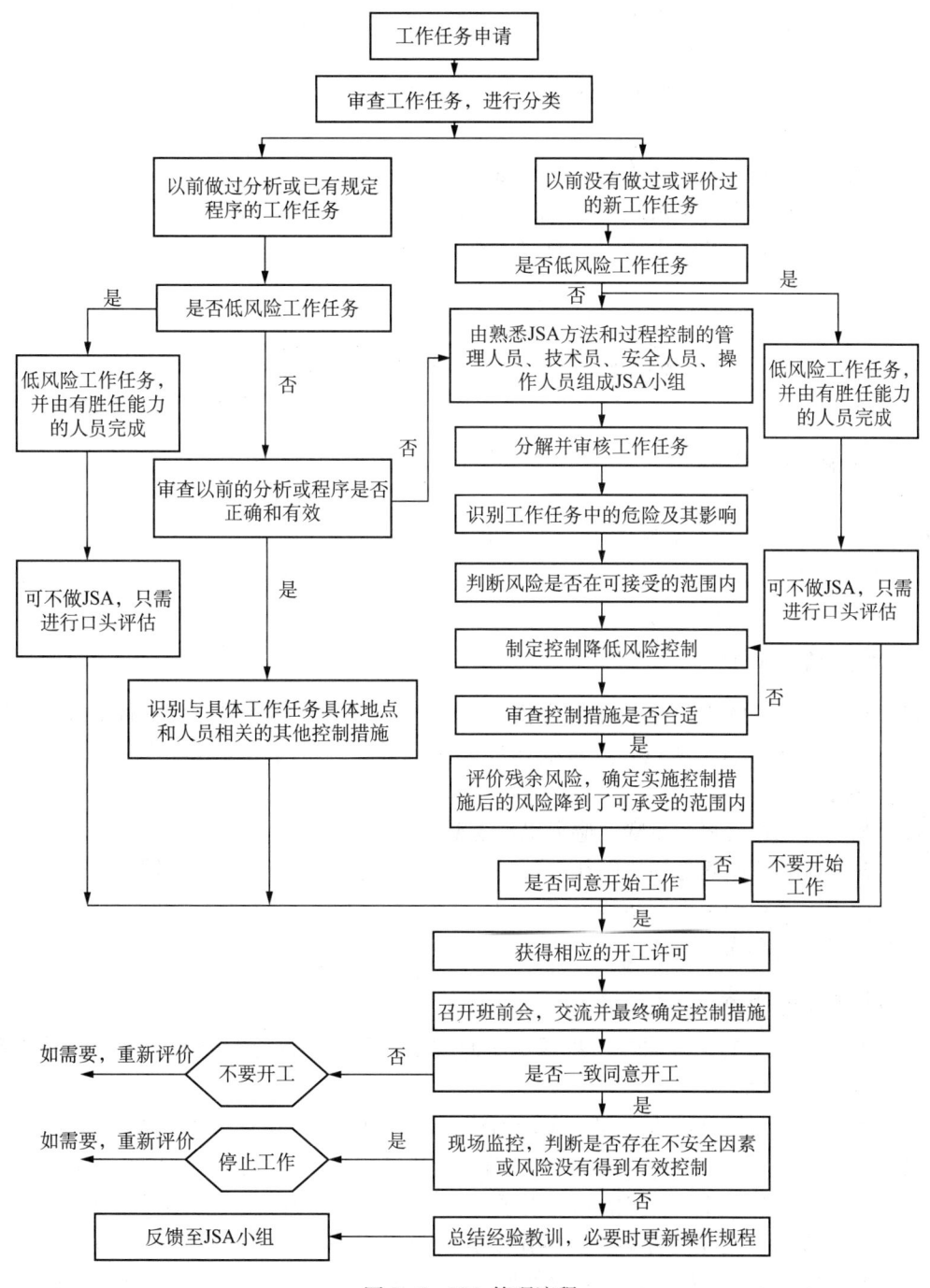

图 3-5 JSA 管理流程

(3) 具有一定生产、工艺系统实际操作、检维修经验;
(4) 具有一定设备操作有关基础知识和技能,并了解工艺设备设计依据;
(5) 具备一定安全基础知识及为完成分析所需的其他相关知识或专业技术。

在 JSA 正式开始前,JSA 小组应审查工作计划安排,分解工作任务,搜集相关信息,实地考察工作现场,核实以下内容:

(1) 以前此项工作任务中出现的质量、健康、安全、环境问题和事故；
(2) 工作中是否使用新设备；
(3) 工作环境、空间、照明、通风、出口和入口等；
(4) 工作任务的关键环节；
(5) 施工人员是否有足够的知识、技能；
(6) 是否需要施工许可及施工许可的类型；
(7) 是否有严重影响本工作安全的交叉施工。

第六节 JSA 的实施流程

一、分解施工步骤

分解施工步骤是 JSA 实施的第一步，也是最重要的一步，是做好 JSA 的基础和前提。施工步骤的划分应按实际施工程序，按先后顺序，不累赘也不遗漏地进行。分解步骤完成后，填写"工前安全分析表"。

1. 应遵循的原则

(1) 和参与施工的人员或参与类似施工的人员一起进行，可参照现有的标准操作程序；
(2) 避免分解得过细或过粗，过细导致 JSA 分析变得烦琐，太粗容易遗漏，一般分为 3~9 个步骤；
(3) 从头至尾包含每一步骤，避免出现遗漏；
(4) 每一步骤应明确告知"做什么"，而不是"为什么做"和"怎么做"；
(5) 使用一些动词来进行步骤描述，如"关阀门""停车""卸料""吹扫"等；
(6) 用最少的字描述清楚。

2. 应注意的内容

(1) 保持各步骤的正确顺序。步骤顺序的改变，可能导致危害因素辨识的遗漏或者增多，使 JSA 质量下降。
(2) 不要把控制措施纳入步骤。实际的施工过程中，有许多增加安全控制措施的步骤，如办理许可施工、挂牌上锁、佩戴防护用品等。在进行步骤划分时，应避免将安全控制措施纳入步骤。步骤的划分基于实际施工程序，但与实际步骤会存在一些不同。
(3) 以危害因素变化为分界点。确定步骤的分界点不是步骤的长短和难易，而是基于危害因素有无发生变化。如果前后步骤的危害因素和控制措施相同，可考虑进行步骤合并。
(4) 明确每一步骤涉及的人、机、环境。步骤分析时要明确每一步涉及的人员、设备、环境，这样更有利于后面的危害因素辨识。

二、危害因素辨识

识别施工过程危害因素时可依据"工作前安全分析清单"的提示逐项确认进行，应充分考虑人员、设备、材料、环境、方法五个方面和正常、异常、紧急三种状态。危害因素的辨识应针对每一项工作步骤，若该项步骤无危害则应写明无危害或者加斜杠，避免空白导致别人误以为该步骤未分析到。下面将以安全泄放阀校验施工来进行危害因素辨识分析（表3-7）。

表 3-7 安全泄放阀校验施工危害因素辨识

编号	工作步骤	危害因素描述	影响及后果
1	关闭出站去 ESD（紧急关断）手动放空球阀	阀门关闭不到位	天然气泄漏
2	打开 ESD 放空旋塞阀进行放空	放空区有不安全因素	火灾爆炸
3	拆安全泄放阀	管线余压	高压气体伤人
		人员高处施工	人员坠落
4	检验安全泄放阀	高压气体	检验人员受到机械伤害
5	安装安全泄放阀	人员站位不当	人员坠落
		导阀引压管接头未紧固到位	天然气泄漏，恢复投用后可能造成安全阀起跳
6	关闭 ESD 放空旋塞阀	放空阀关闭不严	天然气泄漏
7	打开手动放空球阀，恢复正常工艺流程	忘记恢复手动球阀全开	安全阀及 ESD 放空阀失去作用

三、风险评价

危害因素识别完毕后，还应按照发生可能性和后果严重性对识别出的危害因素进行风险评价。风险评价的方法已在前文进行介绍，此处不再赘述。

四、风险控制

JSA 小组应针对识别出的危害因素，考虑现有的预防（控制）措施是否足以控制风险。若不足以控制风险，则提出改进措施并由专人落实。在选择风险控制措施时，宜考虑控制措施的优先顺序。

◆ 习 题 ◆

1. 作业安全分析的具体含义是什么？
2. 预防事故发生的基本原则主要有哪些？
3. 简述作业安全分析的特点。
4. 简述 LEC 风险评价方法的特点。
5. 什么是风险矩阵风险评价方法？试述此种方法的局限性。
6. 风险控制措施选择的原则有哪些？
7. 简述进行施工分解时应注意的内容。
8. 作业安全分析小组人员应具备哪些能力？

第四章 海洋油气工程施工的管理措施

第一节 管理措施的含义及范围

一、管理措施的含义

管理措施是指公司高层领导在管理日常生产活动中,通过文件管理、工作制度的制定和各项措施的落实,对健康、安全与环境所给予的重视程度,即通过项目策划,找出关键任务,制定出切实有效的措施,使公司最高管理者的承诺、方针和战略目标及各项规章制度,在公司的施工现场得到有效执行。

企业安全管理是企业管理的重要组成部分,是为落实国家有关法律、法规、标准,企业内部采取的措施和开展的活动。近些年,随着海洋油气开采设施的增多、开采难度的增大、早期设备设施的日益老化和台风、热带气旋等极端气候频次的增加,海洋油气开采面临的整体风险逐年增加。为了保障安全生产,海洋石油企业除了必须落实国家规定的要求外,还需要发挥主观能动性,采取更多、更严和更有针对性的安全措施,实施全员、全过程、全方位安全管理,严格管控海洋油气设计与施工风险,持续改进安全管理成效,切实防范事故发生。

二、管理措施的范围

管理措施的范围主要包括以下几个方面:
(1) 识别特定活动、产品和服务可能产生的施工风险,制定防止和消减措施;对活动进行再评估,以确定提出的措施确实在消减风险和满足有关目标上起了作用。
(2) 阶段性和长期的风险消减措施应形成文件,与关键人员沟通,加以实施,并监测其有效性。
(3) 制定有关措施,例如应急反应,以消减影响和进行恢复。
(4) 风险防范、消减和恢复措施也可能产生危害,应加以识别。

(5) 根据判别标准评价产生的危害和影响的可忍受程度。

从施工开始到结束实际上是一个多单位、多工种配合的施工过程。因此必须在各单位管理系统之间提供一个有效的接口，规定各管理机构的职责和各工种的职责。

第二节　电气系统的管理措施

海洋油气设施深处海洋气候环境中，设施空间狭小、布局紧凑，设备密度高，对海上现场电气系统提出了更高的安全要求。

一、防爆安全管理

可燃气体或者蒸气在空气中聚积到爆炸浓度范围内，遇到点火源就会爆炸，而电气系统在使用过程中就可能产生电火花。因此，在可燃气体或蒸气易于积聚的危险区内，应避免安装电气系统。若不可避免，则应选用符合该区域防爆要求的电气系统。

海洋油气设施按照不同区域的危险性，通常划分为三个等级的危险区：

(1) 0类危险区：在正常操作条件下，连续出现达到引燃、爆炸浓度的可燃气体或者蒸气的区域。例如石油天然气产品储罐、储舱、分离器等内部空间，爆炸混合气体持续或长期存在的处所，以及与上述相类似的处所。

(2) 1类危险区：在正常操作条件下，断续地或者周期性地出现达到引燃、爆炸浓度的可燃气体或者蒸气的区域。

海洋油气设施上属于1类危险区的区域有：安装有油气处理和气储存等装置及其系统的封闭处所，以及从该类处所通风出口边缘起向上和周围5m、向下3m以内的区域；直接邻近井口危险区、石油和天然气产品的储油罐、分离器的封闭处所，以及油气容易聚集而通风不良的部位，或与2类危险区相通的不通风处所。

(3) 2类危险区：在正常操作条件下，不可能出现达到引燃、爆炸浓度的可燃气体或者蒸气；但在不正常操作条件下，有可能出现达到引燃、爆炸浓度的可燃气体或者蒸气的区域。

海洋油气设施上属于2类危险区的区域有：以井口油气源为中心，向上或周围5m、向下直至甲板的区域；从1类危险区边界起向上和向周围1.5m、向下3m以内的区域；装有用于操作、处理、运输石油和天然气产品的系统及其管道，且可能会泄漏出油的封闭处所；安装在露天的石油天然气产品储存罐、分离器，离外壳3m以内的空间；来自2类危险区封闭处所的通风出口边缘起向上和周围1.5m、向下3m以内的区域；装在露天部位用于操作、处理、运送石油和天然气产品的系统及其管道，以油气可能泄漏源为中心、半径3m以内的区域。

二、安全操作及检查

海洋油气设施应当制定电气系统检修前后的安全检查、日常运行检查、安全技术检查、定期安全检查等制度，建立健全电气系统的维修操作、电焊操作和手持电动工具操作等安

全规程,并严格执行。电气安全管理应符合下列规定:

(1) 按照国家规定配备和使用电工安全用具,并按规定定期检查和校验。

(2) 遇停电、送电、倒闸、带电施工和临时用电等情况,应按照有关施工许可制度进行审批;临时用电施工结束后,立即拆除临时增加的电气系统和线路。

(3) 按照国家标准规定的颜色和图形,对电气系统和线路做出明显、准确的标志。

(4) 电气系统施工期间,至少有一名电气施工经验丰富的监护人进行实时监护。

(5) 电气系统应按照铭牌上规定的额定参数(电压、电流、功率、频率等)运行,电气系统应安装必要的过载、短路和漏电保护装置并定期校验;金属外壳(安全电压除外)有可靠的接地装置。在一些特殊场合,电气系统可能需要降压、降载、变频使用,此时还应充分考虑电气系统的工作条件要求和使用范围。

(6) 在触电危险性较大的场所,手提灯、便携式电气系统、电动工具等系统工具使用安全电压;确实无法使用安全电压的,应经负责人批准并采用有效的防触电措施。

(7) 防爆电气系统上的部件不得任意拆除,必须保持电气系统的防爆性能;特别注意危险区移动电气系统和通信系统的使用管理。

(8) 定期对电气系统和线路的绝缘电阻、耐压强度、泄漏电流等绝缘性能进行测定;长期停用的电气系统,在重新使用前应当进行检查,确认具备安全运行条件后方可使用;对使用时间长、腐蚀性或高温环境等恶劣环境下的电气系统要重点做好绝缘性能检测。

(9) 对生产和施工设施采取有效的防静电及防雷措施。在现场实施中,要定期检查防静电及防雷措施,确保功能完好。

三、适应海上恶劣环境

海上电气系统首先要适应海洋气象环境和化学活性物质的影响要求。一方面,海上温差大,降雨多,台风、热带气旋多,如南海海域大气的最高温度能达到40℃,渤海海域的最高温度也接近40℃,发电机房的空气温度甚至能超过50℃,冬季渤海海域最低温度低于零下30℃,而且夏季常常遭受台风、风暴潮侵袭,部分海域单次最大降雨量可达1000mm,海上电气系统在选型和布局方面必须考虑防水、防腐、耐高温、耐严寒等性能要求。另一方面,海洋大气中的盐雾,钻井液中的化学药品(如 NaOH)和原油、天然气中所含的酸性介质等化学活性物质,与海洋潮湿大气中的水分相结合,生成酸性、碱性物质附着于系统上或进入系统内部,经过一定时间的化学反应,使电气系统受到腐蚀。所以,为了保证电气系统的安全使用,应尽可能将电气系统布置在室内;室外电气系统应根据使用环境安装防护外壳,防止液体或者固定颗粒物的渗入。

第三节 危险品的管理措施

危险品是指具有易燃、易爆、毒害、腐蚀性、放射性等特点的物质,其在储存、运输和使用的过程中,危险性大,容易造成人身伤亡、财产损害和环境污染,必须加强管理。海洋油气同样存在危险品管理问题,特别是在危险品的运输、储存、使用和处置的管理方面与陆地危险品管理有较大的差异。因此,海洋油气危险品的管理,首先必须执行有关法律法规和国家标准或者行业标准；其次是必须针对海洋施工危险品使用的特殊性，建立专门的安全管理制度，采取可靠的安全措施。

一、危险品的运输

装运危险品的交通工具和包装物必须符合有关国家标准和行业标准，交通工具和包装物上要有醒目标志、标签。从事危险品运输的单位和个人必须遵守国家有关危险货物运输管理规定，必须凭证运输的危险品，托运人应到公安、环保、交通等相应的管理部门办理准运手续；承运人应具备交通部门核发的运输危险货物资质，并凭准运证明承运，没有准运证明的，不得擅自承运；危险品运输时应设专人押运，并设置有可靠的安全措施和应急措施。

二、危险品的储存

有专人负责危险品的管理，并建立和保存危险品入库、消耗及使用记录。在通往危险品存放地点的通道口、舱口处，设有醒目的中英文危险品标志。危险品露天堆放应符合防火、防爆的安全要求，爆炸性物品、一级易燃物品、遇湿燃烧物品、剧毒物品不得露天堆放。海上爆炸性物品的存放场所应尽可能远离生活区、频繁的人员工作区及危险施工区，并应标有明显的危险品标志。存放场所应采取有效的防火等安全防护措施，爆炸性物品中的炸药不得与雷管或放射性物质存放在同一储存室内。

海上设施不得长期存放放射源，现场临时存放必须有专用的存放装置；放射源存放应远离生活区，且不能与爆炸性物品和具有腐蚀性的物品同室存放，装置上应有危险性标志。

三、危险品的领取

海上设施应当建立危险品的领取和归还制度，领取人必须持领取单领取相应的危险物品，领取单详细记载危险品的种类和数量；领取和归还危险品时，应使用专用的工具，放射源盛装在罐内，爆炸物品存放在箱内；出入库的放射源罐配有浮标或者其他示位器具；危险品的出入库要有记录，领取人和库管员在出入库单上签字；未用完的危险品应及时归还。

四、危险品的使用

施工前，按照有关规定申请使用许可证，取得使用许可证后，方可使用危险品，使用要有详细记录。使用后，及时将未使用完的危险品回收入库。施工时，制定安全可靠的施工规程，有关施工人员熟悉并遵守施工规程，现场设有明显、清晰的危险提示标志，以防止非施工人员进入施工区。从事爆炸性物品施工，施工前操作人员应记录使用爆炸性物品的种类、数量，取用的数量不得超过当班使用量；如果当班使用后有剩余，应回收入库并做好记录。

使用放射性物质时，应按规定办理"放射性同位素工作许可登记证"。现场至少配备一台便携式放射性强度测量仪，施工的区域应有明显的警示标志。操作、安装放射源及这些放射源出入井口时，除测井工作人员外，其他人员不得围观，不得在井口附近停留；放射性物质的领、用、存、取都应有严格的登记交接记录；从事放射性工作的人员应进行相应的培训与个人防护，持有"放射性工作人员证"；应使用密封型放射源储罐，并有相关的管理控制措施，正在使用的放射源每年进行一次放射源的检漏工作；放射源出入库时，应使用探测器确认放射源在罐里；施工完工后，应将放射源回收，存放于指定的容器内，及时安全地返回陆地指定储放处。

五、危险品的废弃

施工者应定期对使用、储存的危险化学品进行检查，对超出有效期或破损、腐烂无法继续使用的危险品应进行废弃处理。危险废物的存放区域应设有明显的警示标志，要能提示该危险废物的危害性及注意事项。危险废物应建立登记记录，对危险废物的种类、数量、处理时间、处理方式等信息进行详细的跟踪记录。

海上生产设施、施工设施的危险废物及其包装物应进行必要的处理并做好标志后方能通过船舶运输，运输前应将危险品的种类、数量和危害性告知船舶有关人员。危险废物及其包装物不得私自进行处理，必须送交或委托国家环保主管部门认可的资质单位进行处理，移交时应做好交接记录。

第四节　施工资格审查的管理措施

施工资格审查管理（Permit To Work，PTW）是针对生产过程中的非常规施工和高危施工，为了有效控制其风险，施工者或承包者事前开展施工危害辨识，提出施工申请，审核、验证施工的安全措施，并最终获得施工批准后方可从事该项施工活动的过程。

施工资格审查管理制度是国际石油公司通用制度，也称工作资格审查制度、危险施工资格审查制度。我国最初的施工资格审查管理便是借鉴了国外的经验。目前，国内石油行业普遍实行的施工资格审查管理是控制施工中的非常规施工和高危施工风险的主要手段。海洋油气施工中存在大量的非常规施工和高危施工，施工者或者承包者应当建立动火、电工施工、受限空间施工、高空施工和舷（岛）外施工等审批制度。

施工资格审查管理不是行政资格审查，而是一种风险控制方式，它突出强调的是管理程序，通过各项程序的严格执行，控制施工过程，确保施工安全。按照目前石油行业通用的做法，它包括通用施工资格审查和专项施工资格审查。

一、施工资格审查管理的范围

施工资格审查管理的范围包括非计划性维修工作（未列入日常维护计划或无程序指导的维修工作）、缺乏程序要求的工作、各项高危施工、非常规及风险较高的施工、企业规定的其他施工等。一些特定的风险较高的施工或者特种施工，如动火施工、进入受限空间施工、高空施工、电工施工和舷（岛）外施工等，还要办理专项施工许可证。

二、施工资格审查管理流程

施工资格审查管理流程包括施工许可证的申请，风险评估，制定安全措施，施工许可证审查与审批，施工完成后许可的取消、延期和关闭。

1. 施工许可证的申请

施工许可证必须在相关施工开始之前签发，施工前单位应提出书面申请，同时提供相关资料，说明施工的性质、地点、期限及采取的安全措施等。施工申请人应是施工单位现场负责人，如项目经理、施工单位负责人、现场施工负责人或区域负责人；施工申请人应实地参与施工资格审查所涵盖的工作；当施工资格审查涉及多个负责人时，多个负责人均应在申请单上签字。施工批准人一般为设施负责人或属地管理人。

2. 风险评估

风险评估是施工资格审查审批的基本条件，可在安全专职人员的指导下进行。申请人应组织对申请的施工进行风险评估，风险评估的内容应包括工作步骤、存在的风险及危害。对于一份施工许可证项下的多种类型施工，应统筹考虑施工类型、施工内容、交叉施工界面、工作时间等各方面因素，整体完成风险评估。

3. 制定安全措施

施工单位应根据风险评估的结果编制施工安全方案。确定的危害和不可承受的风险均应在施工安全方案中提出有针对性的控制措施。施工单位应严格按照施工安全方案落实安全措施，如需要系统隔离，应进行系统隔离、吹扫、置换，交叉施工时需考虑区域隔离。安全措施的落实，需要负责人员现场确认。

4. 施工许可证审查与审批

在收到申请人的施工资格审查申请后，批准人应组织申请人和施工涉及相关方人员，集中对申请单中提出的安全措施、工作方法进行书面审查，并记录审查结论。书面审查通过后，所有参加书面审查的人员均应到申请单上所涉及的工作区域实地检查，确认各项安全措施的落实情况。书面审查和现场核查通过之后，施工资格审查由批准人批准，批准人或其授权人、申请人和受影响的相关各方均应在施工许可证上签字。如书面审查或现场核查未通过，对查出的问题应记录在案，申请人应重新提交一份带有对该问题解决方案的施工资格审查申请。取得施工许可证后，方可进行施工。

5. 施工完成后许可的取消、延期和关闭

施工期间，如果发生异常情况（包括施工环境和条件发生变化、施工内容发生改变、实际施工与施工计划的要求发生重大偏离、发现有可能发生立即危及生命的违章行为、现场施工人员发现重大安全隐患、事故状态下），生产单位和施工单位都应立即终止相关施工。当正在进行的工作出现紧急情况或已发出紧急撤离信号时，所有的施工许可证立即失效。如果工作时间超出施工许可证有效时限或工作地点改变，风险评估失去其效力，应停止施工，重新办理施工许可证，得到准予施工的指令后方可继续施工。

如果在施工许可证有效期内没有完成工作，申请人可申请延期。申请人、批准人及相关方应重新核查工作区域，确认所有安全措施仍然有效，施工条件未发生变化。若有新的

安全要求，也应在申请上注明。在新的安全要求都落实以后，申请人和批准人方可在施工许可证上签字延期。施工许可证未经批准人和申请人签字，不得延期。

施工完成后，施工负责人应当在施工许可证上填写完成时间、工作质量和安全情况，申请人与批准人或其授权人在现场验收合格并签字确认后，方可关闭施工资格审查。

三、施工许可证的管理

常见的施工许可证有两类，一类是通用施工许可证，即所有的施工，都适用同一模板的施工许可证；另一类是专项施工许可证，不同的施工有不同格式和内容的要求。通用施工许可证程序简单，效率高；专项施工许可证程序复杂，但是风险控制效能较好，适用哪种施工许可证，可依据现场的具体情况而定。

施工许可证需要进行统一编号，编号由许可证批准人填写。施工许可证应包含施工活动的基本信息，包括但不限于施工单位、施工区域、施工范围和内容、施工时间、施工危害及相应的控制措施、施工申请、施工批准、施工关闭等方面。

施工许可证一式多联，按照规定张贴在对应场所。当同一工作有多个施工单位参与时，每个施工单位都应有一份施工许可证（或复印件）。

施工许可证签发后，不得再做任何修改，施工完成后应由申请人、批准方签字关闭后，交给批准方存档。涉及资格审查管理的施工许可证、施工方案、有关施工票、应急预案等资料应妥善保管。

第五节　承包商的管理措施

海洋油气生产是多专业、多系统、多技术相互融合的行业，海洋油气勘探开发与生产建设需要大量专业的承包商提供技术支持和服务，所以承包商的施工安全是海洋油气生产和施工的重要保障。然而，海洋油气田承包商施工覆盖了工程建设、设备检维修、钻修井、测录井、技术服务等多个方面，承包商的所有制性质、企业资质、安全管理水平、安全投入、员工综合素质方面都存在很大的差异，他们在为海洋油气田提供服务的同时，也为海洋油气田的安全管理带来一定难度。所以，施工者不仅要做好自身的安全生产工作，还要做好承包商的安全监管工作。只有这样才能保证各自的生产安全及整个项目、现场的生产安全。

施工者对承包商的安全监督管理包括两层意思：一是不能将施工和检验承包给不具备安全生产条件或者不具备相应资质的承包商；二是将施工承包给具备资质的承包商时，也要对承包商的施工组织管理进行监督管理，将承包商纳入本单位的管理之中，不能以包代管，或者将风险与责任以协议和合同的形式转嫁给承包商。

一、前期资格审查

为实现承包商的规范化管理，有效降低和控制承包商施工活动中的安全风险，施工者应建立承包商引进安全制度，从承包商的资质审核入手，选取具备资质、合格的承包商，从源头上杜绝安全管理不合格的承包商参与海洋油气田建设施工。依据各部门和现场施工单位反馈的对承包商的评价记录及承包商相应资质的生效、换证、吊销等情况随时更新合格承包商名录。

二、施工前签订合同

施工者与承包商签订合同时应约定甲乙双方各自的责任和义务,以及合同中最低健康安全环保要求,包括控制目标、人员资格、设备性能、风险辨识、安全工具等,使对承包商的管理有章可循。

三、施工期间的现场监督

施工者应对承包商现场的施工活动进行必要的监督管理,确保承包商施工人员持有有效的资格证件;配备符合要求的劳动防护用品;确保承包商严格依据审批后的"施工计划"进行施工;确保承包商所提供的设施、工具满足相关法律法规和施工现场的健康安全环境要求。

施工者应建立承包商培训档案,针对承包商的施工特点和施工风险,进行详细且有针对性的安全培训并进行考核。培训内容包括但不限于施工者采用的安全技术标准、油气田管理制度、承包商安全绩效考核制度、现场重要设备设施和危险源识别、个人防护用品使用、消防与逃生系统等。同时,施工者应要求承包商在施工活动前对其员工进行必要的教育,使其熟悉生产施工现场情况,包括施工位置、周围环境、潜在的危险等;了解所使用的设备和工具的安全操作方法;懂得自我防护措施及应急措施;了解施工现场健康安全环境方面的控制要求。

有重大安全环境影响的施工,施工者应要求承包商派出具有安全技术知识和专业知识的人员在现场监督管理。

四、施工期间的沟通

施工期间,应加强与承包商的信息交流,开工前进行安全和技术交底,施工期间定期汇报工作进展和管理情况,编制紧急情况甲乙方联合应急预案,并明确承包商在应急工况下的应急职责和行动程序。

五、施工完成后的检查与考核

施工者应定期对承包商的施工活动进行监督检查,检查内容主要包括承包商从业资格、安全管理制度建立情况、员工安全培训执行情况、施工行为等。检查发现的不符合项应及时反馈给承包商并监督其及时整改,当发现承包商的活动存在重大隐患时,施工者应立即停止其工作。做好承包商安全业绩考核,将评价结果作为承包商选择的重要依据,对于安全业绩考核不合格的承包商,应采取强制性的清退措施。

第六节　出海人员的管理措施

海上生产生活条件十分有限，不仅对人员的素质要求很高，而且对人员的数量限制十分严格。施工者和承包者应当尽量减少海上设施的施工人员，并且要对出海人员的资质资格、健康状况进行严格审查，无关人员或者不符合规定的人员不允许出海。同时，在海上施工期间，施工者和承包者应实施人员动态安全管理，实时掌握海上设施、船舶上的人员基本信息，为更好地进行生产组织及紧急情况下的应急救助、保障人员生命安全提供准确可靠的信息资料。

一、动态安全管理

施工者和承包者应当建立海上人员动态安全管理制度，要有有效的技术手段进行监管。出海前，施工人员应经施工者批准，持身份证、海洋油气工程施工安全救生培训合格证、健康证等有效证件，到指定单位办理出海申请手续，并接受必要的安全教育和登记；出海时，施工人员应持同意出海的有效凭证，办理乘船（机）手续，接受登船（机）前的安全检查和安全教育。乘船（机）期间，施工人员应严格遵守船舶或直升机乘坐的有关安全规定，听从船舶或直升机管理人员的指挥和安排，有序地上下船舶或飞机；需要乘坐载人吊篮上下平台的，施工人员应穿好救生衣，严格按照安全操作规程进行；登临海上设施时，应接受设施的安全教育、证件的再次复核和登记，听从统一管理，遵守设施上的安全生产规定，并熟悉和了解设施的生产施工情况、主要风险和危害因素、逃救生部署等安全知识。

二、信息登记管理

施工人员必须要熟知载明有个人姓名、床位号、房间号、救生艇编号的"T"形卡内容。施工期间，"T"形卡要始终存放于"T"形卡箱内；离开设施时，施工人员应核销相关登记信息，在应急撤离的情况下，施工人员应将"T"形卡翻面或取走，表示已经登上对应的救生艇或救生筏。

现代化、系统化、网络化的出海人员动态管理还要求安全管理人员可以在陆地通过网络实时查询和统计海上设施的当前施工人员情况、现场人员的施工位置及人员的历史出海记录、人员所持证件的有效期等基本信息和数据。

第七节　系物的管理措施

起重施工是海洋油气建设和生产中最主要的施工类型之一，无论是海上设施安装、生产生活物资上下、人员上下都涉及起重施工，频率很高。为了保障施工安全，必须要加强起重施工过程中系物器具和被系器具的安全管理。

一、安全检验及维护

系物器具应当按照有关规定由海洋油气施工安全办公室认可的检验机构对其定期进行检验，并做出标记。施工者和承包者为满足特殊需要，可自行加工制造系物器具和被系器具，系物器具和被系器具必须经海洋油气施工安全办公室认可的检验机构检验合格后，方可投入使用。施工者和承包者应当制定系物器具和被系器具的安全管理责任制，制定系物器具和被系器具的使用管理规定，对系物器具和被系器具进行经常性维护、保养，保证正常使用。维护、保养应当做好记录，并由有关人员签字。

二、属性信息登记

使用箱件时，箱外应有明显的尺寸、自重和额定安全载重标记，并定期对其主要受力部位进行检验；使用吊网时，应标有安全工作负荷标记，非金属网不得超过其使用范围和环境；载人吊篮必须专用，并标有额定载重和限乘人数；应当按产品说明书的规定定期进行技术检验。

三、报废管理

系物器具和被系器具达到报废标准、未标明检验日期、超过规定检验期限时应当停止使用。

第八节　安全培训管理措施

安全培训是安全生产的基础工作，对综合提升员工的安全素质非常重要。安全培训的内容和类型非常广泛，不仅包括法律、法规要求的取证培训，如主要负责人培训、安全管理人员培训、出海施工人员培训和特种施工人员培训等，也包括企业对员工在业务范围内需要掌握的安全知识的培训，如风险识别方法、上岗前培训等。

一、安全培训的规划

施工者和承包商应将安全培训计划纳入本单位培训总体计划，做好中长期规划和年度计划，保证培训经费，提供必要的培训条件，在确保各类法定取证培训有效进行的基础上，进一步加强其他安全教育培训工作的计划、执行和考核，使员工具备胜任本岗位的技能和安全专业知识。

二、安全培训的实施

海洋油气一线岗位人员是安全生产规章制度的具体执行者，对安全生产有着直接影响，对他们的教育培训不仅是安全培训的工作重点，而且还应该根据工作岗位性质区别对待。新员工和转岗员工必须要进行基本安全教育和上岗前培训，使他们熟知必要的安全生产知识，与施工有关的安全生产规章制度和安全操作规程，以及本岗位的安全操作技能；新投产的生产设施及新技术、新设备、新材料在使用时,岗位员工应进行专项培训,使其掌握设备流程操作和特定风险控制方面的知识。对于登临设施的临时性施工人员、参观人员及外来施工承包商,应进行安全知识教育,使他们了解海上设施特点和施工主要风险,以及相关的应急说明。

三、安全培训的模拟演练

安全培训的方式也有很多种,除了集中学习外,还可以通过实物操作、模拟演示、现场参观等单种方式或多种方式联合进行。尤其是在生产一线,施工者或承包商可针对不同岗位的员工,建立个性化的培训需求计划,采取短课时、小课件及安全经验分享、事故案例分析的方式,有机灵活地开展教育培训工作。通过各种形式的教育培训,使员工能够了解和掌握应知应会的安全知识,掌握救助知识、事故预防措施和处理方法,并能准确应用,从而保护自己和他人的安全与健康。

第九节　事故管理措施

一、定期统计分析

事故的发生是由一系列内在的必然因素决定的。定期统计分析生产安全事故情况,对于全面把握和了解某一地区的安全生产状况,弄清事故发生的内在原因,及时总结经验教训,具有重要意义。因此,施工者应当建立事故统计和分析制度,定期对事故进行统计分析。承包者在提供服务期间发生的事故由施工者负责统计。

二、总结经验教训

在全面、准确地对事故进行统计的基础上,需要认真地对事故进行综合分析,对事故的种类、原因、特点造成的伤亡、损失等进行研究、分析归纳,找出发生事故的规律性原因,总结事故经验教训、制定措施,举一反三,防止以后再发生类似事故。

◆◆ 习　题 ◆◆

1. 简述管理措施的含义。
2. 简述管理措施的范围。
3. 海洋油气设施按照不同区域的危险性,通常划分为三个等级的危险区,分别是什么?划分依据是什么?
4. 危险品的管理控制包括哪几方面?
5. 施工资格审查工作流程是什么?
6. 出海人员信息登记管理内容有哪些?
7. 简述安全培训管理的步骤。
8. 事故管理控制包括哪些内容?

第五章
海洋油气工程施工的安全系统

第一节 概 述

一、海洋油气田生产设备管理

海洋油气田生产设备是指安装在生产平台和储油轮上的生产设施及机械、电气设备、仪器设备等的总称。设备是搞好生产、科研和现代化管理的重要技术手段,是现代化生产的主要物质基础。

设备管理与维修的方针是依靠技术进步,促进生产发展,并应以预防为主。其原则是坚持设计、制造和使用相结合,日常维修保养和计划维修相结合,修理改造和更新相结合,专业管理和全员管理相结合,技术管理和经济管理相结合。

各石油施工公司生产部门设备管理工作由主管设备经理(监督)负责,其职责范围是:贯彻和编制有关设备管理的各项规定和制度;负责石油施工公司的设备管理工作;应用世界先进的设备管理模式,对设备做到正确使用,精心维护,计划维修,安全运行,执行预防性维修计划;负责组织和实施设备的日常维护保养,充分发挥现有设备的综合效益,使设备寿命周期费用最经济;提高设备的经济效益;加强和完善设备管理的基础工作,及时准确上报有关报表及考核指标;编制石油施工公司年度设备购置、更新、改造和大修理计划及费用预算;选用一种适合石油施工公司的设备维护保养模式并应用于本公司的设备管理;对本公司的设备事故及时上报,追查原因,提出处理意见和改进措施。

海洋油气田生产设备管理工作通常分为两部分,即设施工程管理和设备维修管理。

(1)设施工程管理,负责生产设施升级改造和维护、设备更新、结构监测和检验及化学药剂选用管理等。

(2)设备维修管理,负责运转设备的日常维修、计划性维修、材料及配件订购。

二、海洋油气田生产设备维修管理

海洋油气田生产设备维修管理的基本任务就是通过采取一系列技术、经济、组织措施，使设备得到合理配置、正确使用、精心维护和适时修理，达到延长设备使用寿命、充分发挥设备效能、提高设备利用率的经济目标。设备维修管理操作人员必须经过严格的培训，考核合格后才能上岗。

针对海洋油气田生产设备种类繁多、安装集中、维修成本昂贵和安全要求高等特点，各施工公司为此制定一套安全管理办法来指导和监督各执行部门对各项具体措施和程序的执行，从而达到降低操作和维修成本、确保安全生产的主要目的。

1. 设备维修原则

根据设备的类型和服务功能，制定具体的维修管理方法和程序，有计划、有步骤地实施各项维修工作，不断改进和探索各种维修方法与技术，确保设备安全、有效地运行。具体要求做到档案资料齐全，设备性能良好，满足安全生产需要，符合法规条例，维修成本合理及管理水平先进。

2. 设备维修定义和策略

设备维修是指针对生产设施和设备为达到其技术条件而采取的一系列维护手段。各种维护手段分为四大类型：检验、保养、修理、维护。

设备维修的策略是基于各设备在生产过程中的重要程度而决定的。由于不同设备的失效会对人身安全、环境保护和施工成本等方面造成不同程度的影响，为此要对各设备进行必要的等级评估并相应地制定其维修管理程序。除了静态和结构体的设备外，其余设备按重要程度可分为三个等级：

第一类（最重要类）——该设备任何功能的失效都会对人身、环境和生产操作有极重要的直接的影响。

第二类（重要类）——该设备部分功能的失效会对人身、环境和生产操作有直接的影响。

第三类（非重要类）——该设备任何功能的失效不会对人身、环境和生产操作有直接的影响。

对于静态和结构体设备的重要性由另一套与无损探伤（NDT）有关的评估方法来制定其检验程序。

设备检验（或者称为设备状况的评估审核）是设备维修的首要步骤。通过对设备的检验来确定是否需要采取进一步维修措施或调整维护程序，同时也是对有关国家法规和船级社要求及公司安全条例的具体执行。对于管线、压力容器和结构体等静态设备采取无损探伤等检验技术，应由安全部门和有关工程技术部门按照有关规定执行。对于其他非静态设备由主管维修的部门负责，按照各设备的重要等级采用预防性或预测性的维修技术进行。

概括来说，设备维修由三个基本程序组成。各个基本程序的制定和应用是根据设备的重要性质和功能来决定的。构成设备维修程序的三个基本程序是：

（1）预测性维修——通过对设备在使用期间对其技术参数的变化进行测量、记录并进行科学分析，从而判断设备的状况，达到预测设备故障隐患的目的，在设备故障发生之前采取必要的维修措施,避免更大的影响。预测性维修策略多应用于最重要类别的设备维修管理上。

(2) 预防性维修——通过计划安排定期或定时地对设备进行强制性的保养维修,从而防止设备因缺乏保养和疲劳而引起的恶性故障。通常预防性维修策略应用于各类型设备,视具体需要而定。

(3) 事后维修——设备故障发生后采取的维修补救措施及有计划地对设备进行必要的技术改进和更新等维修措施。通常对于非重要类的设备,一般采取事后维修的策略。对于直接影响生产的重要设备,则采取紧急维修措施。

三、海洋油气田生产设备维修管理系统与检测技术

1. 维修管理系统

我国海洋石油企业至今已开发投产数十个海上油田,其生产系统主要由固定式采油平台、浮式采油平台、水下采油井口和浮式生产储油轮组成,安装有上万台设备,而且大多数设备需要连续运行,全天候工作。要确保这样多的设备随时处于良好的工作状况,维修保养工作量很大,涉及的专业和技术很多。设备大多数来自国内外的制造厂家。要管好、用好这些设备,保证油田生产连续高效,就必须使设备的维修管理达到相应水平。为此,各石油施工公司都建立了一套具有国际先进水平的由计算机辅助操纵的生产设备维修管理系统。操作人员按电脑维修工作指令和工作程序去执行维修保养计划,使设备的运行得到充分保障。各石油施工公司独立安装在陆上总部办公室的计算机主机与分布在各陆上分部办公室、库房及海上生产平台和储油轮等处的终端形成一个计算机网络,对上万台(套)设备、仪表控制点进行系统的科学管理。该系统的主要数据库内容包括主要设备清单、推荐备件清单、预防性维修计划(图5-1);系统的主要功能模块有维修工作指令系统,库存材料清单及仓库控制系统,计划维修程序,维修的步骤方法等;主要设备清单是基础,它是在设备基础资料(包括厂家数据、规范说明、维修保养手册、操作手册等)全部收集后进行管理规范的划分,然后制订出来的,根据主要设备清单就能制订推荐备件清单和预防性维修计划,同时可知道备件在哪里可以买到,交货期多长,同一备件在多少地方同时使用等。推荐备件清单的内容进一步发展就成为库房管理和采购管理相结合的材料控制系统。这种具有专业水平的计算机维修管理系统,在保证油田正常生产方面发挥了重要的作用。

2. 维修检测技术

多年来,海上各油田的生产施工者,针对各油田生产设备情况,积极采取相应的先进维修技术,对确保设备和生产过程的安全运作与正常生产,以及提高人员对设备的维护技术水平具有十分重要的意义。

海洋油气田多年来对主要运转机电设备积极推行状态监测与故障诊断技术,对发电机、空压机、管线泵等大型运转设备定期测定设备的特征参数(如振动、温度等)来检查其状态是否正常,并通过一系列的数据分析设备的状态做出相应的诊断,及早发现设备异常及隐患,较准确地找出故障原因及部位,及时采取维修措施,避免恶性事故的发生。该技术的应用成功地预测了平台输油管线泵轴承损坏及叶片损坏和透平机轴瓦损坏等重大隐患故障,避免以上恶性机械事故,取得明显效益。

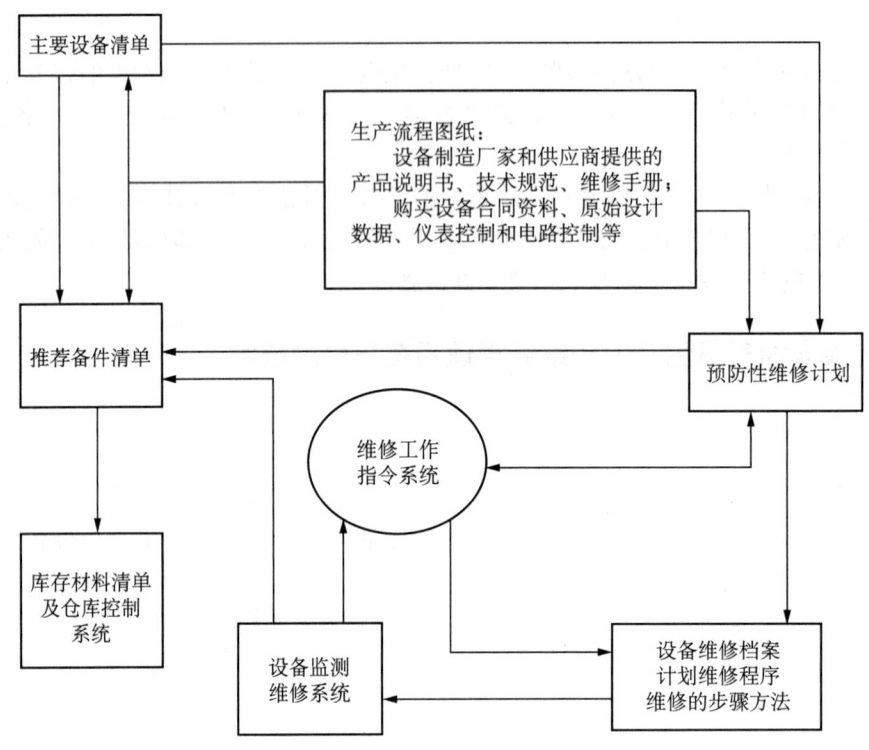

图 5-1 设备维修管理系统

油液检测与分析技术也是机械设备预测维修较成熟的技术之一。目前也普遍应用在各海上油田，主要用于发电机组、空压机、吊机等机械设备。通过定期取样，对润滑油、液压油、冷却油等样品进行各种检测分析，包括污染度检测、成分检测、铁谱检测等。根据检测结果对机械的磨损程度、油液的质量做出相应的诊断，同时也为更换润滑油的选择提供重要依据。另外，利用该技术结合振动分析技术能更有效地准确分析和判断有关机器运转的状态。

热成像诊断技术是对电气设备检测维护的重要手段之一。1997 年以来，南海西江油田已开展电气设备热成像监测诊断工作。利用先进的便携式红外线热成像仪，对平台油轮各配电设备定期检查，及时发现和排除存在的隐患。实践证明，该技术具有可靠、方便、快捷等优点，能有效地应用于海上油田的电气设备维护。

四、海洋油气田生产设备的管理模式和维修保养工作

1. 管理模式

为了确保海上油田安全生产，不但要建立完善的各项设备管理机制和科学地运用计算机管理技术，同时要有严密的监督审查机制并认真落实各项管理制度细则。各公司在管理运作上，把设备管理和安全生产管理紧密地联系在一起，将各管理和生产职能部门实行"三级管理责任制"，即由三个不同的职能部门分别实行"监督—管理—执行"管理模式。

(1) 监督。油公司的设备管理必须接受上级公司、安全部门、船级社和有关国家法定单位的监督、检查，具体包括油公司内部由安全部门负责的内部检查、上级公司每三年一度的安全生产全面审核检查、船级社每年对设备状况一次年审或检验发证工作，以及国家法定单位对海洋油气田生产设施进行的定期检查和认证。通过各方面的审查与督促，不断完善和落实各项设备管理制度。

(2) 管理。油公司的设备管理工作主要由陆地机构生产施工部下属的设备管理维修岗全面负责。陆地维修总监全面负责海上设备的维修管理具体制度的运作方式及成本控制等方面工作，同时负责各生产部门之间的协调与配合，以及对外维修项目的管理和监督。

(3) 执行。海上维修队伍负责执行和落实设备管理的各项具体规定与维修保养计划，同时确保设备的各项基础数据、维修记录齐全并向上提供现场第一手资料。另外，其主要任务是确保现场设备满足安全生产的需要、及时排除设备故障和做好设备维护工作。

2. 维修保养工作

(1) 对固定设备（如橇架、容器、管线、阀门等）的管理主要是进行表面防腐工作，经常进行除锈刷漆工作，因此要求操作人员、甲板人员有计划、周期性对有生锈的设备进行除锈刷漆工作。

(2) 对活动设备（如柴油发电机、泵、压缩机、测量仪表、探测仪表等）的管理主要是摸索其运转规律，根据设备的不同特点，按维修规章进行维修保养。

(3) 建立各种设备的运转档案，把各种设备每天的运行时间准确记录存档，然后根据设备运转时间进行全面的维修保养工作。

(4) 备用设备（如柴油发电机、注水增压泵、海上提升泵、热介质循环泵、废油泵等）要定期切换，使每台设备运转时间基本相同，同时对切换停下的设备，要求仪表、电气、机械部门分别对设备进行检查和保养，使设备处于良好的状态。

(5) 对长期不使用的设备要定期进行运转检查，在运转过程中，检查是否符合设计要求，是否存在问题。若有问题，要求维修部门进行维修，使其处于良好的工作状态。

(6) 对油田的心脏设备（如透平发电机、外输泵、仪表风等）实行重点保护，要求维修部门和操作部门制定出严格的操作程序。维修部门要根据实际情况，订购充足的零配件，并制定出相应的更换措施和手段。

(7) 对仪表设备，如温度、压力、液位、流量及分析仪的变送仪表和控制仪表，在运行中若有误，要求仪表部门进行检查，油田所有上述仪表在油田停产检修时全部校验一次。

(8) 对安全探测设备，在运行中，若发现有探测信号，操作部门即派人到现场落实有无误差，若确定是误信号，仪表部门立即进行校验和检修。油田所有安全探测仪表每三个月校验一次。对消防、逃生设备，要求安全部门定期试运保养，使其处于良好状态。

(9) 对于配电设备，在运行中若发现故障，电气部门立即进行检查维修。

(10) 对动的设备表面防腐工作，由维修部门执行，各维修部门根据本部门管理的设备进行除锈刷漆、保养，确保表面完好。

图 5-2 为设备维修流程图。

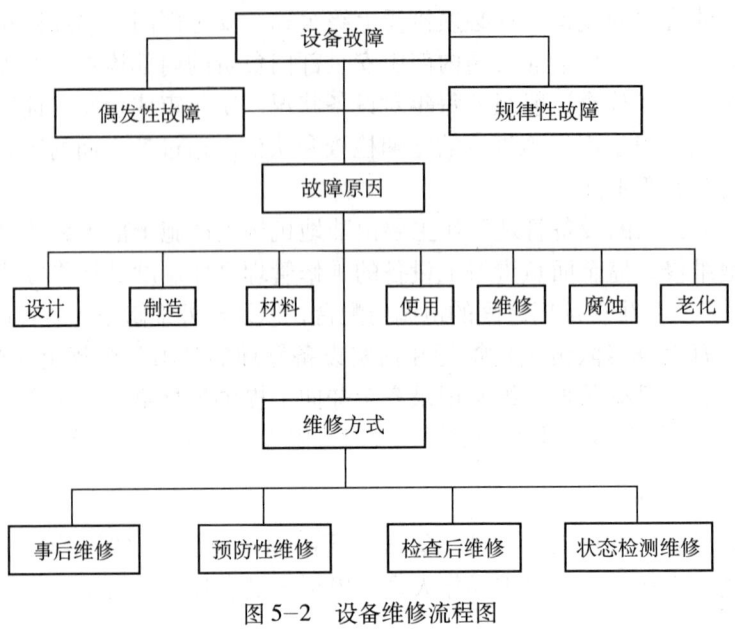

图 5-2 设备维修流程图

第二节 通信系统

一、海洋油气田通信系统

海洋油气田通信系统的建立是为了保证海洋油气生产过程中的安全,以及生产生活信息的采集和传输,是不可缺少的重要设施。海洋油气田通信设备按通信范围分为外部通信设备和内部通信设备。

海洋油气田通信系统结构如图 5-3 所示。

海洋油气田通信系统应具备的能力包括:设施内部通信,设施之间的语音、数据联系,海上设施与陆地的电话、传真通信,与周围船舶、直升机的通信导航,报警信号传输,气象情报采集,应急状态下的无线电通信等。

海洋油气田通信系统与陆上油气田通信系统相比有如下特点:由于受到环境条件的限制,其规模不可能太大;在通信系统(设备)的设计和配置上要具有高可靠性;由于海洋油气设施生产和安全的需要,海洋油气田通信系统在设计上需要考虑较多的相互连接和控制,控制关系较为复杂。

海洋油气田通信设备选型应在充分了解各种设备技术性能和特点的基础上,因地制宜,根据实际的通信需求,选择系统可靠、便于操作的设备。另外,海洋油气设施受海上潮湿空气、盐雾和霉菌的直接影响,同时还受到可能出现的爆炸性可燃气体与空气形成的混合物引起爆炸危险的影响,因此,在设备选型、材料选择和施工过程中,海洋油气田通信设备必须适应所属海洋环境条件。

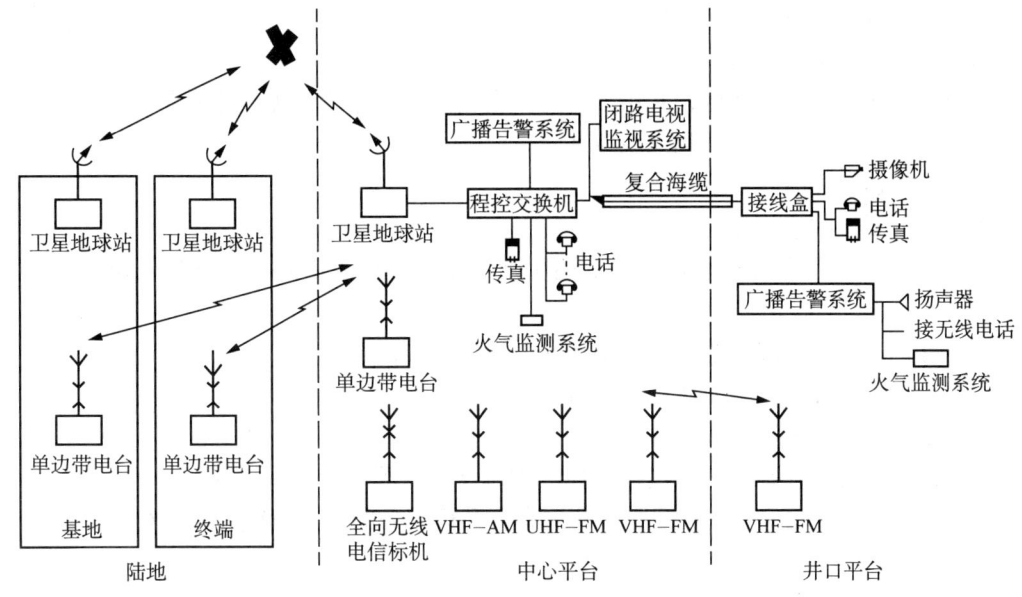

图 5-3 海洋油气田通信系统结构图

二、海洋油气田外部通信设备

外部通信包括设施对直升机通信、对船舶通信、对基地岸台通信和遇险报警通信等，主要设备包括卫星电话、全向无线电导航机、甚高频无线电话（VHF）、应急无线通信设备等。应按所处海区配备外部通信设备。

A1 海区：至少由一个具有连续报警能力的甚高频岸台的无线电话所覆盖的区域。我国的 A1 海区是指以大连、秦皇岛、天津、烟台、青岛、连云港、上海、宁波、福州、厦门、广州、湛江、海口的岸台为圆心，以 25n mile❶ 为半径的圆所覆盖的海域。

A2 海区：除 A1 海区以外，至少由一个具有连续 DSC 报警能力的中频海岸电台的无线电话所覆盖的区域。我国的 A2 海区是指以大连、天津、烟台、青岛、连云港、上海、宁波、福州、厦门、广州、湛江、温州、汕头、北海、八所、三亚的岸台为圆心，以 100n mile 为半径的圆所覆盖的海域。

A3 海区：除 A1 和 A2 海区以外，由具有连续报警能力的静止卫星所覆盖的区域。

(1) 位于 A1 海区的海洋油气田至少须配备如下外部通信设备：

①甚高频调频无线电话一台。

②应急无线电示位标两台。

③救生艇（筏）双向甚高频无线电话三只。

④搜救雷达应答器一台。

⑤奈伏泰斯接收机一台。

(2) 位于 A1 以外海区的海洋油气田至少须配备如下外部通信设备：

①中（高）频无线电装置一套。

---

❶ 1n mile（海里）=1852m（米）。

②备用中（高）频无线电装置一套。
③甚高频无线电话一台。
④应急无线电示位标两台，其中至少有一台为静止卫星应急无线电示位标。
⑤救生艇（筏）双向甚高频无线电话三只。
⑥搜救雷达应答器两台。
⑦奈伏泰斯接收机一台。

根据情况可采用组合式设备代替上述所列设备，也可采用其他可靠通信设备，如卫星通信系统。

(3) 有直升机运输服务的海上设施还应遵守以下要求：
①至少配备甚高频调幅无线电话设备。
②配备一台全向中波无线电导航信标发射机。
③配备一套气象台站，其中包括风标、计风仪、场压计、温度计等。

在距通信中心平台 20km 范围内，其他有直升机服务的设施可只配备一台甚高频调幅无线电话设备。

登上无人驻守平台的人员必须携带可靠的便携式对外无线通信设备和呼救设备。

无人驻守的平台应为工作人员配备两对可靠的双向无线电对讲机；对有遥控、遥测、遥信的无人驻守的平台，应提供安全可靠的无线电信道。

三、海洋油气田内部通信设备

1. 内部通信结构

内部通信指海上平台内部的通信及油田开发体系内设施通信，主要设备包括微波扩频系统、光端机、程控交换机、广播报警系统、特高频调频无线电话、监视系统、气象站、声力电话等。海洋油气田电话系统、广播系统、监控系统原理示意如图5-4至图5-6所示。

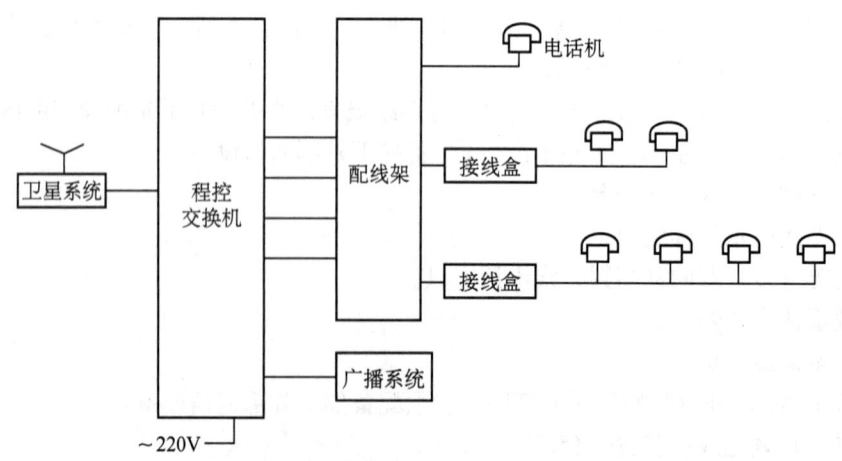

图5-4 海洋油气田电话系统原理示意图

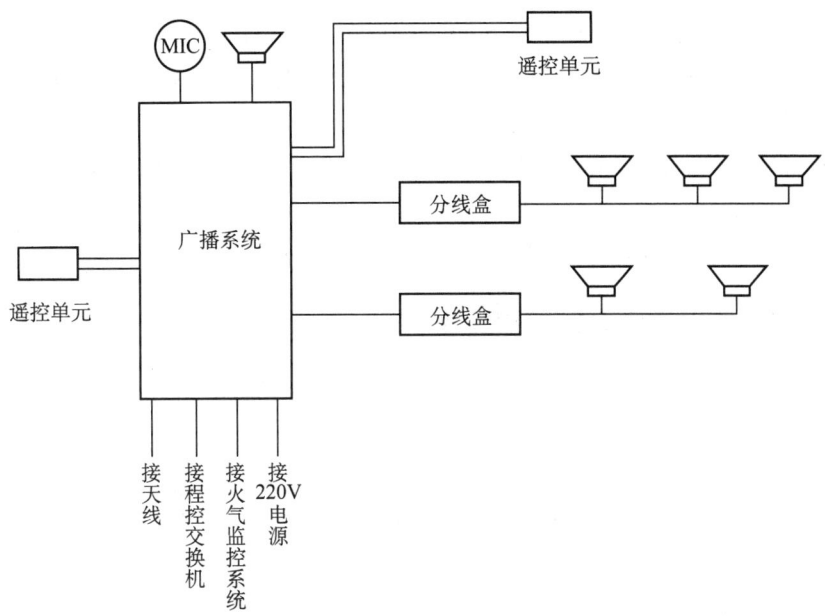

图 5-5　海洋油气田广播系统原理示意图

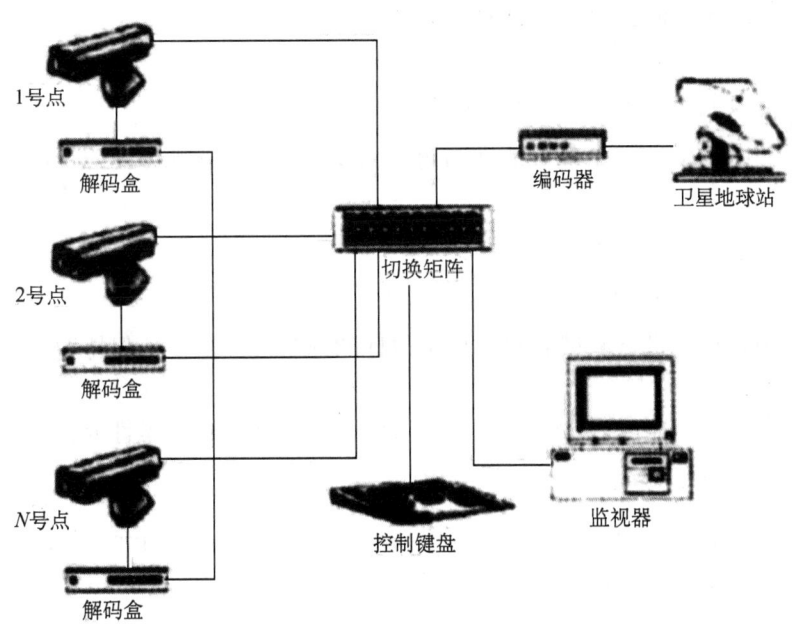

图 5-6　海洋油气田监控系统原理示意图

2. 配置要求

（1）中心控制室与无线电室、配电室、海洋石油设施经理室、会议室、各工作间和宿舍之间，设有可靠的直接通话设备。

（2）根据工作岗位和人员定额配备自动电话。

(3) 平台群的通信中心平台与其他平台之间有栈桥连接的应配置适当数量的对讲机。

(4) 中央控制室应安装广播遥控装置，广播遥控装置应有多种声响报警功能并能优先控制报警。多种声响报警功能应包括火灾报警、可燃气体报警、弃装置报警及综合报警。

(5) 配置一套有线广播系统，包括对内广播系统和对外广播系统。对内广播的声音应能使在平台任何位置的人员都能听清，对外广播的声音应能使在蒲氏 6 级风且逆风向上 0.5n mile 的人员听见。

内部通信设备及线路的安装应安全可靠并便于操作和维护。

四、海洋油气田通信系统供电设备

海洋油气田通信系统设备用电可分为交流电（AC）和直流电（DC）两种，其中交流电的电源接至正常电源、应急电源、不间断电源（UPS），根据供电设备状况依次不断地向通信设备供电。依国际海协组织规则要求，通信室应自备有一组蓄电池，正常情况下，按上述电源向全部通信设备供电，并向通信室应急电池进行自动充电。当海洋油气设施的主电源、应急电源、不间断电源全部中断后，控制台上的电源转换开关可以自动转换至蓄电池供电，电压值为直流 24V；同时依照 SOLAS 公约（国际海上人命安全公约）的规定，蓄电池还需向通信设备供电进行遇险和安全通信。

五、海洋油气田通信系统的检查维护

1. 高频调频无线电话、中（高）频无线电装置

(1) 保持设备的清洁；话筒应放在话筒架上或其他稳妥的地方，防止话筒滑落及话筒线扭曲折断。

(2) 通话效用检验；检查天线连接情况；定期检查电源部分；定期检查 GPS 位置信息。

2. 应急无线电示位标

(1) 对卫星示位标进行测试；对卫星示位标的外观进行检查；保持卫星示位标外壳的清洁；年度检验。

(2) 温度在 $-30 \sim 75℃$；相对湿度小于 95%；周围无酸性、碱性或其他腐蚀性气体。

3. 救生艇双向甚高频无线电话

定期试验和测试；对充电式双向无线电话要定期充放电；不可充放电的双向无线电话应注意原电池的有效期限，电池到期应及时更换。

4. 搜救雷达应答器

定期对搜救雷达应答器进行测试，测试时间应限制在 5s 内；定期更换电池，电池更换后应保证水密。

5. 奈伏泰斯接收机

正确更换打印纸和打印笔；根据打印结果判断机器是否故障；每次开机做一次测试，以保证机器正常。

6. 无线电对讲机

保持无线电对讲机的外部清洁；轻拿轻放，切勿手提天线移动无线电对讲机；不使用耳机等附件时，盖上防尘盖。

7. 天线

暴风雨前后，要及时检查天线；经常清洁天线绝缘子；若有打结或受损，应及时修理或更新；检查天线绝缘电阻；检查天线转换开关的联动部分和接点，保证接触良好。

第三节　供电系统

海洋油气设施都配备有主电源和应急电源，以满足不同用电设备对电源在供电时间上的不同要求。

在正常生产时，主电源为海上设施所有用电设备提供电能；应急电源及配套的应急配电系统在主电源失效时自动供电。

应急电源能够满足通信、信号、照明、基本生存条件（包括生活区、救生艇、撤离通道、直升机甲板等）和其他动力（包括消防系统、井控系统、火灾及可燃和有毒有害气体检测报警系统、应急关断系统等）的电源要求。

海洋油气田应急电源的类型主要包括应急发电机组（柴油发电机）、蓄电池组和交流不间断电源。

一、应急发电机组

应急发电机组是独立于主电源的发电机组。当主电源故障断电后，应急发电机组能快速自启动，并在30s之内恢复供电。

应急发电机组能为海上设施黑启动（大面积停电后的系统自恢复），在台风或应急状态下能够快速启动并为一些重要设备提供必需的电源，大多数情况下选用柴油机组。

柴油机是通过活塞在气缸内往复运动带动曲轴连杆对外输出功率的，有两冲程和四冲程之分，气缸多为V形排列和垂直排列。一般应根据设施的应急负荷和实际情况来决定柴油机的大小和型号。

虽然应急发电机组在海洋油气设施的日常工作中使用率很低，却是海洋油气设施在应急情况下最重要的设备，因此对应急发电机组的质量要求较高，要求启动和加载性能好，在特殊情况下甚至可以过载运行。另外，应对应急发电机组进行必要的保养和检查，如机组的水位、润滑油液位及加热器是否正常等，特别是在北方寒冷的天气里，更要加强对加热器的检查，以确保机组在任何情况下都可以及时、快速地启动。

1. 设计要求

根据规范规定，应急发电机组应满足以下要求：

（1）有一台独立的冷却装置和燃油供给，并设有满足规范要求的启动装置的柴油机驱动，其燃油的闪点应不低于43℃。

(2) 在主电源供电失效时,应能自动启动,尽快地对所供应的供电设备安全供电,从"应急发电机自动启动"到"开始向用电设备供电"时差不得超过45s。

(3) 应有足够的容量,保证满足SOLAS公约和有关规范规定的供电范围及供电时间,以确保在紧急情况下为必要的设备供电,并应考虑到这些用电设备可能同时工作的工况。

(4) 应急发电机组所安装的位置,应确保在主电源所在处所或A类机器处所发生火灾或其他事故时,不致妨碍应急发电机组的供电和配电。在应急发电机组和应急配电设施的安装处所,应尽可能不与A类机器处所或主电源所在处所的界面毗邻。如果应急发电机组和应急配电设施的安装处所与A类机器处所或主电源所在处所,或者1类或2类危险区相邻的界面毗邻,那么与其相毗邻的界面应符合《海上固定平台入级与建造规范》《海上移动平台入级与建造规范》的相关规定。

(5) 对于移动式平台,应急发电机组和应急配电设施应安装在破舱水线以上。

(6) 用电启动的柴油发电机应设有两组蓄电池,其总容量在不补充充电的情况下,能从冷机连续启动每台柴油机不少于6次。每组蓄电池应有能力独立启动柴油机,并随时可用平台进行充电。

2. 容量选择

海洋油气设施一般只设置一台柴油发电机,其容量应能满足应急总计算负荷,并按发电机容量能满足应急负荷中单台最大容量电动机启动的要求进行校验,并选择容量最大者。如连续运行超过12h,应急发电机组的功率则应按90%的额定功率进行修正,气压、气温、湿度与所选发电机组的标准条件不同时,也应对柴油发电机的额定功率进行修正。

3. 检查维护

(1) 检查柴油和润滑油,避免变质。
(2) 检查启动电磁阀是否正常工作。
(3) 检查电池组,定期更换。

二、蓄电池组

蓄电池组是由多节蓄电池串联组成的电源装置。蓄电池装置供电稳定、可靠,适用于容量不大但特别重要的直流负荷。

1. 设计要求

蓄电池组应能在主电源和应急电源失效时,自动为主要通信设备供电,使通信设备能够进行遇险和安全通信。蓄电池组的容量应满足其供电的应急负载和供电时间的要求。

2. 检查维护

(1) 日常检查蓄电池组的腐蚀、裂纹、液位等是否出现异常。
(2) 检查蓄电池组存放间通风是否良好。
(3) 检查蓄电池组的容量,常温下容量不低于额定容量的80%。

三、交流不间断电源

交流不间断电源是能为负载提供不间断电源和清洁电源的供电系统,是海上设施供电系统的重要组成部分。

1. 设计要求

交流不间断电源具有连续、稳压、稳频、滤波和抗各种电力污染等功能,主要由整流器、逆变器、静态开关和蓄电池组等组成。整流器是将交流电源转换为直流电源的装置;逆变器是将直流电源转变为交流电源的装置;静态开关是交流不间断电源系统内几路电源相互转换的开关装置;蓄电池组则是交流不间断电源系统内保证电源不间断的电能储存装置。交流不间断电源的工作原理如图5-7所示。

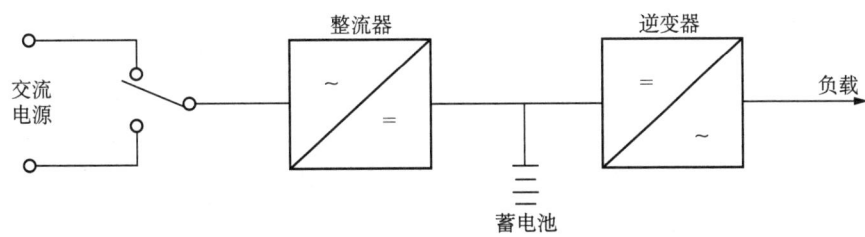

图 5-7 交流不间断电源工作原理图

2. 检查维护

(1) 每年检查交流不间断电源各种设定值,并进行功能测试,校验各种表计。
(2) 每半年度进行一次均衡充电和一次放电试验。

四、供电负荷和时间

应急电源容量的确定应考虑所承载的应急负荷及其工作时间,并考虑这些负荷可能同时工作。根据《海上固定平台安全规则》的规定,需要应急电源供电的负荷类型及供电时间如下。

1. 短时间应急供电设施

下列设施的应急照明应供电最短时长为18h:
(1) 所有救生艇、救生筏、耐火救生艇等救生设备的登乘处,以及通向这些设施有关的通道、梯道与甲板等设施。
(2) 所有生产和生活设施的通道、梯道的出入口。
(3) 机器设备和主发电站及其控制部位。
(4) 中央控制室及所有的控制站和所有的机械控制室。
(5) 所有平台施工的设施和装有对上述施工进行控制所必需的机械控制装置与发电设备应急关闭装置所在的处所。
(6) 消防员装备存放的设施。
(7) 消防泵设施、喷淋水泵间及它们的启动设备设施。

(8）直升机甲板。
(9）所有安装灭火设备的站、室。
(10）通信及有关应急设备等处所。

2. 长时间应急供电设施

海上信号灯和声响信号应急供电最短时长为 4d。

向通信设备、火灾与可燃气体探测报警系统（由应急发电机组供电）、手动火灾报警器按钮（火警按钮）和应急时所需的一切内部信号设备、消防泵（如其电源为应急发电机）、中央控制盘及应急关断盘供电（由应急发电机组供电），供电 18h。

火灾与可燃气体探测报警系统、中央控制盘和应急关断盘由交流不间断电源供电，应至少为 30min。

五、应急电源布置

应急电源和应急配电板的安装处所要远离主电源和生产区域，并用耐火隔板及甲板将与其相邻的有火灾危险的处所隔开。应急电源和应急配电板的安装处所应便于直接从开敞甲板到达，尽量远离主电源所在的处所，当主电源所在处所或其他机器处所发生火灾或其他事故时，不致妨碍其供电。

应急发电机组与应急配电板应安装在同一处所，如果相互之间妨碍可以考虑分开设置。应急发电机组与日用燃油柜处于同一处所时要保持安全距离。

蓄电池组根据其性能妥善布置、维护、保养，其处所应有良好的通风。

此外，对无人驻守的平台根据具体情况设置应急电源，以满足紧急关断、信号、逃生、照明等用电需求。信号灯（包括障碍灯）和声响信号应能供电 4d。在简易休息处所和所有逃生通道上的应急照明应能供电 18h。

第四节 防火系统

防火系统的主要作用是预防和扑灭火灾。海洋油气田可根据防火保护处所的火灾性质和危险程度，按现行规范、标准有选择地装设固定灭火系统及移动式消防器材。

一、火区划分原则

防火系统的设计首先需要确定灭火区域（火区），火区的大小、介质、危险性直接影响防火系统的规模。根据设施上设备布置的情况，火区的划分应遵循以下几个原则：

(1）按照距离或防火隔断为边缘划分。
(2）火区的划分同危险区划分不同，但要同时考虑危险区划分的情况。
(3）火区划分兼顾考虑关断等系统的设计。
(4）不论什么原因，在防火状态相邻的两个火区无法隔断时，按一个火区考虑。
(5）当甲板的设计是按 A 级防火墙设计时，上下两层平台通常可视为两个不同火区。
(6）火区的划分为立体空间。

(7) 要考虑逃生路线的方向。

海洋油气田防火系统主要有消防水系统、泡沫灭火系统、气体灭火系统等，不同消防类型适用于不同的火灾性质和保护场所。

二、消防水系统

消防水系统是最为有效、使用最为广泛的防火系统，主要用于对油气井井口区、工艺设备区、储罐区等区域的保护。

1. 系统结构

消防水系统由消防水源、消防泵、消防管网、控制阀、水幕系统、消防水枪和消防水炮、水消防栓等组成。在寒冷地区，湿式消防水管网应采取防冻措施。

(1) 消防水源：用来为消防泵供给消防水，一般取自海水或出水装置。

(2) 消防泵：消防系统的核心设备，主要功能是为整个消防系统管网供水。它的正常与否直接关系到能否在关键时刻正常供水，从而满足灭火需求。在设计时，根据海洋油气设施的类别、用途和保护区域的大小进行综合考虑，按照灭火所需的用水量，计算单台消防泵的排量，并设计有备用的消防泵。一般配备两台以上的消防泵，并有主电源和应急电源两种供电方式，有现场、遥控两种启动方式。对消防泵定期进行检查和维护，定期运行，出现故障及时排除。

(3) 消防管网：专门输送消防用水的管网，不可与和消防无关的其他管网相连，一般应采取双回路供水。在长距离的钢制管道上应安装膨胀节或软管，防止热胀冷缩。冬季放空管网中的残液和水，采取防冻措施，防止管网冻堵。

(4) 控制阀：安装在消防管网上的控制阀对消防管网的开启和关闭进行控制，一般应具有远传遥控功能，便于实现集中控制操作。

(5) 水幕系统：由喷头、管道、控制阀等组成的阻火喷水系统。喷头要定期检查清洗，防止被海水中的泥沙或杂物堵塞。对需要水幕保护和防火隔断的处所，设置水幕系统。

(6) 消防水枪和消防水炮。

(7) 水消防栓：用来与消防水龙带连接灭火，同时通过阀门控制出水压力和水量。

2. 检查维护

(1) 每周检查一次系统设备，查看有无泄漏或机械损坏。消防泵每周利用其测试管线进行启动试验，时间不少于0.5h，检查记录消防泵的流量、压头、噪声、震动、发热、密封及动力消耗，发现异常应进行维修。

(2) 应急柴油消防泵检查其柴油、润滑油、冷却剂、机油、液压启动油的液位，必要时进行添加或更换。

(3) 对于消防泵及其驱动马达、柴油机的易损部件，根据设施的使用情况和厂商的推荐建议进行定期检修或更换。

(4) 系统的喷淋试验应每半年进行一次，以检查系统自动动作和手动动作的可靠性。

(5) 每年对消防泵的工作性能测试一次（包括启动压力、功率、流量等）。

鉴于我国北方冬季异常寒冷，湿式消防管网系统在严冬季节是不适用的。因此，必须在进入结冰期以前，确保有可靠的保暖条件，才能使管网处于湿式状态，否则必须把管网的水抽干，必要时需要使用空压机将里面的水分吹干，以防沿途阀门冻裂。同时在严冬时节一旦启用消防管网，用后必须立即使其干燥。管网上的泡沫系统无论何时都必须保暖。

三、泡沫灭火系统

泡沫灭火系统主要用来扑救采油工艺流程区域、原油储罐区域、直升机平台和储存燃料油区域的火灾。海洋油气田的泡沫灭火系统主要由炮式喷射器、泡沫喷枪、泡沫比例混合器、控制阀、泡沫液储罐及管道组成。

1. 灭火原理

泡沫灭火系统用于有大量碳氢化合物积聚的火灾区，它能在碳氢化合物的表面迅速扩散，并生成一层极薄的膜，覆盖在碳氢化合物的表面，以减少碳氢化合物的蒸发，断绝其与空气的接触，从而达到灭火的目的。保护区域内泡沫混合液量按一次灭火最大量确定，执行相应的规范。

当压力水通过装置的混合器时，可使水与泡沫液按比例自动混合，并输出混合液，供给空气泡沫发生器或空气泡沫枪，用来扑灭火灾。被输送的压力水经管道流入泡沫液储罐，将罐内的泡沫液压出，泡沫液通过泡沫液管道进入压力比例混合器，在混合器中与水按规定比例形成混合液，混合液流出混合器，再通过混合液管道送入泡沫炮，喷射泡沫进行灭火。

2. 检查维护

（1）检查加液管上法兰盖、连接管法兰是否紧固，各种阀门是否关闭。

（2）每使用一次后，必须用淡水将储罐和管道内冲洗干净；内外表面要进行补漆防腐处理。

（3）罐装泡沫液时，应保持罐内清洁，不得与油类、水及不同型号的泡沫液混用，泡沫液型号不能用错。

（4）泡沫液避免日光直射，并储藏于温度变化小的场所，要尽量减少与空气直接接触，储藏时间较长时，应一年抽样检查；如失效变质，应及时调换泡沫液。

（5）不得在超出工作压力范围的情况下使用压力式空气泡沫比例混合装置。

（6）实际使用时，储罐内一定要装满泡沫液。

四、气体灭火系统

气体灭火系统是指平时灭火剂以液体、液化气体或气体状态存储于压力容器内，灭火时以气体状态喷射作为灭火介质的灭火系统。它能在防护区空间内形成各方向均一的气体浓度，而且至少能保持该灭火浓度达到规范规定的浸渍时间，实现扑灭该防护区的空间、立体火灾。气体灭火系统用在不适于设置水灭火系统等其他灭火系统的环境中，主要用于扑灭电气火灾，如电气间火灾。海洋油气田常用的气体灭火系统主要有二氧化碳灭火系统和七氟丙烷灭火系统。

1. 二氧化碳灭火系统

二氧化碳灭火系统主要由自动报警系统、灭火剂储瓶、瓶头阀、启动阀、电磁阀、选择阀、单向阀、压力讯号器、框架、喷嘴管道系统等设备组成。

二氧化碳灭火系统可以通过感温、感烟探测器由控制系统来启动，也可以由控制盘及被保护房间外的手动按钮和瓶上的手动按柄启动。当被保护的区域发生火灾，感烟或感温探测器最先捕捉到火警信息，传输给报警控制设备，发出火灾报警信号并发送灭火指令。灭火指令和火灾报警也可由人目测后人为发出。火灾指令下达至灭火系统启动有一个延迟过程，一般设计为30s，这段时间供工作人员安全撤离。

二氧化碳灭火系统的空气调节系统供电与二氧化碳灭火系统联锁，当二氧化碳释放时，通风系统将关闭。有三种控制方式：自动控制、电气手动控制和机械应急手动控制。

当发出火灾警报，在延时时间内发现有异常情况，不需启动灭火系统进行灭火时，可按下手动控制盒或控制盘上的紧急停止按钮，即可阻止控制盘灭火指令的发出。

检查维护：
（1）每月查看一次系统全部设施，查看有无损坏。
（2）灭火剂储瓶上压力表读数半年检查一次，若读数低于正常读数的90%时，应重新充装灭火剂。每半年对灭火剂储瓶称重一次，重量降低10%时，应及时补充灭火剂。
（3）每月查看一次启动用气容器。
（4）在条件允许的情况下，每年进行一次系统操作测试。

2. 七氟丙烷灭火系统

七氟丙烷（又称FM200）是无色、无味、不导电、无二次污染的气体，特别是它对臭氧层无破坏，在大气中的残留时间比较短，其环保性能明显优于卤代烷，是一种洁净气体灭火剂，被认为是替代卤代烷最理想的产品之一。七氟丙烷灭火系统由于具有能长期储存、安装调试简单、操作维修方便等优点，在海洋油气田得到了广泛的应用。

七氟丙烷灭火系统主要由自动报警控制器、储存装置、阀驱动装置选择阀、单向阀、压力记号器、框架、喷头、管网等部件组成。

七氟丙烷灭火系统主要以物理方式灭火，即降低火场空气中的氧气含量，使空气不能支持燃烧，从而达到灭火的目的；同时伴随着少量的化学方式灭火，即在灭火过程中伴有化学反应，灭火剂分解有破坏燃烧链反应的自由基，实现断链灭火。

检查维护：
（1）日常查看灭火剂储瓶间和控制室。
（2）每月查看灭火剂储瓶压力、腐蚀、变形，如有问题及时更换并释放瓶内气体。
（3）每年进行全面检查，包括灭火剂储瓶架稳定性、启动模拟试验、压力信号反馈装置、输送管网、喷嘴等。

五、干粉灭火系统

干粉灭火系统能在30s内将干粉灭火剂释放到保护处所，其释放装置有自动和手动两种，用于扑灭天然气、石油液化气等可燃气体或一般带电设备的火灾。

干粉灭火剂是一种干燥的、易于流动的微细固体粉末，装在容器中，要借助于灭火设备中的气体（一般为二氧化碳或氮气）压力将其以粉雾的方式喷洒出来，从而达到灭火的目的。干粉灭火剂可分为普通干粉灭火剂和多用干粉灭火剂，后者还可扑灭固体火灾。

干粉灭火剂的灭火原理：燃烧反应是一种联锁反应，燃烧在火焰高温下吸收活化能而被活化，产生大量的活性基团，导致燃烧加剧。干粉灭火剂的颗粒对活性基团起作用，使其成为非活性的物质（水），中断燃烧的联锁反应，对燃烧起负催化作用和抑制作用，使火焰熄灭。

检查维护：

（1）存放地点应便于取用，并保持干燥、通风，切忌雨淋、日光曝晒或强烈辐射。

（2）经常检查干粉有无结块现象，如发现结块应更换（但受潮结块干粉烘干后可继续使用）。

（3）经常检查密封件和安全阀装置，如发现故障应及时修复。

（4）手提式干粉灭火器的瓶体每隔5年、推车式干粉灭火器的干粉储罐每隔3年，应进行1.5倍设计压力的水压试验。

六、移动式灭火器

移动式灭火器是用来扑救初期火灾的器具，其结构简单，轻便灵活，操作方便，因此使用十分普遍。移动式灭火器分为手提式灭火器和推车式灭火器两种。两者的主要区别是容量不同，都是用于扑救初期的小型火灾。目前，海洋油气设施常用的移动式灭火器主要有空气泡沫灭火器、二氧化碳灭火器和干粉灭火器等。

海上施工平台的生活平台应至少配备四套装有消防人员装备的消防备品柜，消防备品柜中的消防人员个人装备包括：消防防护服、消防靴、消防手套、头盔、有绝缘手柄的消防斧及可连续使用的手提式安全灯；还应配置自持式呼吸器一套，每套呼吸器应有一根足够长度和强度的耐火救生绳，此绳应能用弹条卡钩系在呼吸器的背带上或系在每一条分开的腰带上，使在拉拽救生绳时防止呼吸器脱开。

人工岛上配备装有消防员个人装备的消防备品柜数量不应少于四套，其设置位置应易于到达，并尽量互相远离。其中一个消防备品柜应设置在靠近直升机停机坪的地方，并应备有一根长3m带金属钩的钩杆。消防员个人装备至少包括：隔热防护服、消防靴和手套、对讲机式头盔、有绝缘木柄的消防斧、安全带、安全绳、手提式安全灯。

人工岛钻修井施工期间，每个井队配备装有消防员装备的消防备品柜数量不应少于两套；自持式呼吸器的配备应根据人工岛特点及操作人员数量考虑。

第五节　安全联锁系统

安全联锁系统（Safety Interlocking System），主要是控制系统中的报警和联锁部分，对控制系统中检测的结果实施报警动作或调节或停机控制，是自动控制中的重要组成部分。安全联锁系统包括传感器、逻辑运算器和最终执行元件，即检测单元、控制单元和执行单元。安全联锁系统可以监测生产过程中出现的或者潜伏的危险，发出报警信息或直接执行预定程序，立即进入操作，防止事故的发生或降低事故带来的危害及其影响。

在海洋油气开发项目中，常用的安全联锁系统有火气系统、井口控制系统和紧急关断系统（ESD系统）。

一、火气系统

火气系统能及时、准确地探测早期火灾、可燃气、有毒气体，通过火灾盘的逻辑分析、处理，实现报警、关断、消防，以消除事故，保护人员、设施的安全。火气系统是全自动系统，能自动完成从探测到消防的全过程，在现场及中控室等处所同时设有手动按钮，操作人员在自动系统未动作的情况下，可手动实现系统功能。

火气系统由现场设施、安全逻辑控制器及与其他系统相关的接口组成。

为保障火气系统的可靠运行，火气系统要采取双电源供电，其中一路应为应急电源。

1. 可燃气体探测系统

可燃气体探测系统用于探测设施某一区域的可燃气浓度，发出存在可燃气体泄漏的警报信号，能够启动自动装置消除危险。可燃气体探测系统主要由可燃气探测器、逻辑控制器及相关执行单元组成；由探测器测出天然气的存在，并向控制盘发出信号，控制盘再启动报警和采取其他措施。

可燃气体的探测由可燃气体探测器来完成。可燃气体探测器可以监测周围空气中可燃气体从 0～100%LEL（爆炸下限）范围内的变化，通常可燃气体低报设定值小于或等于25%LEL，高报设定值小于或等于50%LEL。目前使用较为广泛的可燃气体探测器有催化燃烧型和红外光学型。催化燃烧型可燃气体探测器是利用难熔金属铂丝加热后的电阻变化来测定可燃气体浓度，当可燃气体进入探测器时，在铂丝表面引起氧化反应（无焰燃烧），其产生的热量使铂丝的温度升高，铂丝的电阻率便发生变化。红外光学型是利用红外传感器通过红外线光源的吸收原理来检测现场环境的碳氢类可燃气体。

逻辑控制器是可燃气体探测系统的核心设备。在设计时应选用能够达到符合《电气、电子、可编程电子安全相关系统的功能安全》规定的认证标准，并符合 FGS（Fine Alarm and Gas Detector System，火灾报警和气体监控系统）专业标准的高可靠性安全系统。目前，先进的安全逻辑控制器配置都有专门的"回路监视"电路用来监测回路是否出现断线故障。为了应对电网电压波动，火灾报警系统应该适应较宽的电源电压波动范围，并具有电池后备能力。在应用程序组态编程时，应能够对探头等输入信号进行处理，判断出是探头的正常信号还是各种故障信号。

2. 火警探测系统

与可燃气体探测系统相同，火警探测系统也主要由探测器、逻辑控制器及相关执行单元组成。火警探测系统一般由四种不同类型的探测器进行探测，即紫/红外线探测器、烟雾探测器、感温探测器和易溶塞。

3. 有毒气体探测器

有毒气体探测器用于检测周围大气中有毒气体的浓度，大气中的有毒气体常指一氧化碳、硫化氢等气体。有毒气体探测器是通过有毒气体探测器对有毒气体的浓度进行检测，监测到有毒气体浓度超过设定值，系统报警警示现场人员注意安全，同时对报警区域进行排查。海洋油气设施中最常见的有毒气体是硫化氢，因此，使用最广的有毒气体探测器就是硫化氢检测仪。

硫化氢检测仪是用来监测环境空气中硫化氢气体浓度的检测仪器。常用的硫化氢检测仪是通过气敏元件将硫化氢的浓度转换为电信号而达到测量目的。海洋油气设施上经常采用固体金属氧化物半导体传感技术的硫化氢检测仪。该仪器的传感器由两片薄片组成，一片是加热片，另一片是对硫化氢气体敏感的气敏片。两个薄片都以真空镀膜的方式安装在一个硅芯片上。加热片将气敏片的工作温度提升到能对硫化氢气体反应的水平。气敏片上有金属氧化物，可动态地显示硫化氢气体浓度的变化。传感器的敏感性可从十亿分之一到百分之一。

4. 便携式气体探测仪

海洋油气设施上除了固定式的各类探测系统外，还有各类多功能或单功能的携带方便的探测仪。

便携式气体探测仪具有超量程的保护功能，可广泛应用于石油、化工、冶金焦化等行业对燃气或有毒气体生产、使用现场进行检测。便携式气体探测仪为手持式，工作人员可随身携带，检测不同地点的可燃气体浓度，集控制器、探测器于一体。与固定式气体报警器相比主要区别是便携式气体检测仪不能外联其他设备。

海洋油气田常用的便携式气体探测仪体积小，重量轻，通过自身电池供电。相对于固定式气体探测仪，它的最突出优点是便携性。

不同便携式气体探测仪的工作原理各有不同，部分便携式气体探测仪还具有测量多种气体的能力；但其工作原理大多与功能相同的固定式气体探测仪相同或类似。海洋油气田通常用便携式气体探测仪来监测硫化氢、一氧化碳、氧气、氢气、甲烷等多种气体，常用的便携式气体探测仪有单一气体检测、四合一以及五合一便携式气体探测仪等。根据现场需求不同可以定制不同种类便携式气体探测仪。

人员出入危险场所时，常随身携带便携式气体探测仪来保障人员自身安全。因此，对便携式气体探测仪，海洋油气中有一些特别规定：

（1）便携式气体探测仪是由平台或人工岛人员随身携带的专门使用的仪器，未经安全监督允许其他人员不得使用。

（2）便携式气体探测仪使用时，应按使用说明和规定按时保养与充电。

（3）便携式气体探测仪使用完后至少要用第二块探测仪表进行校对一次。

（4）每年到法定单位校对一次，要有校验证书，无校验证书的使用无效。

（5）在工业动火施工时，至少要用两台以上的便携式气体探测仪进行现场监测确认。

（6）在硫化氢环境下进行钻修井施工时，除在指定处所安装固定式硫化氢监测仪外，至少配备五台携带式硫化氢探测仪。

5. 应用实例

某海上平台火气系统采用PLC（Programmable Logic Controller，可编程逻辑控制器）控制系统，实现对井口槽、工艺区的可燃气体与火焰的实时监测、报警，楼宇烟雾信号传至烟雾报警器实现报警。报警信号通过人为确认后启动相应的应急设备，从而确保现场人员及生产的安全。其火气系统流程示意如图5-8所示。

从图5-8中可以看出，现场的可燃气体探测器和火焰探测器信号接入中心控制室的I/O控制机柜，然后再传至AB-PLC进行判断，判断结果通过火气操作盘实现报警和事故点查询确认。楼宇安装烟雾探测器直接接入烟雾报警器。火气操作盘和烟雾报警器报警后经人为判断确认，情况严重时手动触发中心控制室火灾关断按钮，通过ESD系统启动消防设施，同时关停相关设备。

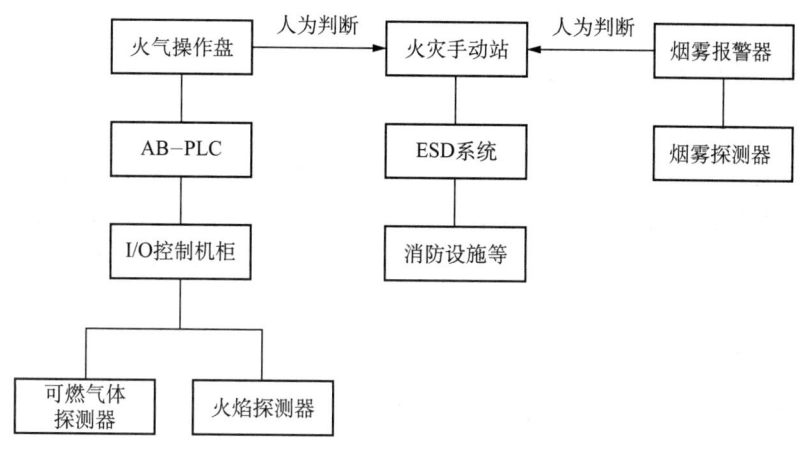

图 5-8 某海上平台火气系统示意图

该火气系统安全等级高达 SIL3 级，可以实现以下功能：
(1) 可燃气体浓度实时监测。
(2) 火焰信号的实时监测。
(3) 可燃气体浓度报警限值的设定。
(4) 探头位置确认。
(5) 可燃气体浓度与火焰信号的历史数据查询。

该火气系统采用的探测器有催化燃烧式可燃气体探测器、红外火焰探测器和光电式烟雾探测器。

二、井口控制系统

井口控制系统是海洋油气田生产中的重要设施，主要用来控制生产井的地面安全阀、井下安全阀和套管放气阀。井口控制系统主要由传感单元、控制单元和执行单元三部分组成。传感单元包括高低压开关、易熔塞、手动应急关断开关；控制单元主要是指井口控制盘；执行单元是指地面安全阀、井下安全阀和套管放气阀。

1. 井口控制盘

井口控制盘设在井口区的敞开环境中，具有监测、控制井口所有安全阀的功能。井口控制盘一般分为公用模块和单井模块，通过公用模块能对所有井进行控制，单井模块具体控制每一口井。井口控制盘通过电气接口，既可以现场手动操作，也能够实现远程控制。根据生产工艺的要求，井口控制盘应具有特定的气动和液动逻辑控制回路及延时回路，以保证井口安全阀能按预定的顺序开启和关断。井口控制盘应能向中央控制盘传送以下报警和紧急关断信号：
(1) 液压控制回路低压报警。
(2) 易熔塞回路动作报警。
(3) 手动控制回路动作报警。

(4) 井口出油管线高低压开关报警。
(5) 单井井口关断报警。
(6) 井口总关断报警。
(7) 其他与井口安全和控制系统有关的重要状态参数的报警。

2. 易熔塞

易熔塞设置在采油树上方或指定区域，当井口区发生火灾导致环境温度高于易熔塞的设定温度时，易熔塞熔化，易熔塞回路泄压，压力开关动作，井口控制系统关闭所有井的地面安全阀、井下安全阀和套管放气阀，并将信号传给火灾盘，火灾盘报警并启动井口区喷淋阀，同时，火灾盘向中控系统发送信号，中控系统执行现场二级关停。

3. 高低压开关

高低压开关是安装于单井管线的压力开关，当单井管线压力高于高压设定值或低于低压开关设定值时，发出报警信号传至中控室。

4. 井下安全阀

井下安全阀是一种装在油气井内，在发生火警、管线破裂、地震海啸等紧急情况时，能紧急关闭，防止井喷，保证油气井设施、生产安全的阀门；根据安全阀门所安装的物理空间位置，处于井上的称为地面安全阀，处于井下的称为井下安全阀。地面安全阀和井下安全阀都不应具有自动开启的功能，在出现任何一种关断后，应保持关断状态。只有在确认故障排除后，才能人工在中央控制盘或井口控制盘进行关断复位，然后逐一打开地面安全阀和井下安全阀。

检查维护：
(1) 定期检查各单元模块和公共部分的压力情况。
(2) 定期检查井口控制系统内部有无泄漏点，若有泄漏点应及时紧固或更换备件。
(3) 日常巡检过程中要观察液压油液位，若低于 60% 液位应及时对油箱加油，对液压油油品进行检查。
(4) 定期对接线箱内的接线端子进行紧固。
(5) 定期对安全释放阀进行打压测试，夏天要密切关注各单元的压力变化，若因为天气原因造成压力偏高，要及时对安全释放阀设定值进行标定。
(6) 每年对井口控制系统的联锁关断功能进行测试，确保紧急情况能及时关断。
(7) 定期对手动液压泵进行打压测试。
(8) 对井口控制系统内蓄能器充氮装置进行压力检测（参考蓄能器铭牌标准值）。
(9) 对井口控制系统备用单元模块进行空载测试。
(10) 对井口控制系统单井模块进行井下安全阀（SCSSV）延时关断测试。

5. 应用实例

海上某人工岛井口控制系统主要由三个部分组成：输入单元、控制单元和执行单元，如图 5-9 所示。

由图 5-9 可以看出：该人工岛井口控制系统输入单元主要包括易熔塞和手动站；控制单元包括井口控制盘和 ESD 操作站；执行单元包括井下安全阀、套管放气阀和地面安全阀。

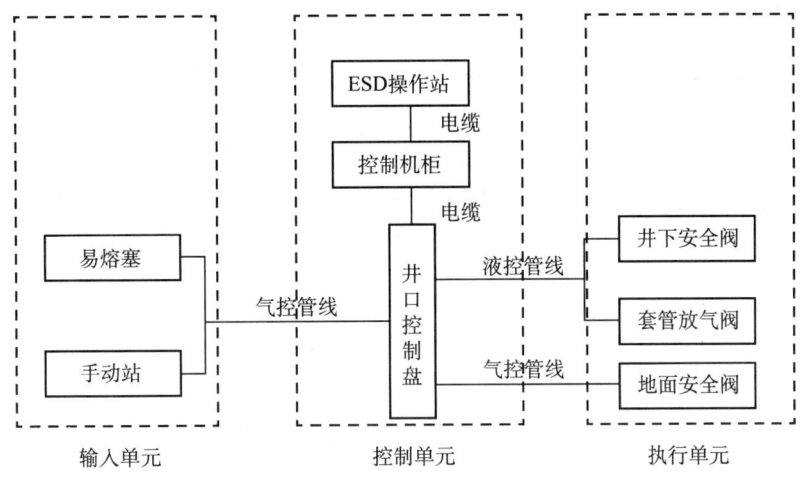

图 5-9 某人工岛井口控制系统结构示意图

井口控制系统的核心控制部分是井口控制盘，该人工岛共有两具井口控制盘，每具井口控制盘分别可以对 20 口井进行控制。每个井口控制盘分为公用模块和单井模块两大部分。公用模块能对全部井进行控制，单井模块由 20 个完全相同的单井控制抽柜构成，每一抽柜控制与其相对应的单井。单井控制抽柜与公用模块之间有隔离阀，关闭隔离阀，拆开接头，可将单井控制抽柜从井口控制盘中取出。在单井控制抽柜的背面，井下安全阀（SCSSV）和套管放气阀（GVV）都有液压控制回路截止阀，地面安全阀（WSSV）有气压控制回路的截止阀。如果单井控制抽柜出现故障，可将单井气动、液动控制回路与主回路截断，然后将单井抽柜抽出维修。

液压控制回路是对每口井的井下安全阀及套管放气阀实施控制的液压回路。液压控制回路的液压由井口控制盘内部的两台气动液压泵提供。液压控制回路的工作压力设定为 5000psi（约为 35MPa），液压油由井口控制盘内的液压油油箱提供。其中气动液压泵还可手动操作，当液压系统气源出现故障时，可手动操作液压泵来保证液压系统的正常工作。井口控制盘盘内设有一个蓄能器保证液压系统的正常工作。

井口控制盘主要是对每口井的井下安全阀、地面安全阀及套管放气阀进行控制。在井口控制盘上可以对单井、部分井或全部井的地面安全阀、井下安全阀、套管放气阀进行操作控制，也可在中控室对单井的地面安全阀、部分井或全部井的地面安全阀、井下安全阀及套管放气阀进行远程控制。

手动站紧急关停控制：该人工岛井口槽西侧槽壁上均布三个手动按钮，当任意一个手动站被触发，南北两侧的井口控制盘气源控制压力被泄空，井口控制盘立即关闭所有井的地面安全阀、井下安全阀和套管放气阀，并将关停信号传送到中控进行显示、报警，同时联锁关停所有生产井的电力。

易熔塞紧急关停控制：该人工岛井口槽均布 38 个易熔塞，当井口区发生火灾导致环境温度高于易熔塞的设定温度（711℃）时，易熔塞熔化，易熔塞回路泄压，南北两侧的井口控制盘气源控制压力被泄空，井口控制盘关闭所有井的地面安全阀、井下安全阀和套管放气阀，并将信号传给 ESD 系统，ESD 系统产生二级关断，关闭所有生产井的电泵，关闭工艺区相关设备，同时启动消防系统。

三、紧急关断系统

紧急关断系统（Emergency Shutdown System，ESD 系统）是对海洋油气生产装置可能发生的危险或不采取措施将继续恶化的状态进行自动响应和干预，从而保障生产安全。

ESD 系统通常是由安全逻辑控制器来实现。除了设置能够紧急关停整个生产现场的手动控制站信号外，还将各个工艺单元的关停逻辑整合到安全逻辑控制器中，通过检测开关或者变送器，采集过程工艺参数模拟信号或数字信号，当工况达到设定值时，驱动现场执行机构，执行紧急关断。

1. ESD 系统的结构

海上 ESD 系统主要包括以下部分：

（1）中央控制单元，用于接收、评估手动输入关断信号和自动输入关断检测信号以及其他接口系统输入的信号，并产生关断信号。

（2）应急关断逻辑。

（3）安装在重要设备和设施上，在异常情况下能发出关断检测信号的自动检测开关。

（4）手动应急关断按钮。

（5）接受关断信号执行关断功能的各种执行元件。

（6）与其他系统的接口，如火灾探测系统、可燃气体探测系统、报警和通信系统、生产控制系统、灭火系统、通风系统。

（7）中央控制单元与所有输入设备、接口系统和输出执行元件之间的信号传输线。

（8）电源。

2. ESD 系统的关断等级

不同海上 ESD 系统的设计和组态都有不同，其关断等级略有不同，但总体可归纳为以下四级：

（1）最终关断。最终关断是海洋油气田最高等级的关断，实施此级关断，必须是在生产现场上工艺区发生火灾或大量可燃气体泄漏，以及发生不可抗拒的自然灾害等最恶劣危险的情况下，人员撤离前由现场负责人决定，采用手动执行。当执行本级关断时，应急放空阀将打开，进行相应的泄压排空；火炬系统将保持操作状态，应急发电机延时关断，其他生产现场所有的公用系统、油气处理系统、动力系统等全部关断，同时生产现场状态灯中的设施弃置（蓝）灯亮、启动广播系统。

（2）火灾关断。由火灾或可燃气体探测系统探测到的异常情况自动或经人工确认后手动启动火灾关断。当执行本级关断时，设备全部关停，生产现场状态灯火灾报警（红）灯亮、应急发电系统启动，同时广播系统发出火警警报。但消防设施、通信设备、直升机甲板边界灯、障碍灯、雾灯、雾笛、应急照明及发电和供电设备应保持工作状态。

（3）生产关断。触发生产关断时，可关断生产过程中的部分或所有设备，关断原油输入管线、原油外输管线。生产关断可由生产系统的重要监控信号、仪表气压过低信号、生产管线压力过高或过低信号、供电系统故障信号、热介质系统故障信号等引发完成。

（4）单元关断。可关断单台设备或单系列设备。单元关断可采用自动关断或手动关断实现。这类关断不关停主流程，不会导致生产中断；通常由单个设备上的异常信号，如压力低低、高高，液位低低、高高等引起的单个设备的关断。

3. 检查维护

（1）定期检查高、低压控制系统的技术状态，并做报警和关断动作试验。
（2）定期对温度、压力、液位等控制点进行检查，并做报警和关断动作试验。
（3）定期检查紧急关断阀的技术状态，并对阀门做好保养。
（4）定期对紧急关断站进行外观检查，并做关断动作试验。
（5）定期对系统中仪表进行检定。
（6）定期对操作站进行检验，并做好程序备份。
（7）定期检查 ESD 控制机柜各模块指示灯状态。
（8）定期对控制机柜进行除尘，检查控制机柜和现场终端接线情况。
（9）定期对压力或液位开关标定值与实际运行值进行对比，根据生产需求及时对标定值进行标定。
（10）定期根据 ESD 系统因果图完成关断测试，对测试过程中发现的问题及时处理，并形成测试报告。

第六节　逃生系统

为了保障操作人员的人身安全，海洋油气田应设计逃生系统，以合理的布局、有效的逃生通道及充足的救生设施为海洋油气设施操作人员提供逃避危险、安全撤离的手段。

救生设施的规格、种类、数量以海洋油气设施入住人数为依据进行选择和布置。海洋油气设施上的逃生系统遵循国际海事组织（IMO）颁布的 1974 年《国际海上人命安全公约》（1983 年修正案）（简称 SOLAS 公约），所选用的救生设施必须具有船级社证书，设施上必须根据要求张贴逃生布置图。

海洋油气田逃生系统的救生设施主要有以下几种。

一、救生艇

救生艇是配备动力的乘坐人数较多的海上主要逃生救生设备。救生艇按结构不同可划分为封闭式救生艇和敞开式救生艇，海洋油气设施一般配备封闭式救生艇。按乘坐人数不同可划分为人数不等的救生艇。

1. 结构

全封闭耐火救生艇结构如图 5-10 所示。

救生艇是海上最主要的逃生设施，包括救生艇本体、吊艇架和起艇机三部分。救生艇本体一般布置在生活楼外走道边沿，海洋油气生产设施都配置全密闭式救生艇，其可在溢油着火的海面行驶，保护艇内人员逃离危险海域，按 SOLAS 公约配置的全部器具可使艇内人员实现生存、呼救等目的；吊艇架固定在海洋油气设施上，起艇机安装在吊艇架上，可通过吊艇架对救生艇进行重力放艇、电动或手动起艇等操作，实现固定救生艇、放艇和起艇。操作时严格按照操作规程进行操作。选型时应能容纳设施上的全部定员。

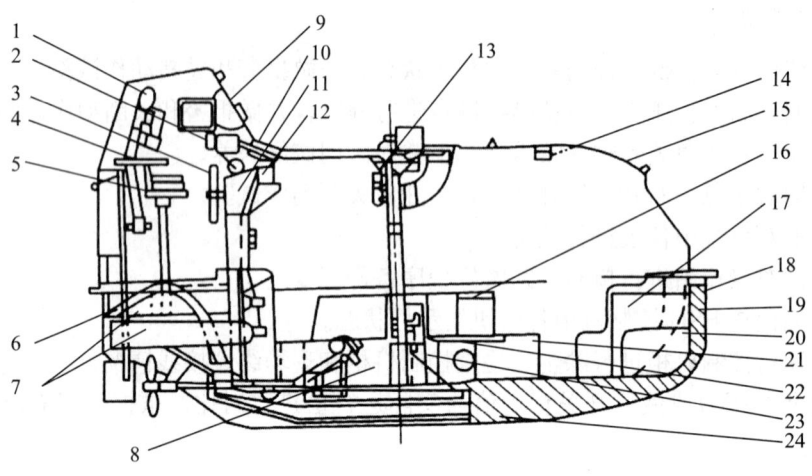

图 5-10　全封闭耐火救生艇

1—机器进气口和舱内压力保险；2—脱钩装置操作手柄；3—操舵轮；4—应急舵柄；5—驾驶座椅；6—机器进气口；7—气瓶；8—船用柴油机；9—驾驶前窗；10—篷顶灯；11—控制台；12—罗盘；13—机器进气口和舱内压力保险；14—篷顶灯；15—顶篷；16—日用品柜；17—油箱；18—艇壳；19—泡沫填料；20—层压座位；21—淡水和食品柜；22—蓄压器；23—油压泵和油箱；24—洒水泵

救生艇外部需要粘贴有一定数量的反光带；救生艇一侧醒目位置应标明救生艇所在的海洋油气设施名称、救生艇额定乘员数。

2. 检查维护

（1）检查气瓶压力，压力不得低于19MPa，若低于19MPa，将其充气到20MPa；检查是否有泄漏；检查驾驶处的通气阀。

（2）检查进水阀，必要时给以润滑（不用时必须关闭）；检查喷水泵，必要时给以润滑；检查三角带是否损坏；检查皮带张紧力，必要时加以调整；用淡水冲洗喷水系统；查看水膜分布情况；检查软管连接情况。

（3）试验脱钩系统（必须使用转移负荷吊臂）；检查所有油嘴，并加油；更换损坏的玻璃罩和标志板。

（4）检查电池充电情况；向电池中加入蒸馏水；清洗电池电极，紧固后加油封；检查发电机是否向电池充电，主机运转时指示灯应熄灭；检查发电机三角皮带张紧力；接通外充电电路；按需要更换损坏的指示灯和熔断丝；检查闪光灯。

（5）检查所有密封条，拆下舱盖板，除去所有异物。

（6）检查自动排水塞；排干艇内存水；检查三通阀，必要时给以润滑。

（7）检查液压舵软管，看是否泄漏；检查舵轴上的填料函；更换失效的反光带。

（8）定期检验内容：外观，至少对一艘救生艇或救助艇进行降艇、脱钩、航行及回收试验，同时检验限位装置的可靠性；蓄电池组的充放电情况及救生艇的油料储备；属具；至少对一艘全封闭救生艇的水喷淋系统进行喷淋试验；全封闭救生艇的紧急供气系统的气瓶压力，各开口的密封性及透气系统。

（9）吊艇架及登乘设施检验内容：外观；登艇须知及起落艇操作说明；登乘甲板防滑

措施及登乘梯扶手；手动与电动联锁装置；最近一次救生艇防旋转与耐腐蚀钢丝索的检测日期。

二、气胀式救生筏

气胀式救生筏是海上操作人员在遇险时维持生存、等待救援的设备。气胀式救生筏及其属具存放在玻璃钢壳体内，用固筏索具将其系牢并固定在甲板边缘的救生筏架上，可手动或自动将其释放到水面，供落水人员逃生时使用，使用时拉出平扣销，推上链钩上的小环，固定救生筏的索具即可自动松开，使救生筏靠自重沿筏架滚动，抛出舷外。

1. 结构

气胀式救生筏的结构如图5-11所示。

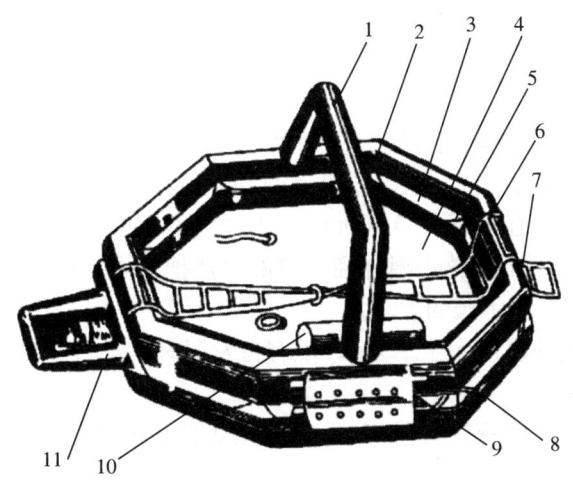

1—篷柱；2—上浮胎；3—下浮胎；4—阀底；5—内扶手索；6—登筏拉梯；7—登筏软梯；8—外扶手索；
9—充气钢瓶；10—备品包；11—登筏平台

图5-11 气胀式救生筏结构示意图

2. 投放方法

气胀式救生筏的投放方法有抛投法、吊架降落法和静水压力释放器自动释放法。

（1）抛投法：人工把静水压力释放器释放后，救生筏投入（自动滚入或人工抛入）水中，充气拉索受力启动二氧化碳钢瓶充气，救生筏在水中充胀。

（2）吊架降落法：在甲板上就将救生筏充胀，人员登乘后再用吊架起吊降落水中。

（3）静水压力释放器自动释放法：在紧急情况下，无法使用抛投法和吊架降落法时，船（平台）已沉没到水面下3～4m时，静水压力释放器自动释放脱钩，救生筏自动浮出水面充胀。

3. 检查维护

（1）定期进行外观检查。

（2）每年检验一次，并要有检验证书。其静水压力释放器也要求每年检验一次，同样也要求有检验证书。

三、避难所

避难所可以暂避恶劣天气，是滩浅海开发中有效的一种逃生方式。

避难所设置满足的要求有：能够容纳人工岛总人数；结构强度应比人工岛高一个安全等级；地面应高出挡浪墙1m；应采用基础稳定、结构可靠的固定式钢筋混凝土结构或用移动式钢结构；配备可以供避难人员五日所需的救生食品和饮用水；配备急救箱，装有救生衣、防水手电及配套电池、简单的医疗包扎用品和常用药品；配备应急通信装置。

四、救生圈

救生圈是适合于在海洋中落水时使用的简易救生器材。海洋油气设施配备的救生圈应符合 GB 4302—2008《救生圈》中的规定。

1. 要求

（1）外观：救生圈的外表颜色应为橙红色，无色差；救生圈表面应无凹凸、无开裂；沿救生圈周长四个相等间距位置，应环绕贴有50mm宽的逆向反光带。

（2）尺寸：救生圈外径应不大于800mm，内径应不小于400mm；救生圈外围应装有直径不小于9.5mm、长度不小于救生圈外径四倍的可浮把手索，把手索应紧固在圈体周边四个等距位置上，并形成4个等长的索环。

（3）质量：救生圈质量应大于2.5kg；配有自发烟雾信号和自亮浮灯所附速抛装置的救生圈，其质量应大于4kg。

（4）材料：整体式救生圈的材料和外壳内充式救生圈的内充材料应采用闭孔型发泡材料。

（5）性能：救生圈应耐高温、耐油，无皱缩、破裂、膨胀、分解；救生圈应耐火，不应燃烧或过火后继续熔化；救生圈从规定高度投落后，应无开裂或破碎；救生圈应能支承14.5kg的铁块在淡水中持续漂浮24h；救生圈在自由悬挂的情况下，应能承受90kg重量持续30min而无破裂和永久变形；对于配有自发烟雾信号和自亮浮灯所附速抛装置的救生圈，释放时应能触发速抛装置。

（6）属具：救生圈可配有属具，包括可浮救生索、自亮浮灯或自发烟雾信号。带自亮浮灯和发光烟雾信号的救生圈配备有一根可浮救生索，可浮救生索的长度为救生圈的存放位置至最低天文潮位水面高度的1.5倍，并且长度至少为30m，其直径不小于6mm。

如果有人落水，在抛投时应一手捏住救生索，另一手将救生圈抛在落水人员的下流方向；无流而有风时应抛于落水人员的上风口，以便落水者攀拿。在水中使用救生圈的方法是一手压救生圈的一边使它竖起，另一手把住救生圈的另一边，并把它套进脖子，然后再置于腋下；或者先用双手压住救生圈的一边使救生圈竖立起来，手和头部乘势套入圈内，使救生圈夹在两腋下面，落水人员的身体便直立水中。需要在水中前进时，可以一手抓住救生圈，另一手做划水动作前行。

2. 检查维护

（1）日常检查救生圈存放位置，应存放在人员易于到达的支架上，不得永久固定，应能随时取用。

（2）每月检查一次外观、自亮浮灯、反光带、绳索等。

五、救生衣

救生衣是适于工作人员穿着的一种简便的救生器材。按照适合的温度环境有普通救生衣和防寒救生衣之分。海洋油气设施上配备的救生衣应符合 GB 4303—2008《船用救生衣》，JT/T 107—1991《船用工作救生衣》，GB 9953—1999《浸水保温服》等有关标准的规定。

1. 放置及规格

救生衣应当放置在宜于取用的地方。逃生集合点都应配备一定数量的救生衣，甲板工作区和直升机甲板附近存放的救生衣应放在专门的储存柜内，并要设置明显的标志。

救生衣都必须有哨笛、反光带、海水灯和海洋油气设施标志，气胀式救生衣还必须有为救生衣充气的二氧化碳气瓶。

2. 检查维护

（1）日常检查救生衣存放位置，应存放在储存柜内。

（2）每月检查一次外观、属具、哨子、放光带、绳索、浮灯等。

第七节　求助信号

一、抛绳设备

平台和平台群中的生活平台上，配备一套抛绳设备。

1. 要求

抛绳设备应能相当准确地将绳索抛射出去；包括不少于四个抛绳器，每个能在无风天气中将绳抛射至少 200m 远；包括不少于四根抛射绳，每根抛射绳具有破断张力不少于 2000N；备有简要说明书或抛绳设备用法图解；手枪发射的火箭，或火箭与抛射绳组成整体的组件，应装在防水的外壳内；抛绳设备应存放在易于到达的地方，并随时可用。

2. 检查维护

（1）抛绳设备的有效期一般为三年，到期必须更换。

（2）抛绳检验内容包括数量、种类、存放位置等。

二、烟雾求生信号

烟雾求生信号是在紧急情况下,通过释放火焰烟雾来发出求救信号,告知施救位置的救生用具。烟雾求生信号主要有火箭降落伞火焰信号、橙色烟雾信号、手持火焰信号等。

1. 火箭降落伞火焰信号

火箭降落伞火焰信号的性能要求在垂直投射时发射高度达 300m 以上,能发射出降落伞火焰,发出明亮红光,平均强度不少于 30000cd(光强度单位),燃烧时间不少于 40s,降落速度不大于 5m/s。

2. 橙色烟雾信号

橙色烟雾信号的性能要求其发烟时间不少于 3min,可见距离大于 2n mile,保管和使用温度在 −30~65℃ 之间,有效期在三年以上。

3. 手持火焰信号

手持火焰信号要求能发出强度不小于 15000cd 明亮而均匀的光,燃烧时间不少于 1min,浸入 1m 深水中历时 10s 后仍能继续燃烧。使用时先撕掉塑料袋,揭开盖子,注意外壳上的箭头号朝上,放下底部触发器铰链或压杆,一手握住火箭,垂直高举过头,一手掌托在压杆上,做引发准备。再将压杆上推,并迅速双手握紧火箭,有风时可略偏上风,火箭很快就能发射。

4. 检查维护

(1) 橙色烟雾信号一般有效期为三年,到期必须更换。
(2) 定期确认烟雾求生信号的数量、种类及存放位置等。

❖❖ 习 题 ❖❖

1. 海洋油气工程施工的安全系统管理包括哪几方面?
2. 海洋油气田通信系统应具备的能力包括哪些?
3. 海洋油气田通信系统与陆上油气田通信系统相比有哪些特点?
4. 海洋油气田外部通信包括哪几部分?主要设备有哪些?
5. 海洋油气田内部通信设备主要包括哪些?
6. 海洋油气田应急电源的类型主要包括哪些?
7. 简述应急电源布置要求。
8. 简述火区划分原则。
9. 简述消防水系统的组成。
10. 简述海洋油气田泡沫灭火系统的组成。
11. 简述气体灭火系统的定义及分类。
12. 海洋油气设施常用的移动式灭火器有哪些?
13. 消防备品柜中的消防人员个人装备包括哪些?
14. 简述安全联锁系统的定义。

15. 在海洋油气开发项目中，常用的安全联锁系统有哪些？
16. 简述火气系统的组成。
17. 火气系统中探测系统包括哪些？
18. 简述井口控制系统的组成。
19. 井口控制盘应能向中央控制盘传送哪些报警和紧急关断信号？
20. 简述紧急关断系统（ESD）的结构。
21. 简述紧急关断系统（ESD）的关断等级。
22. 海洋油气田逃生系统的救生设施主要有哪些？

第六章
海洋油气工程施工风险分析

第一节 海洋油气生产风险概述

海洋油气生产是将海底油气藏中的原油或天然气开采出来，经过采集、油气水初步分离与加工、短期的储存及装船运输或经海底管道外输的过程。

一、海洋油气生产主要特点

1. 空间小，安全生产要求高

海上生产设施受空间限制，油气处理设施、电气设施、人员住房集中在同一平台上，生产工艺复杂密集，各种生产施工频繁，既要保证生产设备的正常运行和维护，又要保证人员和设备安全，相比陆地油气生产，其安全风险要高得多。

2. 生产设施的布局紧凑，自动化程度高

由于海上生产设施规模大小决定了投资的多少，因此要求设施上的设备尺寸要小，布局要紧凑。对于某些浮式生产系统上的设备来说，还要考虑船体的摇摆对油气处理设备的影响。另外，由于设施上操作人员少，因而要求设备的自动化程度要高，必须设置中央控制系统来对海洋油气生产工艺和公用设施运行进行集中监控。

3. 生产生活供应保障困难

海上生产设施远离陆地，即使是近海施工，距离陆地也在数十海里以上，人员出海和生活必需品、生产设备、器材和物资的供应，以及出现紧急情况时的紧急救援，都依赖于陆上供应和海上交通运输。因此，必须建立一套完善的供应系统，以满足海洋油气生产和生活的需求。

一般情况下，陆上要建立对海上设施的供应基地，供应基地的大小与海上生产设施的规模有关。供应方式一般有两种：船舶供应和直升机供应。供应船是供给的主要工具，主要提供生产施工用物资、生产生活用水、燃料油、备品备件及操作人员等。直升机主要运送人员及少量急需的物资，并提供紧急救助服务。

（1）发配电系统具备独立性。海上生产设施的电气系统不同于陆上油田所采用的电网供电方式，海上油田一般采用自发电集中供电的形式。发电机组的台数和容量应能保证其中最大容量的一台发电机损坏或停止工作时，仍能对生产施工和生活用的电气设备供电。除主发电机外，有些设施还需设置备用发电机组，以满足连续生产的需要。

（2）通信系统可靠度要求高。通信系统对于海上安全生产是必不可少的组成部分，它的主要任务是在油田生产过程中，保证设施与外界、设施与设施之间及设施内部能够进行有效且可靠的通信联系，使海上生产安全有效地运行。

二、海洋油气生产方式与工艺

1. 海洋油气生产方式

随着海上油田开发工程由近海向深海发展，按照油气生产集输系统的全部或局部所处的环境位置来划分，海洋油气生产方式一般可分为全海式、半海半陆式和全陆式三种。

（1）全海式油气生产方式。全海式油气生产方式指原油从采出直到外输的所有集输及生产处理过程全部都在海上进行。处理后合格的原油暂时存于生产储油轮上，由穿梭油轮定期外运，如图6-1（a）所示。这种方式适宜位于远海、深海的油田（近海当然也适用），由于该方式一般多采用浮式设施，费用相应较低，因此一些离岸较远的低产油田、边际油田也常采用此种方式。

（2）半海半陆式油气生产方式。半海半陆式海洋油气生产方式指油气集输系统的部分设施在海上，而另一部分设施在陆上。一般是采集、分离、计量、脱水等生产处理工艺在海上进行，原油由管道输送（天然气另有管线）到陆上，在陆上进行稳定、储存和中转运输等，如图6-1（b）所示。这种油气生产方式适应性较强，不论远海、近海均可采用；但因该方式必须铺设海底管道，故海底地形复杂或原油性质不适宜管道输送等情况不宜采用此种油气生产方式。

（3）全陆式油气生产方式。全陆式油气生产方式指原油从井口采出后，直接由海底管线将油、气、水三相流体混输至岸上，在陆地上进行油、气、水分离处理，达到质量合格标准后，储存并输送给用户，如图6-1（c）所示。这种油气集输方式由于生产、处理、储存全在陆上，海上施工量少，因而投资省、建设快；但因集输管道是油、气、水三相混输，管内摩阻大，故离岸远的油田不适用。

2. 海洋油气生产工艺

海上井口采出的油气分别输送到测试管汇和生产管汇。测试管汇将油气输送到测试分离器中进行分离和计量，测算出单井的油、气、水产量。生产管汇将每口井的油气汇集起来，输送到生产处理系统中，进行油、气、水的多级分离及破乳、脱水、脱盐等处理，直到达到质量合格标准，再采用适当的方式储存、运输。

海洋油气生产工艺按照处理对象的不同，主要分为原油处理、水处理和天然气处理。

1）原油处理

原油处理包括油气分离、原油脱水以及伴生气处理等工艺过程。

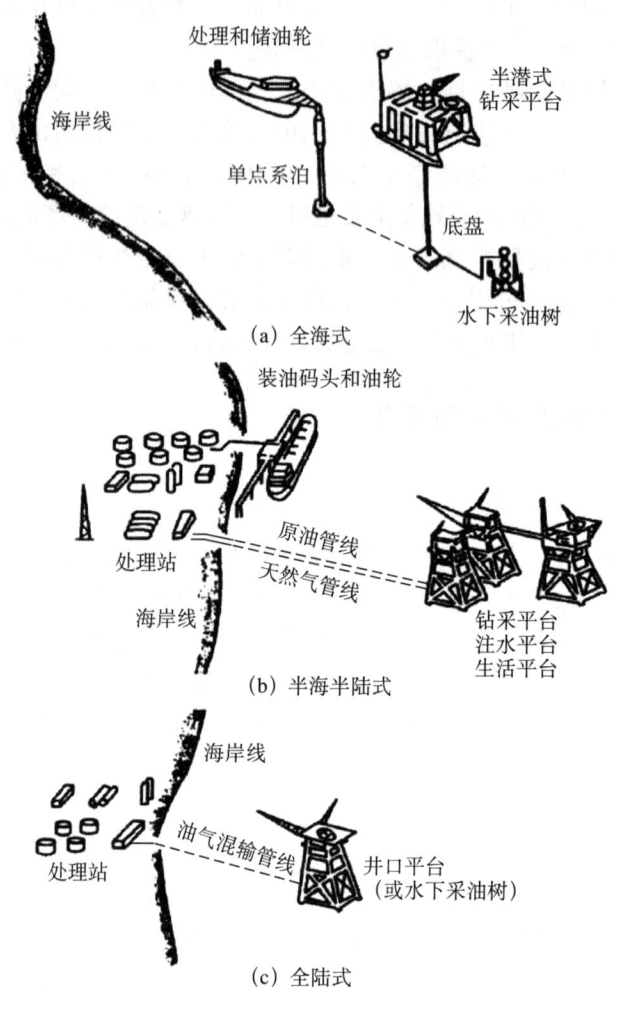

图 6-1 海洋油气生产方式

(1) 油气分离：油气分离工艺是油气处理的重要环节。海洋油气分离一般采用级次分离法，即通过降低压力来使析出的气体排出，每排一次气为一次分离，排几次气称几级分离，油气的最后分离是在常压油罐内进行的，最后分离出来的液体进入罐体储存或者外输。伴生气除液后用作燃料或火炬烧掉（如气量很大也会外输），含有少量原油的污水经污水处理系统处理合格后回注地层。

(2) 原油脱水：油田开发随着时间的延续，地层水有可能随原油一起被采出，尤其是水驱油田原油中水量增长更快，到油田生产后期，产水量甚至可达到产液量的 90% 以上，因此解决原油脱水问题非常重要。但是生产中的原油与水并非简单地混合，而是处于具有相当稳定的乳化状态，对此乳状液的原油通过破乳和沉降将水与原油分离。

(3) 伴生气处理：随原油一起采出的天然气称为伴生气，这些天然气自油气分离系统中分离出来，均不同程度地携带着液体（油或水），会使管道或设备发生故障，因此需要对伴生气进行处理，去掉其中的水和油，干燥后的天然气可以就地取材用作海上生产设施的燃料，也可压缩后外输。

2) 水处理

海上油田的水处理系统主要包括用于注海水的海水处理系统和含油污水处理系统，此外还包括注水及生活用的浅层地下水处理系统以及收集冲洗甲板水和雨水的辅助污水处理系统。海上油田注水水源主要包括海水、生产污水和海底浅层水。无论选用哪种水源，均要考虑水源中所含的细菌、藻类及海洋生物、悬浮的固体颗粒、溶解氧、油等物质会对油层造成的伤害，因而必须对水进行处理，使其达到一定的水质标准。

3) 天然气处理

海上采出的天然气一般含有砂粒、岩屑等固体杂质及水、凝析油等液体，以及水汽、硫化氢、二氧化碳等气体。其中固体杂质将导致管道、设备的磨损及堵塞；水汽会减少管道输送能力；此外，天然气中的硫化氢、二氧化碳等酸性气体溶于水后，也会加剧管道及设备的腐蚀，有些气体杂质甚至还会影响产品质量，并且污染环境。因此必须要脱除天然气中的固体、液态水和酸性气体。脱除天然气中的液态水，采用提高天然气温度或加入抑制剂等方法，尽力防止在足够高压力和足够低温度下天然气中的某些气体组分形成水化物。脱离天然气中的硫化氢和二氧化碳等酸性气体需要庞大的装置，占用空间太大，因此一般不在海上进行处理，而是将天然气输送上岸后再处理。

三、主要风险分析与防控措施

1. 油气泄漏

海上油气生产设施工艺生产系统的各类设备中积聚了大量的油气，一旦出现泄漏，极易引发火灾、爆炸，严重威胁设施及人员的安全，同时也会造成环境污染。

1) 风险分析

（1）人为因素：海上生产设施的自动化程度很高，但是日常生产过程中仍然有很多工作需要手动操作，如清罐、更换零部件等，在这些操作过程中一旦出现误操作则很容易导致油气泄漏。同时，在海上生产设施建造阶段，因施工质量等问题也会留下隐患，有可能导致油气泄漏事故。

（2）设备因素：海上生产设施经过长期使用，生产工艺系统很多地方会出现锈蚀和老化，如出现管线穿孔和密封不严等现象，这种情况发生的直接后果就是导致油气泄漏。另外，在建造阶段，设备、材料的质量问题也会留下隐患，可能引发油气泄漏事故。

（3）环境因素：①生产条件的变化。在生产过程中，地层压力的变化会导致工艺生产系统中压力的波动，当压力升高超过流程的设计压力时，会导致生产流程上的设备、管线和容器超压受损，造成油气泄漏。②外力破坏。海上生产设施经常会进行一些日常维修、保养和改造等，由于海上空间狭小，在搬运物料、吊装施工和搭设脚手架等施工过程中，如施工人员不慎，很容易损伤到工艺生产系统设备，严重时会导致油气泄漏。③极端气候影响。海上生产设施遭受极端恶劣天气或海况可能会造成油气泄漏，如与海冰碰撞造成海底立管破裂等。④腐蚀。海洋环境具有极强的腐蚀性，如油气生产的整体或某一部件防腐措施不够，久而久之很容易从这些部位发生泄漏，影响整个生产工艺的安全。

2) 防控措施

为了控制各类导致油气泄漏的风险因素，应从设计阶段、建造阶段和日常管理上采取相应措施，以避免事故的发生。

（1）设计阶段：①在设计时应考虑施工人员对设备和流程上各类装置的可操作性，降低操作难度和操作的危险性，如为一些经常需要操作的设备、阀门等加装操作平台。②为系统设计相应的监测、关断、安全释放等保护装置，如在分离器上设置安全阀，流程上设置参数监测装置等，使施工人员能够实时掌握流程的运行状况，以便在紧急情况下采取安全释放、紧急关断等相应的控制措施。③在空间布局设计上充分考虑施工和自然环境的影响，如设备之间尽量留出可操作的空间，在必要时为一些关键设备设计防护装置，设计安装挡风墙，设计将海底管缆安装在导管架的内侧等。④在设计阶段，根据对油气田进行勘探得出的原油物性和天然气组分，充分考虑腐蚀的影响，并采取相应的防腐蚀措施，如选用特殊材料制成的钢材、增加钢材的腐蚀裕量、安装腐蚀挂片以及加注缓蚀剂等。

（2）建造阶段：①购买的设备、材料应满足设计要求，选择具备资质的供应商，提供的材料要具备第三方认证的检验报告或材质证书。②施工人员各工种应具备相应的资质，施工工艺满足设计和相应标准的要求。③聘请具备资质的第三方检验机构对建造阶段的全过程进行检验。

（3）日常管理：①加强对操作人员的培训，提高人员对各自岗位技能的熟练程度和岗位风险的认识。②对于吊装、管线打开等危险性施工要严格执行施工许可制度和施工前的风险分析，制定相应的风险控制措施。③安排人员对生产流程进行定期巡检，及时发现生产流程的异常状况和跑、冒、滴、漏等隐患。④定期对设备进行维护保养，开展海洋油气专业设备检验工作。⑤对工艺流程进行腐蚀监测，如定期对工艺管线进行测厚、取出腐蚀挂片计算腐蚀速率、对海管通球检测腐蚀状况等。⑥关注天气和海况预报，对于即将到来的极端恶劣天气和海况，提前采取应对措施，如在台风来临前关井停产、为设备和管线加装防护等。

2. 火灾爆炸

海洋油气生产设施上积聚了大量可燃物，如天然气、硫化亚铁等，如管理不当，遇到点火源就会引发火灾爆炸，同时由于空间相对狭小，不利于隔离和人员疏散，因此，海洋油气生产设施的火灾爆炸事故往往是灾难性的。

1）风险分析

海洋油气生产设施发生火灾、爆炸的情况很多，两者既独立又相互关联。通常情况下，火灾会随即引发爆炸，爆炸又会造成火灾，常见的有以下四种情况：

（1）油气泄漏引发火灾爆炸，这种情况最为常见。海上生产设施内积聚了大量的油气，尤其是天然气和伴生气；同时，海上生产设施在维修和改造期间，还可能存放有乙炔。这些可燃气体发生泄漏后与空气混合，遇到点火源极易引发火灾爆炸。在海洋油气生产设施上能够触发可燃气体发生火灾爆炸的点火源主要包括以下五种：①电气火花；②动火施工产生的火花；③人员吸烟产生的明火；④设备和人员携带的静电起火；⑤施工工具敲击产生的火花。

（2）局部气体聚集引发的闪燃、闪爆。在相对密闭的容器空间里，由于油气残存或阀门密封不严存在窜气等情况，当容器中的易燃气体与空气接触，聚集到一定浓度后，一旦遇到明火或者电火花就会迅速燃烧或者发生爆炸。这种情况，由于易燃物的总量有限，多是瞬间闪燃或者一次性爆炸,虽然不会对整座设施造成巨大的威胁,但是产生的冲击波或者热量也会造成一定破坏。少数情况下,如果易燃气体能够得到持续补充,闪燃、闪爆就会升级为爆燃或多次爆炸,这种情况发生的后果较为严重。

(3) 硫化亚铁自燃引发火灾爆炸。在含有硫化氢的油气田中,由于硫化氢对金属材料的腐蚀作用,会有硫化亚铁生成。硫化亚铁遇空气可以自燃,如不及时发现极易引发火灾爆炸等严重事故。

(4) 其他可燃物被点燃引发火灾。如电气线路老化、电气设备违规使用、高温高压容器周围违规存在可燃物、化验油品存放的醇类和醚类药品等疏于管理,都有可能引发火灾。

2) 防控措施

(1) 设计阶段:①设计安装可燃气体、温度、烟雾探测器,以便及时发现可燃气体泄漏或初始火灾,立即采取控制措施。②在容易出现可燃气体泄漏的密闭空间或角落设计安装通风装置,避免可燃气体积聚。③在危险区设计使用防爆电气设备和防静电装置。④按照相应的设计规范和标准设计主动防火装置和被动防火装置。⑤对于含硫化氢较高的油气田设计相应的脱硫装置。

(2) 建造阶段:①严格按照设计图纸施工,采办的设备、材料应满足设计要求,同时施工期间确保施工质量,避免出现设备或材料被破坏,以及施工质量不合格而影响防火防爆性能。②聘请具备资质的第三方发证检验机构对建造全过程进行检验。

(3) 日常管理:①严格点火源的管理,如实施动火施工许可、严禁在吸烟室以外的场所吸烟、人员穿戴防静电劳保用品等。②通过人员巡检的方式,加强对可能出现可燃气体泄漏和积聚的地方进行检测。③严格控制其他可燃物品(如化验用药品等)的存放量和管理。④对生产设施的消防装置进行定期检查和功能测试。⑤采取有效措施控制初期火灾,防止事态扩大化。⑥对含有硫化氢的油气田定期检测流程中硫化亚铁的含量,在拆除管线或清理容器前进行隔离和充分置换。

3. 结构失效

结构失效是指结构发生局部或整体的损坏甚至是倒塌。严格地讲,通常是由其他危害所引发的,如火灾、爆炸、坠落物、船只碰撞、强烈地震、极端气候等都可能会导致结构损坏失效。

1) 风险分析

(1) 由于设施后期改造,设施布局、上部载荷发生较大变化,应力分布不均,应力集中于某一薄弱点处。

(2) 设施疲劳是另一大主要因素,长期承受应力或振动的影响,疲劳容易首先发生在应力集中的某一点上,然后向外蔓延,最终导致受损害的钢结构不能支撑所承受的荷载。

(3) 设施可能被过往船舶碰撞。

(4) 所处海域若出现风暴潮或台风,可能会导致设施结构破坏。

(5) 冬季海域出现达到一定厚度的海冰,流冰的冲击及海冰的堆积可能对设施结构造成影响。

2) 防控措施

(1) 设计阶段:①根据所处海域的历年气象、水文等自然条件,在设计选材时达到一定的抗震、抗台风、抗海冰及疲劳损害的强度要求。②设计时应充分考虑设施使用年限,避免在生产期间产生不可逆的疲劳损害。③设计安装导航系统，包括导航灯、助航灯、雾笛等。

(2) 建造阶段：①严格按照设计图纸施工，采办的设备、材料应满足设计要求，避免出现设备或材料被破坏以及施工质量不合格。②选择具备资质的供应商，提供的材料要具备第三方认证的检验报告或材质证书。③各工种施工人员应具备相应的资质，施工工艺应满足设计和相应标准的要求。④聘请具备资质的第三方检验机构对建造阶段的全过程进行检验。

(3) 日常管理：①设施上的工艺变更要考虑对设施结构性能造成的影响，并通过具备资质的第三方机构进行审图、检验等，必要时要进行结构加固。②生活支持船、工程船、接油轮等船舶必须具备相应的资质证书，并通过第三方的检验，确保性能安全可靠。③关注天气和海况预报，禁止在不适宜的海况和天气情况下强行靠泊或施工。④对设置在航道或渔业养殖区附近的生产设施，应时刻关注周围行驶的货船和渔船的行驶路线，对于进入航行警戒区的船舶及时发出警告。根据油气田所在位置向政府部门申请设置禁航区，禁止其他船舶在油气田禁航区内穿行。⑤冬季海冰期，配备具备破冰能力的守护船，必要时破冰，避免流冰冲击对桩腿结构造成影响。

4. 落水淹溺

生产运行期间，由于生产操作人员、管理人员、维修人员等人数众多，施工类型复杂，发生人员落水的概率较高。

1) 风险分析

人员落水事故大多与舷外施工有关，主要是由恶劣的天气或海况、工作人员身体状况欠佳、安全保险措施不落实、乘坐吊篮时违规操作和姿势错误、值班船守护距离太远救助不及时等造成的。极端环境（如冬季低温、台风、暴雨）下将增加人员发生落水事故的可能性及事故后果的严重性。

2) 防控措施

(1) 舷外施工严格执行施工许可制度和施工前的风险分析，由具备特种施工资质的人员进行施工，必须使用安全带，并制定相应的风险控制措施，如落实守护船守护等。

(2) 人员在靠船桩或乘坐吊篮登离设施过程中，要严格遵守各项规定，落实穿戴救生衣、配备防落网和梯子等防护措施。

5. 机械伤害

机械设备旋转部位可能因机械故障而潜在抛射物伤人的风险。

1) 风险分析

产生机械抛射物伤害主要是由于机械设备运转部件缺少防护或者防护失效。另外，在交叉施工中，尤其是起重施工期间，存在物体坠落打击的风险。

2) 防控措施

(1) 机械设备设计安装时，旋转部位设计防护罩，在旋转部位产生抛射物时，能有效地避免抛射物抛出。

(2) 定期组织设备方面的检查，及时整改存在的隐患；建立设备维修保养操作规程，对操作员工开展培训，督促施工人员严格执行操作规程。加强交叉施工、起重施工过程的指挥和协调,避免高空落物伤害。

6. 触电伤害

电力系统是海洋油气生产设施正常运转的主要动力源,电气设备或电线电缆分布在设施的各个角落,电气设备数量庞大,电线电缆密密匝匝,电气开关操作、维修频繁,易发生人员触电伤害。

1) 风险分析

电气设备漏电保护装置失灵、电线绝缘保护失效、维修操作人员违章接线、违章施工是发生触电伤害的主要原因。同时,雨季生产期间,带电设施经常出现漏电情况,导致操作人员触电。

2) 防控措施

(1) 电气设备安装合格的漏电保护器,电气设备及电缆应选用符合标准要求的厂家、型号等。

(2) 定期组织电气设备、电线的检查、检修,及时整改存在的隐患。建立电气设备操作规程,对员工开展培训,督促施工人员严格执行电气设备操作规程。电气设备检修时,要设专人监护,并悬挂警示牌,严格执行上锁挂签。定期组织员工开展安全用电常识培训。

7. 起重事故

海上油(气)生产设施布局紧凑。起重设备故障、安全装置失效、操作过程中操作人员注意力不集中、安全意识不强、违章操作、管理不善等都有可能造成起吊物坠落、吊物与设备碰撞、吊物吊具打击、坠落伤害等。

1) 风险分析

(1) 操作人员无证操作;吊装对象重量不清,吊耳等构件锈蚀严重脱落。

(2) 指挥及操作不当,视线不清。

(3) 吊机操作不稳。

(4) 吊装设备存在缺陷、发生故障,疲劳磨损导致钢丝绳断股,起吊重量超过安全起重量。

(5) 违章操作,如6级以上大风天气吊装。

(6) 限位装置失灵。

2) 防控措施

(1) 设计阶段:吊机设计安装时,考虑设施整体结构等情况,符合相关技术要求;在吊机旋转臂旋转半径内,如有障碍物,应设计安装限位报警装置。

(2) 建造阶段:严格按照设计图纸施工,采办的吊机及其附属部件应满足设计要求;同时施工期间确保施工质量,避免施工质量不合格等。

(3) 日常管理:吊装施工严格执行施工许可制度和施工前的风险分析,由具备吊机操作证的人操作,落实吊机指挥人员,并制定相应的风险控制措施;建立吊机维修保养制度,定期对钢丝绳等主要部件进行检查、维护保养等;建立吊机施工操作规程,严格按照操作规程操作;超过6级风严禁吊装施工;吊装施工时,无关人员远离吊装半径或在安全距离之外。

第二节　海上物探施工

海上物探全称为海洋油气地球物理勘探，是根据地球物理学原理，以海底岩石和沉积物的密度、磁性、弹性、导热性、导电性和放射性等物理性质的差异为依据，用多种物探方法和仪器，观测并研究各种地球物理场的空间分布和变化规律，研究海洋底部地下的地质构造及其演化，查明各地质年代沉积物的分布、岩层的物理性质和结构，研究确定油气储集圈闭（构造）的位置、形态、埋藏深度及油气分布规律。

一、海上物探施工主要特点

海上物探施工是根据选定的物探方法，使用物探船、施工辅助船、滩海两栖运输装备、仪器仪表等完成包括野外数据采集、数据处理、资料解释、后勤保障等海洋油气勘探施工的全过程。与陆地物探施工相比，海上物探施工的主要特点是：

（1）多数使用非炸药人工激发震源。除滩涂潮间带（一般低潮水深小于 2m）使用炸药作震源外，广泛使用空气枪震源，既降低了冲击波对有效波的干扰，提高了信噪比，同时又减少了爆炸品运输、储存和使用的危险性，减少了对海洋环境的污染和对海洋生物的破坏。

（2）技术先进，施工效率高。由物探船（或震源船、拖缆船）拖带检波器连续航行，激发震源，采集资料。不需要钻孔放炮，在海上没有障碍物时，测线均匀分布不受白天和夜间的时间限制，在气候条件允许的情况下可连续施工，施工面积大，工作效率高，技术含量高。检波器（压电检波器或水听器）密封在长拖缆中，并放置在水下一定深度，由深度控制器保持其深度不变并随拖缆船移动，能够实现水下激发、水中接收，目前已经发展为更专业、更先进的等浮电缆接收系统。

（3）施工精度高。海上物探施工采用精度较高的卫星导航定位系统，利用卫星发射的信号导航定位替代了陆地经纬仪等手段，具有全覆盖、全天候和精度高的优点。

（4）自然条件和区域环境对海上物探施工有一定影响。海上物探施工无法规避海洋气候和施工环境的影响，特别是在滩浅海过渡带施工，涉及滩涂两栖施工，水深变化比较大，海水湍急，潮汐作用的影响较为明显，并且天气变化无常，施工难度很大。此外，我国滩浅海区域遍布大面积养殖区，海岸线工矿企业比较多，周边区域环境复杂，风险因素较多。

二、海上物探主要方法

海上物探的主要方法有地震法、重力法、磁力法和海底热流测量法。

1. 地震法

地震法是利用人工震源激发地震波，观测在不同波阻抗界面（速度界面）的地震波变化，常用的有折射波法和反射波法。折射波法主要用来研究地壳深部和上地幔的结构，而反射波法在近海油气勘探中获得广泛应用。

现代海洋地震勘探广泛采用组合空气枪作震源，用等浮组合电缆装置在地面或水下接收地震波，通过数字地震仪将地震波记录在磁带上。这样不仅能够在观测船行进过程中实现快速且高效率的共深点反射的连续观测,而且能够使用计算机充分利用所获取的地震信息精确地查明沉积岩不同层位的产状、构造及其岩性,可用于研究沉积盆地及其中的局部构造和沉积环境,甚至给出烃类显示,为海上钻井地质设计提供依据。同时,在记录地震波的过程中,采用高频频段观测的回声测深仪、地层剖面仪和侧扫声呐等,可调查海底地形、地貌、浅层沉积物结构及其工程地质性质,为平台就位(锚泊、插桩或坐底)提供设计依据。由于地震勘探能高质量地解决多方面的地质任务,在寻找地下油气藏时有较高的成功率,因此是当前石油物探中最重要也是最普遍使用的勘探方法。

2. 重力法

将重力仪安放在船上或经过密封后放置于海底进行观测,以确定海底地壳各种岩层品质分布的不均匀性。通过对重力原始测量数据进行处理和解释,可以解决大地构造、区域地质方面的地质任务,为寻找油气、矿产资源提供普查数据。

3. 磁力法

利用拖曳于工作船后的质子旋进式磁力仪或磁力梯度仪,对海洋地区的地磁场强度进行观测。将观测值减去正常磁场值,并经地磁日变校正后可以得到磁异常。分析磁异常有助于判明断裂带展布、火山岩岩体位置等区域地质特征,进而可以用来研究大洋盆地的形成和演化历史。研究地下岩石因磁性不同而引起的磁场强度的变化,还可以间接地了解大地构造和区域构造的基本形态、基底起伏等地质情况。

4. 海底热流测量法

海底热流测量法是深海物探的一种比较常用的方法。利用海底不同深度上沉积物的温度差来测量海底的地温梯度值,并测量沉积物的热传导率,可以求得海底的地热流值。热流量的数值变化及其分布特征为认识区域构造及其形成机制提供了依据。地热流数据对于研究石油成熟度具有重要意义,直接关系到盆地含油气的评价。

三、海上物探施工装备

目前中国石油天然气集团有限公司、中国石油化工集团有限公司和中国海洋石油集团有限公司都有下属的海上物探专业公司,拥有一批专门从事海上物探的专业船舶和装备,并不断发展壮大。

1. 海洋物探船

海洋物探船是海上物探施工最基本的装备,好比是海洋油气工程"联合舰队"里的"侦察船",其性能对于提高勘探精度及减少勘探风险起着决定性的作用。

"海洋石油720"物探船是中国海洋石油集团有限公司投资建造的我国第一艘大型深水物探船(图6-2),是一艘具有柴电推进系统驱动,可航行于全球Ⅰ类无限航区,12缆、双震源的大型物探船,主要从事海上三维地震采集施工。该船工作水深可达3000m,可在5级海况和3Kn(节)海流情况下采集地震勘探数据,水下设备可在5级海况情况下安全收放,在5Kn航速时提供最大100t拖力,可拖带12根8000m地震勘探采集电缆和双震源8排气枪阵列,平均每天采集面积可达60m^2,能够做到多缆和自扩式震源同时收放,具有世界先进水平。

图 6-2 "海洋石油 720"物探船

2. 滩（浅）海物探施工装备

由于受施工条件和环境的影响，滩（浅）海物探施工与深水施工不尽相同，不仅需要物探船，还需要有滩（浅）海施工船、水陆两栖施工设备等协助完成收放线缆及运送设备、物资、仪器和人员等施工。滩（浅）海物探施工装备一般包括母船、震源船、放（收）缆船、钻井（孔）设备等。

（1）母船。海上物探施工中的母船一般多为生活支持船，相当于施工队海上营地。同时，母船的重要性还体现在它是海上物探施工的控制中心，在实际施工中会向各施工设施单元发出指令。

（2）震源船。震源船是指在海洋地震勘探中，通过炸药震源或高压空气气枪阵发出地震波的船舶。为了保护海洋生态环境，利用高压空气作为海洋油气勘探的激发能源，已成为物探的主要手段。当地震波传播到海底深部的地层中，碰到岩层波阻抗界面即产生反射波，反射波传回到水面的接收装置并被记录下来。图 6-3 为"海豹 7 号"震源船，船长 45.59m，型宽 8.4m，型深 4.1m，满载吃水为 2.2m，适于滩浅海过渡带施工。

图 6-3 "海豹 7 号"震源船

(3) 放（收）缆船。为满足滩（浅）海过渡带施工条件，需使用专用放（收）缆船和装备进行施工，包括挂机（快艇）、罗利冈和赫格隆（全道路运输车）等两栖施工设备，水深大于2m的区域一般由当地渔政部门协调渔政船（渔船）及人员协助放（收）缆和护缆工作。此外，该船作为施工辅助设备，在浅水区域或滩涂区还可用于接送人员、小型仪器、设备和生活物资等。

(4) 钻井（孔）装备。在水深小于2m的极浅海区域，气枪震源船无法进入，只能采用陆地钻孔放炮（炸药）的地震方法。为了提高滩海过渡带地震钻井质量，研制生产了新一代钻井艇（铝制双体钻井艇），配备液压机械钻机。滩涂则由钻井工使用小型橇装钻井设备进行钻孔、下药，如图6-4所示。

图6-4 物探队员在滩涂打井

四、主要风险分析与防控措施

海上物探施工主要采用地震勘探，主要施工程序有区域踏勘、施工前检查、施工航行通告申请发布、船舶就位、放缆船放缆布线、仪器船就位、测试电缆连接、护缆船守护瞭望、震源船放炮和仪器记录、现场数据处理上报、收缆、清线等。物探施工主要风险因素来源于海洋气候条件、施工设施设备、施工环境和施工人员自身能力等，其中火灾及爆炸、高压气体伤害、民爆品爆炸、自然灾害、船舶碰撞、人员落水、机械伤害等是施工的主要风险因素，需要施工单位努力消减这些安全风险。

1. 火灾及爆炸

海上物探施工涉及船舶较多且情况复杂，一旦发生火灾，依靠船舶自救的可能性不大，这将造成无法挽回的损失，严重时可能导致多人伤亡。因此，在物探施工期间应配备具有一定海上消防和救助能力的守护船，保障施工的顺利进行。

1）风险分析

物探施工过程中使用的船舶、机械较多，加油、储油过程易引发火灾；民爆物品在储存、使用过程中疏于管理，涉爆操作人员（包药工、下药工、爆破员、清线员）违反规定施工易发生爆炸；物探施工有很多机械设备在使用中需要进行维修和改造，涉及电气焊等火工施工，若监管不力或操作不当易引起火灾；生活用气不规范、电气线路超载或短路都有可能引发火灾；震源系统的高压气体管线、高压容器由于设备缺陷或管理原因可能造成泄漏，并导致爆炸；消防及隔离设施可能由于失效或能力不足，导致初期火灾不能得到有效控制而引发大火。

2）防控措施

（1）物探船及辅助船舶加油安全管理应满足以下要求：施工人员必须按规定正确穿戴防静电劳动保护用品，并按规程操作；储油部位的电气设备线路及照明应符合防爆规范要求，防静电装置应齐全有效；设置禁火区域和防火距离，海上涌浪较大时，供油船与加油船保持一定安全距离，确保不相互碰撞和摩擦；加油前检查确认油管线、接头等安全状态，加油过程应密切注视现场及阀门开关的状况，避免误操作，防止油料外溢；橡皮艇熄火加油，多艇加油时，应逐条靠油船加油，不应多船紧靠；雷雨天气禁止加油，预报施工海区未来风力大于 6 级时，加油船要实施紧急避护措施；加油船消防设施器材配置的类型、数量应符合标准，并保持良好状态。

（2）船舶临时储存民爆物品时，炸药与雷管应分船存放；禁止同船储存其他易燃易爆物品；民爆品使用管理应符合国家法律法规和标准的规定。

（3）电气维修、火工（电/气焊）施工按规定办理施工许可证，在措施落实、监护到位的情况下进行。

（4）在甲板上进行修理施工使用明火或其他热源时，要远离气体管线和电缆线；在恶劣天气下进行修理施工应设置临时遮盖。

（5）尽量避免临时用电，严禁私设线路，由专职电工每半月对用电设施、船舶电路进行一次安全检查，发现问题及时整改。

（6）生活用气、燃气灶专人负责，做到人走火灭；吸烟到指定吸烟室，船舶施工区及甲板任何区域禁止吸烟。

2. 高压气体伤害

海上施工震源系统主要为空压机、压力容器和装置等，震源船通过震源系统提供高压空气源经高压管缆、空气枪激发完成地震勘探施工。海洋震源船高压系统损伤或误操作，以及储气瓶爆裂、高压管汇破损、气枪误发射等存在造成人体伤害的风险。

1）风险分析

特种设备未按规定定期检验或发生质量问题，如储存罐、管、线和用于传输、控制高压的装置存在缺陷，易导致高压气体伤害，气枪操作及压缩机系统管理人员未经专业培训或专业技能不够，操作失误也可能导致事故发生，震源船操作人员未按规定穿戴防护装备（护目镜、听力保护器、手套等），违反规定进行带压维修、调试系统设备，震源激发时未按规定撤离施工人员和设立警戒区，气枪起吊、沉枪、激发、收枪等未严格执行操作规程等情况时，也可能会发生高压气体伤害。

2）防控措施

（1）震源船施工人员、气枪震源工应接受专业技术和安全知识培训并取得专业证书。

（2）震源系统的主要压力容器、安全阀和装置应定期检验并取得发证检验机构的检验证书及安装试验报告，检修、更新改造后要重新检验，系统内的高压软管应定期检查更换。

（3）在气枪控制舱的高压气管周围，应使用保护屏或保护网罩；气枪操作人员进入工作区应按规定正确穿戴劳动保护用品。

（4）震源船起吊气枪要严格控制操作程序。震源船顺风浪或顶风浪航行，严禁侧风、侧浪航行时起吊气枪，应保持吊臂平稳，防止侧浪造成船舶摇摆而损坏气枪设备。清理船舷两侧甲板障碍物，摘掉吊杆、吊具的保险装置和妨碍起吊的护栏等装置。起吊气枪逐组进行，先观察附近有无人员工作，有无挂碰气枪管路的障碍物。确认安全后，在组合端两边有人把稳吊架缓缓起吊。

（5）沉枪过程要把握精准。气枪入水前，离水面1m处停止入水。利用总调压阀设定500psi的气压，给气枪充气，并观察各气压表的显示是否正常。气枪沉放到工作深度后，将气压调到工作压力，并拧紧所有的保险装置。

（6）气枪激发要保证安全距离。气枪船到达激发点后，与他船的安全距离必须大于100m，150m内无人涉水施工，方可通知激发，仪器记录气枪测量数据。震源激发时，设专人每隔30min进行一次巡回安全检查并加强瞭望，发现过往船舶误入施工区或距离锚泊船不足500m时，应停止激发施工。

（7）收枪过程要保持平稳。收枪前，通过总调压阀把压力缓缓降至200psi，主机怠速运转5min后再停机。在涌浪和风浪较大的情况下收枪时，船舶应顺浪缓慢行驶，保持一定航线。收枪时气枪不宜过早提出水面，枪体始终保持在水下，缓慢地将气枪收到船舷近处，再将气枪逐组提到水面上1m处暂停，排空气枪及容器中的剩余气体。确认气枪中没有高压气体后，起吊气枪接近甲板时，组合端两边有人扶稳吊臂，缓缓放入到支架里。气枪收起后锁好保险装置，总调压阀归零，逐一检查气枪的状况，及时处理存在的问题，确认一切正常后方可离开施工现场。

3. 民爆品爆炸

民爆品爆炸是物探施工需要重点防范的安全风险。浅滩海施工过程中，在震源船无法到达的区域（一般水深小于2.4m）采用单井炮方式，需要用到民爆炸药作为激发震源，在炸药储存、运输、炸药包制作、炸药包下井、激发爆破、哑炮（盲炮）处理等环节存在重大的施工风险。

1）风险分析

如施工期间船舶临时储存的民爆物品、雷管炸药等未按规定分船存放或与易燃易爆品混放；搬运民爆物品未严格遵守安全操作要求；涉爆人员未经过专门的安全及专业培训；包药工及涉爆人员施工时未按规定穿戴防静电劳保用品；接触民爆物品的场所未设置静电释放装置，炸药包制作、下井、激发施工过程存在违章施工或误操作；清线工对盲炮未及时处置或处置过程不当，可能会引发爆炸。

2）防控措施

（1）涉爆单位应制定民爆品管理制度和安全技术规程，建立岗位安全责任制并教育从业人员严格遵照执行。

（2）涉爆人员（爆破工程技术人员、安全员、爆破施工人员）应接受专业技术培训和安全管理知识培训，经考核合格后持证上岗；其中爆破工程技术人员、爆破员、安全员、管理员应取得市级人民政府公安部门核发的《爆破施工人员许可证》并备案；凡在涉爆岗位有重大违章或发生过涉爆事故的人员三年内不得从事涉爆和相关重要岗位。

（3）遇有恶劣天气，如热带风暴台风即将来临、海上风力超过6级、雷电天气、暴雨（雪）天气、海雾能见度不足时等应立即停止装卸、运输、装药、爆破等一切涉爆施工。

（4）涉爆人员施工应正确穿戴防静电保护用品，禁止船舶在航行中包扎炸药包、药辫以及进行炸药激发施工；涉爆场所50m内禁止吸烟和动用明火，船舶按规定配备救生器材、消防器材和急救包。

（5）船舶储存、运送炸药应有专用货舱，炸药和雷管应分船储存；货舱内无电源并远离热源，船上有避雷装置，防静电符合安全要求；船舶抛锚应远离其他船舶海上设施。

（6）炸药包制作时应设置至少15m警戒区，炸药包制作完毕必须立即下井，不得在船上存放炸药包。下井应使用专用爆炸杆，下井炸药包（柱）底部应有配重防止引爆时药包浮出水面，对已经下药的井点不能及时激发时，应采取有效防范措施。

（7）爆破激发前，爆破员应再次检查爆破井点的安全情况，确认炸药无上浮，炮线连接准确无误，人员及船舶撤离安全位置。

（8）爆破期间，施工船应有专人负责警戒，确保井炮点周围200m范围无船舶靠近。

（9）炸药激发后应立即将爆炸机的功能开关回到"关"位，刚爆炸完的井禁止立即清线，盲炮（哑炮）处理如确认起爆线路完好可重新起爆；不能起爆时，用专用工具设法取出后妥善处理；不能从炮井中取出时，可装填新药包进行引爆。

4. 自然灾害

物探施工多为船舶施工或人员临时施工，受海况条件影响较大。船舶在海上航行或施工过程中一旦遭遇突发恶劣天气或海况应急处理不及时或措施不当，造成的危害将相当严重，可能导致船舶受损、翻沉、设备损失、人员伤害等海难事故。

1）风险分析

施工前，对气象预报掌握不及时、不准确；对施工区域环境与海况条件没有制定有效的应对措施；没有制定相关施工安全标准和安全管理制度或对标准、措施没有严格执行；施工过程中没有按时、按规定收取气象台站的天气情况预报；海洋物探施工人员没有经过海上安全专业知识培训，对海上安全生产缺乏了解；船舶操作人员缺乏经验，应变处置能力差。

2）防控措施

（1）施工前必须详细收集并掌握工区内水文、气象、潮汐等情况数据，结合施工方法制定安全生产针对性防范措施和环境保护措施，编制应急管理并报上级主管部门批准实施。

（2）应设置陆上指挥协调基地，保证与上级生产调度系统和海上施工船只通信畅通，水上施工期间要指定专人负责守候电台，并做好电话、电信记录。

（3）施工前应选择好避风港。

（4）水上施工期间，地震队要指定专人按时预报天气变化情况，通过电台、基地调度等多渠道收取气象信息，大风、雷电天气到来前应提前预警，如遇6级以上大风或极端恶劣天气，应迅速组织避风或撤离。

（5）海上施工人员必须按规定接受海洋安全生产资格培训及专业技术培训，一旦遭遇突发自然灾害，如海啸、台风等，应即刻启动应急程序紧急避险，第一时间向基地应急中心汇报。

5. 船舶碰撞

船舶靠离泊、施工过程、海上锚泊等都存在碰撞和搁浅的风险，一旦发生碰撞事故，轻者导致海损，重者造成海难事故。

1）风险分析

物探施工所使用的船舶在航行中或停靠码头和生产设施时遇恶劣天气如涌浪、海雾等极易发生碰撞风险；船上配备的导航失灵、未按规定航道航行、船舶瞭望不及时、对施工海域海况不熟悉等也存在碰撞、触礁、搁浅的风险；施工时未按规定悬挂信号球、信号灯，未及时避险，易与过往船只发生碰撞；锚泊时未注意周围船只的安全距离、停泊的位置离海底管线、浅滩海施工太近，可能出现溜锚导致船舶挂碰、搁浅。

2）防控措施

（1）船舶航行过程应遵守海洋安全避碰规则，使用并安装合格的号灯、号球。

（2）提前了解工区海况、海底地貌、规划航道、避风港口和施工区域，施工区设置守护船并发布航行警告和通告。

（3）护缆船、锚泊船和仪器船等远离航道，白天悬挂锚球，夜间显示号灯，挂机艇悬挂警示灯，24h专人值守瞭望。

（4）大风天气或涌浪较大的海况，尽量避免船舶靠离港和停靠海上生产设施，需要停靠时要严格遵守规程、谨慎操作。

（5）各种船舶必须配备合格的导航设施，包括罗经、通信设施、GPS、照明设施、各种信号装置、施工区域海图等。

（6）制定应对突发恶劣气候、海难、海损的应急处置管理并加强演练。

6. 人员溺水（淹溺）

在海上地震勘探施工过程中，由于多数在船舶甲板上、两栖施工设备上或海滩徒步进行施工，存在极大的人员溺水风险，尤其是冬季水温极低，人员落水后体温和热量流失较快，如救助不及时，将会给人员的生命安全带来严重威胁。

1）风险分析

恶劣天气发生船舶碰撞或艇筏失稳翻沉；两栖施工设备穿越潮沟违反安全管理规则；操作人员在甲板或船舷边施工未进行安全保护落水；滩海徒步施工人员在涨潮时或遇风暴未及时撤离；施工人员未按规定穿戴救生衣等都可能会引发人员溺水。

2）防控措施

（1）所有海上施工人员必须经过海上救生、求生、消防、艇筏操作等专业培训，掌握必要的海上救生技能，施工期间按规定穿戴救生衣，在寒冷地区应穿戴保温救生衣。

（2）水上施工前，必须根据工区情况选择好避风浪区域，做好避风浪演习，水上施工人员必须经过严格的岗位培训，能正确执行岗位安全技术操作规程和各项应急措施。

（3）及时接收各类气象预报信息，如遇台风、寒潮等灾害性天气来临，及时采取紧急应对措施，确保生命财产的安全。

（4）正常天气条件下的两栖施工，应在天黑以前组织人员撤离水域施工现场。如果需要夜间施工，必须制定相关的安全保证措施并报上级主管部门审批、备案。

（5）船舶和挂机艇停靠应根据风和流的方向停靠在利于上下的地方，确保人员上下安全。测量人员单手抓紧安全绳索，采用单脚跨越式上下运载设备。

（6）严格禁止在水深可能达到1m的区域无设备徒步施工。涉水施工人员必须按规定正确穿戴救生衣，保持三人以上同行，并熟悉施工工区的潮汐变化。

（7）抛标施工或其他甲板施工，施工人员身体重心要在船舷内，严禁将身体三分之一部分暴露在安全区域外，至少有一人在旁监护。海中设备投放期间，不允许人员处于海中设备和船尾之间；在海中采集设备铺设与回收时，应在船边设置保护链和扶手。

（8）两栖施工人员应穿好救生衣，穿越潮沟、过复杂地形时，人员应下车，两栖设备操作手要检查设备的防水、漂浮状况，按安全操作规程缓慢通过。

（9）挂机艇出海前应检查罗盘、通信设备、消防设施、救生用品配备，发动机各关键部位及推进器；乘船人员或货物装载重量分配必须均匀，以保证船体平衡，乘员要穿戴好救生衣，禁止嬉闹、吸烟。

（10）在海上航行施工中不得突然急速加油或急转弯；橡皮艇行驶时，操作手要密切注意周围环境，不得在风浪较大的海区高速行驶。

7. 机械伤害

机械伤害主要存在于设备的安装和维修过程中，拖缆船机械操作和维修时，钢丝绳、电缆断裂等会导致机械伤害。

1）风险分析

机械设备的运转部位如叶轮、皮带、传动轴处未加装防护罩或失效，拖缆船操作、甲板物品未固定、系牢，施工人员未按规定佩戴安全帽等劳动防护用品或穿戴不规范，有可能造成人身伤害。

2）防控措施

（1）设备拆装、维修应严格执行操作规程，防止设备危险部位防护措施不当或失效等产生机械伤害。

（2）施工前，应仔细检查设备系统各部件的运转状况，确保处于安全运转状况。

（3）采集设备的卷线机必须由受过培训的专业人员操作，操作人员要正确穿戴劳保用品，衣扣、袖口必须系紧。

（4）所有绞车和卷线（缆）机操作者应能清楚地看到正在铺设或回收的采集设备，如果视线受阻，则应使用双方认同的手势信号。

（5）拖缆船拖带电缆或放（收）缆施工等应严格执行相关操作规程。任何人不要接近正在运转的卷缆（线）机，而且必须与其保持足够的安全距离。

第三节　海洋油气工程建设

海洋油气工程建设主要包括海上导管架平台建造、海底管道和海底电缆铺设、人工岛及所属设施建造等。海洋油气工程种类繁多，建造过程复杂，风险也不尽相同。目前海洋油气工程建设基本采用的是"模块化设计，陆地预制，海上安装"的方式，以尽量减少海上的工作量，降低海上施工风险。

一、海洋油气工程建设主要特点

（1）施工组织要求严密。在海洋油气工程建设过程中，往往要利用一些大型的施工设施、施工设备来完成大型结构或橇装化模块的建造、安装，如陆地建造时的吊机、拖拉装船时的绞车、运输结构物的驳船、拖轮和起重船等，这些大型施工设备、施工设施的性能和操作直接关系到工程的安全。而且，在建设期间涉及大量起重施工、高空（舷外）施工、动火施工、有限空间施工、射线施工和潜水施工等危险性较高的施工内容，给施工组织和现场安全管理都提出了很高要求。

（2）建造安装时受海况影响较大。与陆地石油工程建设相比，海洋油气工程建设最大的不同在于海上安装阶段。在海上施工过程中，要经受来自海洋环境的风、波浪、海流、海冰的作用，甚至于地震、海啸等载荷的作用，这些海洋环境因素会产生巨大的破坏力。所以，在恶劣的天气条件下不仅不能施工，有时还需要撤离施工海域。

（3）建设周期较长，投入较大。通常情况下，钢质导管架平台建造大约需要1~2年的时间，人工岛建造需要2~3年，海底管道从采购到预制、铺设也至少需要半年时间，若遇到需要从国外订购设备设施的情况，则建造周期会更长。而且，海洋油气工程投资比陆地石油设施要大很多，少则几亿元，多则几十亿元，仅仅是海上安装时用到的浮吊就需要付出高额的日费。

（4）施工难度大，技术要求高。由于海上施工风险、成本等方面的原因，海上平台安装、管道铺设需要精确的就位和对接技术，用到锚泊定位、导航、减摇等高精尖的科学技术，用到一些特殊的高科技施工工艺和装备。

二、几种典型的海洋油气工程建设方式

1. 导管架平台建造

导管架平台建造主要包括陆地建造、海上运输、海上安装和连接调试四大过程。

1）陆地建造

导管架的陆地建造按照导管架摆放的方式不同可以分为两种，即卧式建造和立式建造。这两种建造方法虽然摆放的方式不同，但是建造的过程大同小异，均为钢结构的组对与焊接。导管架陆地建造选用立式建造还是卧式建造主要根据导管架的高度来决定。随着国内海洋油气建设逐步走向深海，平台所在位置的水深也逐渐增加，尤其是我国南海油气田水深普遍在100m以上，因此其导管架的高度也要超过100m，为了降低施工难度，控制施工风险，同时也是受施工机具能力的限制，对于比较高的导管架均采用卧式建造的方式。导管架卧式和立式建造如图6-5所示。

(a) 导管架卧式建造　　　　　　　　(b) 导管架立式建造

图6-5　导管架卧式建造和立式建造

平台上部组块建造分为整体建造和分块建造，这主要是根据海上安装的方式来进行选择的。典型的平台上部模块应包括生产模块、钻修井模块和生活模块，如海上安装所使用施工船的能力无法实现上部组块整体安装，则需要在陆地建造期间分块进行建造。

2) 海上运输

导管架陆地建造完成后需要使用驳船将其运送到指定海域，根据导管架陆地建造形式的不同，其运输选用的方式也不同。对于卧式建造的导管架，采用滑移装船的方式，利用绞车的牵引力，使导管架通过预先铺设的轨道滑移到驳船上。对于立式建造的导管架，由于其高度相对较低，且质量较轻，往往采用吊装上船的方式，如果是质量较大或个体较大的导管架（如八腿导管架），超过了吊机的施工能力，往往也会采用滑移装船的方式。

3) 海上安装

在海上安装时，根据导管架的重量和起重船的施工能力，安装分为两种方式，即提升法安装和滑入法安装。

（1）提升法安装：运输导管架的驳船在井位处就位后，利用起重船将导管架吊放至海底，再用打桩船将钢制桩自导管架的桩腿打入海底，并用混凝土将桩腿与钢桩间的环隙固结好。图6-6给出了提升法安装的施工程序。

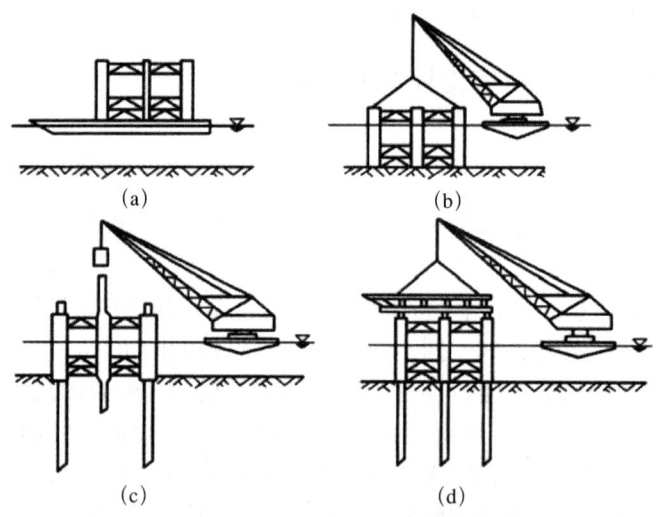

图6-6 提升法安装施工程序

（2）滑入法安装：先把导管架的导管顶密封好，再用带有下水滑道的驳船把它运送到现场，到现场后，让驳船倾斜使导管架沿滑道滑入水中，并浮在水面上绑好吊索，这时可向导管内灌水，借助起重船将导管架安放在海底井位处，最后打桩固定。如图6-7所示给出了滑入法安装的施工程序。

平台上部组块海上安装主要采用吊装法和浮托法这两种方式，主要是根据上部组块的质量和平台安装位置周边的设施状况来进行选择。

（1）吊装法：与导管架提升法安装类似，即驳船运输上部组块到达施工海域，由海上起重船将上部组块从驳船上吊起，移船到导管架上方，将上部组块安装在导管架上。很多项目在采用吊装法进行海上安装时，由于上部组块质量较大，整块吊装则超过了起重船的施工能力，因此往往在陆地建造时分块建造，海上安装时则分块吊装就位。

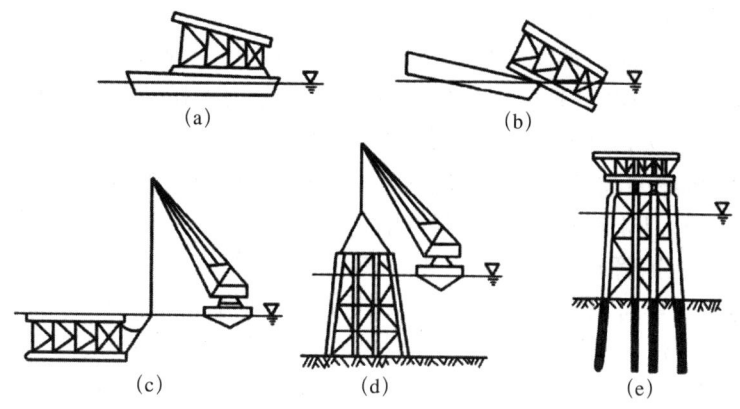

图 6-7 滑入法安装施工程序

(2) 浮托法：利用驳船载运上部组块，并依靠潮位调载与升降机构等实施上部组块上下升降，进而将其安装到导管架上的一种技术。浮托法安装可以在陆地对上部组块进行整体建造，这样可以缩短海上施工的工期，降低施工难度和费用。采用浮托法安装上部组块时，驳船进行调载或采用顶升工具将上部组块提升，然后驳船调整方位进入导管架桩腿之间，调整船的位置使组块桩腿与导管架桩腿对齐，逐渐压载或采用顶升工具降低组块的高度，最终使组块的桩腿与导管架的桩腿对接。对接后切除组块与驳船间的固定装置，驳船驶离平台。

4）连接调试

在完成上部组块安装后，还需进行海上连接调试工作。这期间的工作主要是针对一些上部组块陆地建造期间无法完成的项目，如消防泵安装、排水管连接和系统调试等，如果上部组块是分块吊装还需连接各模块之间的电缆、管线和结构等，使平台成为一个整体，实现设计的各项功能。

2. 海底管道铺设

海底管道有多种不同的铺设方法，每一种方法均有其适合的铺设施工条件，要根据管道的设计参数、所处海况、水深等具体情况，选用最合适的方法。

1）铺管船法

铺管船法是目前海洋油气管道使用的最普遍的铺设施工方法。铺管船是一种装备有吊机的大型起重船，船上除吊机外还装备有管段加工、焊接、接头涂敷、无损探伤等设备以及铺管施工所必需的张紧器和托管架等。当然，在铺管施工时除了铺管船之外，还需配备有辅助支持船，如管线运输船、布锚船、供应船、潜水支持船、测量船等，组成铺设海底管道的施工船队。铺管船法具体细分为以下几种方法：

(1) S 形铺管法。S 形铺管法是目前常用的铺管船铺设海底管道的方法，它是在陆地上先预制好 12m 或 24m 长的管段，然后运到铺管船上，在铺管船进行组对、接头焊接和涂防腐层以及无损探伤检验，最后从铺管船尾部的托管架将管道下至海床，如图 6-8 所示。由于下放管道过程中，管线呈 S 形，故称为 S 形铺管法，同时由于 S 形铺管法有上弯部分及下弯部分两段，随着水深的增加，管壁将产生过大的应力，若增加托管架长度、增加管壁厚度，则将使铺管船和海底之间的悬空段很重，给张紧器的设计带来困难，因此这种铺设管道的长度一般不超过 300m。

在 S 形铺管法施工时，管道的 S 形管段的上弯部分及下弯部分将产生高应力，它与管径及壁厚、混凝土加重层的厚度、水深、张紧器的张紧力、托管架的长度和弯曲度以及海底的状况、海况等有关，因此铺管施工的单位应对铺管施工过程中管壁的应力进行分析，以选用合适的张紧器和托管架等，确保应力不超过管材的许用屈服强度。

(2) J 形铺管法。J 形铺管法所使用的托管架的方向是垂直朝下的，如图 6-9 所示。这种铺管法的管段是在铺管船上的立式塔架上进行组对、焊接和检验等施工的，该塔架几乎是垂直的，其倾斜角度可调整至 10°~15°，这样铺管时管道就只有下弯段，而无上弯段，因而常称为 J 形铺管法。显然，J 形铺管法降低了管壁的弯曲应力，也最大限度地减小了张紧器的张紧力。J 形铺管法可在深水中铺管，弥补了 S 形铺管法的不足。

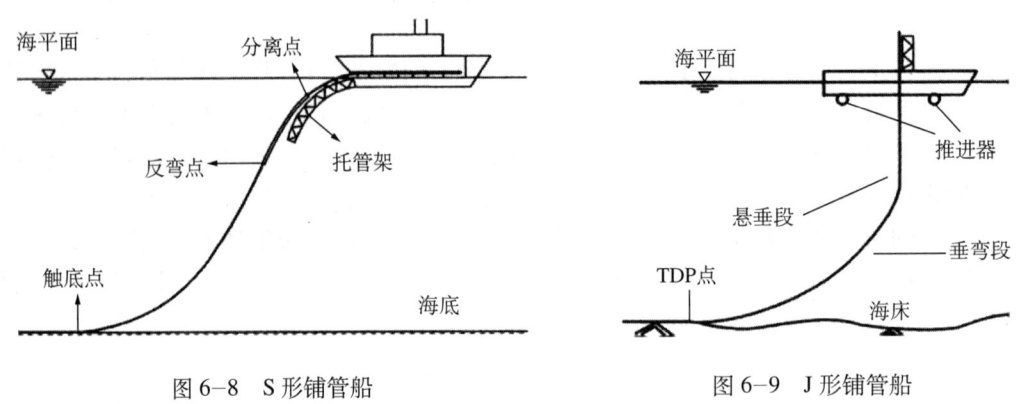

图 6-8　S 形铺管船　　　　　　图 6-9　J 形铺管船

(3) 卷筒法。这种铺管方法只能用于小口径（不大于 16in）的管道，此法是先将铺设的管道在陆地上预制成一定长度的连续管，经检验后，将其缠绕在卷筒上，铺管时在铺管船上拆卷并进行校直，然后即可根据水深情况，采用 S 形铺管法或 J 形铺管法进行管道铺设施工。同时根据卷筒在铺管船上放置的方式，可以分为水平和垂直卷筒铺管法两种，如图 6-10 和图 6-11 所示。

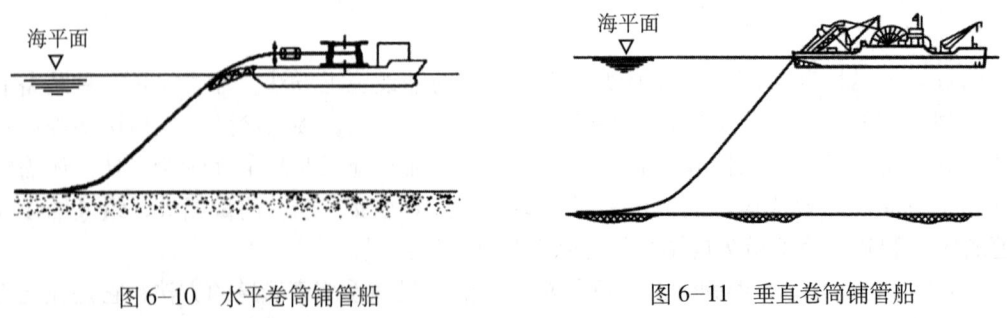

图 6-10　水平卷筒铺管船　　　　　图 6-11　垂直卷筒铺管船

2) 拖管法

拖管法铺设海底管道与铺管船法不同，它依靠拖船拖拉，将预制并焊接好的管串拖拉到铺设管道的海区，然后再将整个管串沉降到海底。根据拖管时管线在海水中的位置不同，拖管法可以分为浮拖法、离底拖法和底拖法。

由于拖管法铺设海底管道时，在到达管线铺设位置前需要一直将管线拖带在水中，占用航道过长，且在遇到极端海况时不宜进行躲避，因此这种施工方法通常用于铺设很短的管道或铺设从陆地到近海某设施的海底管道，适用范围较小。

无论是采用何种铺管方法，海底管线施工大致都要历经陆地预制、海上运输、海上铺设、膨胀弯连接、通球试压、排水、干燥和惰化以及安放水泥压块挖沟与回填等过程。

3. 海底电缆铺设

海底电缆需要铺缆船来进行铺设，铺缆船没有固定的形式，可以是驳船也可以是起重船，只要是能够配备铺设海底电缆所需要的设备，就可以作为铺缆船。铺缆船一般应配备有电缆托盘、过缆桥架、张紧器、拖缆架、船尾门架、导向架、埋缆机、吊机、绞车和潜水设备等，根据铺设海域的情况，相应地配备上述工具。例如，在深水铺设海底电缆往往不需要挖沟埋设，因此不用配备埋缆机。

4. 人工岛建造

人工岛是在海上建造的人工陆域，建造形式多种多样，施工技术应用主要由所处位置的自然条件和勘探开发规模、投资成本、安全可靠性等因素所决定。人工岛建造工程根据设计要求，主要有以下施工工序：打桩、地基处理、抛石筑堤、岛体防护以及吹填。

1）打桩

打桩是人工岛建设的第一步，其目的是防冲刷，保护岛壁基础和岛体结构。人工岛的打桩有别于陆上的打桩工序。在人工岛的建设过程中，桩柱不仅是作为基础，它是重要的主体结构，在人工岛的施工中占有很重要的地位。

人工岛施工过程中所采用的桩一般在专设的预制场制作。预制桩制成之后，通过驳船运送到施工现场。在打桩前，对打桩地点进行精确测量。具体选用何种打桩方法，需要根据工程的地理位置、地形、水位、风浪、地质等自然条件，以及工期长短、工程规模、机械设备、材料、动力供应情况进行详细的调查研究和技术经济比较来选定。人工岛的桩基施工一般采用打桩船打桩。

2）地基处理

在软土地上修建岛堤需要进行基础处理，改善基础的剪切特性、压缩特性、透水性能、动力特性、特殊土的不良地基特性，最终以便基床能均匀地承受上部荷载的压力，满足工程设计的要求。

地基处理的方法多种多样，根据海底土的厚度不同，处理的方法有抛石挤淤法、沙井排水加固法、置换法、土工布法等。

土工布法需要采用一种重要的施工材料——软体排。软体排是土工布与不同形式压载材料（砂肋或者联锁块）连接在一起，采用专业铺排船铺设的护底材料，其作用是形成水平防护，在护底位置采用软体排防止冲刷，在堤身下减少不均匀沉降。

3）抛石筑堤

人工岛的施工形式通常为先围堤后吹填，在这个过程中抛石发挥着关键性的作用，抛石构建人工岛的岛堤，而岛堤的建设又为后续的施工提供重要的施工平台与安全保障。近些年，随着技术的更新和发展，在海砂丰富、淤泥质海岸、深厚软弱淤泥地基条件下，袋装砂筑堤技术在一些油田人工岛建设中的成功应用，也为筑堤工艺提供了一种新的选择。

在具体的抛石之前，首先确定离岸人工岛的岛壁形式，由岛壁形式决定抛石的施工强度和施工设备。离岸人工岛的岛壁建筑占整个工程项目造价的很大成分,目前应用较广泛的岛堤形式主要有三种：斜坡式、直立式、混合式。每一种岛堤形式都有其适用条件,其特点见表 6-1。

表 6-1 各式岛堤的特点

岛堤形式	优点	缺点
斜坡式	(1) 堤身与地基接触面积大,地基应力较小,能较好地适应滩海软土地基条件,地基一般不需要进行特别处理,整体稳定性好； (2) 消浪效果好,能有效地吸收波能,对强风浪区具有良好的适应性； (3) 护面结构及施工技术简单,维修容易	(1) 断面大,占地多,所需土料和劳动力较多； (2) 外坡比较小,波浪爬坡较大； (3) 干砌块石护坡易遭受风浪破坏,须经常维修
直立式	(1) 断面小,占地少,所需土料较省； (2) 波浪爬高一般较斜坡堤小； (3) 加固时对原砌石体翻拆可独立进行,受波浪影响小	(1) 堤身与地基接触面小,地基应力较集中,需要较好的地基； (2) 波浪对防护墙动力作用强烈,浪花飞溅,防护墙体的薄弱部位容易变形破坏,维修困难,越浪水体易对堤顶和背水坡造成冲刷破坏； (3) 反射波大,波浪在墙前反射形成的波浪底层流速大,易引起堤脚淘刷
混合式	当断面组合适当,可以发挥斜坡堤和直立堤两者的优点	边坡转折处,波浪紊乱,波能较集中,容易变形破坏

4) 岛体防护

人工岛离岸远无遮掩,受风浪影响大,施工区域情况复杂,水陆状态都有,波浪、潮流、近岸海流不断侵蚀岛壁,为人工岛带来不少的安全隐患,为此人工岛的防护就显得尤为重要。人工岛常采用的两项防护措施是临时防护的大型充砂管袋以及日后作为永久防护的人工块体护面。

(1) 大型充砂管袋是采用编织或机织布加工成长 30～40m、宽 10～50m、厚 0.5m 左右的大型袋体,利用充砂设备将砂充入袋体形成充砂管袋。优点是可就近取材,工效比较高,成本相对较低；缺点是袋体定位难,自身抗风浪能力差,不适宜在水深、强风浪处使用。在先期岛堤的构筑过程中,可在低潮露滩、风浪较小的区域采用充砂管袋作为临时岛壁结构。

(2) 人工块体护面是人工块体通过合理的几何外形有效地削减波浪的能量,用于海堤的防护。普通码头或防波堤的人工块体护面形式,原则上都可用于人工岛的岛壁结构。但由于人工岛的建造环境比码头和防波堤更易受到风、浪、流等自然条件的影响,因此,要求人工岛的护面整体性要更好。

人工块体具有以下优点：孔隙大,透水性强,消能效果好；能使波浪在不同角度充分破碎,堤前波浪反射较弱；波浪爬高更小,能降低堤顶高程,断面更经济；安放后块体嵌合紧密,稳定性强；块体可以现场预制,施工方便。

常用的人工块体有四角空心块体、栅栏板、扭王字形块体、扭工字形块体、四角块体等。混凝土护面块体的种类较多,可根据块体的形状特征选择合适的模块预制成型。

5) 吹填

吹填是指用挖泥船挖泥后,通过管线把泥舱中的泥水混合物抽吸到近海陆地,将近海淤泥填垫，排除淤泥中的水分，达到一定标高，使之具有可利用价值。

在人工岛的施工过程中，吹填工程根据施工的需要，一般采用大型绞吸船直接吹填的工艺，将海砂吹填至防护围堰内逐渐形成人工岛。

三、主要风险分析与防控措施

海洋油气工程建设属于操作性工作内容，不同的阶段和施工设施形成不同的潜在危险及故障因素，在施工前应由具有海上施工设计和现场施工经验的技术管理人员进行充分的讨论和分析研究，通过风险辨识与分析，明确各个阶段需要控制的核心危害及风险因素，突出各个施工阶段需要关注的核心内容，据此制定有效的防范措施，确保施工安全。

1. 自然灾害

海洋自然环境造成的灾害是海洋油气工程建设过程的主要风险。风暴潮、海雾、海冰、海流、潮汐变化等严重影响施工进度和施工安全。同时，对于突发自然灾害，如果没有应急管理或应变措施不及时将造成重大事故危害。例如，1992年9月1日渤海湾遭受风暴潮袭击，海浪撕裂了正在建设中的人工岛正对风浪侧的岛壁结构，约4m高的大浪吞噬了岛体，黑暗中20余名工人分别攀爬到岛体背对风浪一侧的塔架上，才幸免于难。此次风暴潮虽未造成人员伤亡，但岛体毁坏，材料及设备丢失，直接经济损失约千万元。

1) 风险分析

(1) 台风与风暴潮。施工过程中突发台风或风暴潮可导致施工人员伤亡，海水漫溢吞噬码头、建造场地和人工岛，设备、设施损毁、丢失，导管架、钢质平台运输船、铺管铺缆船及其他相关施工船舶倾覆等重大安全事故。

(2) 海冰。漂浮在海洋上的巨大冰块受风力和洋流作用运动产生的推压力，以及自身的胀压力、竖向力会导致工程船舶以及导管架等海工结构物受到破坏；海冰冲击、碰撞造成船舶及平台结构损坏、人工岛堤埝损毁等。

(3) 海雾。施工现场能见度较低，可能造成船舶碰撞事故，同时影响救援；雾天甲板湿滑，易发生人员摔伤事故；导管架施工，易发生人员落水事故等。

(4) 海流。引起船舶横摇和倾覆，影响组块对接、船舶吊装和潜水施工；引发船舶走锚，造成船舶与海上设施或与其他船舶间的碰撞，严重时会导致船舶颠覆或进水沉没；影响海管海缆铺设，船舶摇晃导致甲板施工机械伤害或人员落水，海流导致人工岛护堤冲蚀损毁等。

(5) 潮汐变化。在水深较浅的海域进行海上安装施工时，潮汐变化直接影响到大型施工船舶自身的安全性。尤其当上部组块采用浮拖法安装时，受潮汐因素影响更大。不掌握施工海域的潮汐资料，将会引起船舶搁浅、触碰海底障碍物甚至倾覆事故。

2) 防控措施

(1) 施工前，建设单位与承包商单位应制定应对海洋自然灾害的各项应急管理，如防台风、风暴潮等管理，并加强现场实战演练；明确现场指挥人员的责任，施工终止和紧急撤离条件，落实应急资源。

(2) 事先调查航道与装船施工范围的水深、水底障碍物情况，确保足够水深与避免海底障碍物损坏驳船。

(3)施工期间,生产组织部门设置专人负责每天收集至少未来48h天气预报(风速、浪高、海冰、海雾、水流速度等),注意气象变化,及时向现场施工总指挥报告,同时通报现场施工各协作单位,确保施工在安全的环境下进行。

(4)海上运输及海管、海缆施工应掌握天气、环境、潮水、风速、浪高、水流速度等装船施工极限和标准要求,并获得检验单位的批准。人工岛建设时应设立现场水位的测量制度,确保施工人员、机具处于安全可控状态。大型导管架平台海上浮托对接安装,装船前应对现场潮水水位进行测量,并向现场装船总指挥、调载工程师报告。

(5)冬季施工做好人员的防冻、防滑工作。另外,应注意流冰对船舶的影响,及时获取冰情报告,并注意观察,当海冰对施工构成严重危害时应采取应急措施,停止施工,撤离避让。

2. 人员伤害

海上导管架、平台组块、人工岛钢模及桩管预制等过程中,由于施工场地狭小、海上立体空间、交叉施工、气候条件的限制,以及震动、噪声、化工物料、工业粉尘、X射线(检测)、有毒有害物质等恶劣环境的影响,与其他海洋油气施工相比,建造阶段的人员健康伤害风险更突出一些。

1)风险分析

(1)噪声。建造过程中的喷砂、切割、打磨施工,管线组对,转动类设备(泵、发电机等)均会产生噪声,危害人体健康。

(2)温度、湿度。夏季施工高温、高湿,空气湿度可以增加施工人员高温中暑的概率。冬季施工天气寒冷,当环境温度极低时,可能导致裸露皮肤冻伤;同时,冬季施工期间人员落水伤亡的风险更大。

(3)施工场地。施工场地狭窄,导管架立体施工交叉,物料搬运过程等对人员、设备的碰撞;地面不平,施工机具、物料占用逃生通道,易使人员逃生过程中摔伤。

(4)高空施工。人员安全意识淡薄,个人防护设备使用不当或不使用,施工环境条件不具备(如夜间施工无充足照明,施工现场风力大于6级等),造成人员高处坠落伤亡。在导管架上切割桩头以及上部组块就位后进行焊接施工,存在人员落水的风险。对接过程,高空落物可能损坏在建的导管架、上部组块结构,同时存在落物伤人的风险。

(5)有害物质。氧气、乙炔瓶的运输及使用过程不符合规范要求而引发火灾爆炸、人员伤亡事故。采用X射线进行管线探伤施工时,在射线源防护不当、施工前未做通知、施工现场未隔离、非施工人员进入施工现场等情况下,会导致人员受到射线照射,造成健康伤害。喷砂除锈、物料切割或打磨均会产生粉尘,管线、结构焊接过程会产生锰尘,防护不当时危害人体健康。喷涂施工过程中若防护不当,油漆会通过皮肤接触、呼吸器官及消化器官三种途径,对人体神经系统、肝脏机能、肾脏机能、造血系统、黏膜及皮肤产生危害。

(6)有毒气体。接触管道焊口防腐热缩套受热产生的苯系物(甲苯、二甲苯,部分防腐热缩套还可产生苯)、溶剂汽油、丙酮等有毒蒸气时,危害人体健康。

2)防控措施

(1)施工人员必须经过专业安全培训教育,并掌握危险品化学性质和职业健康知识,熟悉施工现场的环境,以及存在的风险和伤害。

(2) 施工现场应明确安全区域划分，设立警示标志，提示可能存在的风险及职业伤害。

(3) 施工期间施工人员应正确穿戴劳动保护用品，建设单位派专人监督检查，施工单位设立专职监督。

(4) 施工期间应尽量避免交叉施工，不可避免时应合理安排人员的站位及数量，尽可能减少人数，同时要保持通信联系。

(5) 施工指挥人员应合理安排当天的工作，各施工单位要事前沟通，听从指挥，尽量避免交叉施工。

(6) 高空施工应正确使用安全带，并且专人监护；吊装施工应有专人指挥，施工人员应经过司索工培训，取证上岗，避免高空坠物伤人。

3. 装船损伤

海洋油气设施在陆地预制完成后都需要装船运输。导管架及上部组块装船通常采用滑移装船和吊装装船两种方式，海底管道、海底电缆、人工岛预制构件及各种施工材料装船普遍采用码头起重机吊装装船的方式。

1）风险分析

滑移装船受海洋环境潮汐影响较为明显，如施工时间选择不当，会导致装船失败，进度推迟；吊装装船受起重船舶、码头吊机及选取的吊索具影响较为明显，同时吊耳位置设计不合理、施工质量不能满足设计要求导致断裂，物体坠落伤人，损害设备和船舶；坠物造成落海，驳船因调载不当造成倾覆；海管海缆装船过程因吊索或吊位不合适，指挥配合不当造成碰伤、挤伤风险；船舶系泊过程可能出现断缆伤人事件；采用起重船吊装装船，因潮汐变化、水深不足，会导致起重船或驳船搁浅。

2）防控措施

滑移装船应选择合适的潮位，避免搁浅或装船失败；吊装装船应对吊索、吊耳进行检验（包括探伤检验）；起重设备应具备被吊物在极端状况下吊装的能力；海底管道吊装应合理选择吊带固定位置，防止海底管道在吊装过程中滑落；如同时吊装多根海底管道，应合理选择吊带长度，避免起吊过程中海底管道受到机械伤害；被吊物下放过程中应保持指挥信息通畅，控制下放速度，避免对施工人员造成磕碰、挤压。按照装船载荷布置图严格控制摆放位置和摆放顺序，防止偏载造成滑移或船舶倾覆。

4. 船舶运输失稳

海洋油气工程建设期间，船舶运输频次高，强度大，联合施工多，风险较高。

1）风险分析

在导管架及上部组块等驳运或拖航过程中，危险因素集中表现为风、浪对施工船舶的影响，强风、大浪可导致设备、设施受损，严重时可导致施工船舶倾覆；另外，未及时发布航行公告，存在与其他船舶碰撞的风险；导管架浮运拖航过程中船舶拖缆断裂，或拖轮机械故障、极端恶劣环境等致使导管架失控漂浮风险。

2）防控措施

海上运输前，应根据航区范围、施工性质和特点、水文气象及驳船现状等情况，讨论、研究、制订周密、详尽的航行计划；应收集航区及施工区域的72h内天气预报，选择至少满足航行和施工安全的天气条件；驳船垫墩的摆放应严格按照设计图纸进行，安装完成后应由业主或第三方检查签字;设备设施固定应牢固,防止因涌浪导致物体偏移的风险;驳船载重量满足海上航行的要求;浮运拖航施工应选择有足够拖带能力的拖轮,防止在极端载荷状况下失控漂移;拖航前,对拖轮和拖缆及链结构件进行检查、检验,防止因设备故障、拖缆断裂造成失控漂移;运输过程应加强瞭望、观察,防止碰撞障碍或海冰等对船舶和拖缆造成伤害;应按《国际海上避碰规则》显示号灯、号型及鸣放有关声号,同时用扫海灯照射被拖物警告来船,并采取适当而有效的避碰行动。

5. 海上施工伤害

导管架平台海上安装、海管海缆铺设、人工岛建造等海上施工期间涉及各类施工环节,如吊装、焊接、打桩、船舶施工等。施工船舶系泊、导管架与导向托架对正、导向托架的安装和拆除、栈桥移位以及悬挂脚手架安装和拆除施工等存在碰撞、落物、物体打击、人员落水等施工风险。

1) 风险分析

(1) 吊装施工伤害。吊装施工的主要风险为坠物、碰撞、落海、翻沉等,导致的后果是人员伤亡和设备损坏。海上大型安装施工属于人员、设备密集型工作,人的因素贯穿于各个施工环节,成为施工操作中重要的一类风险源,任何一方人员的操作失误都可能引发人员伤亡、财产损失。大型起重设备性能的完好与否是施工成功的重要因素,使用存在缺陷或者隐患的设备,也就埋下了事故的根源。设计质量和准确性也是关系到整个吊装过程风险特征的关键因素,任何设计失误、计算错误或者设计不合理都将给施工带来不同形式的风险。此外,海洋环境因素不可忽视,由于安装施工现场远离陆地,海上施工环境对施工能否安全顺利地进行影响很大,风速过大时进行吊装会增加构件碰撞的风险,海浪也会对施工船舶的稳定产生不利影响,故应对环境因素给予足够的考虑,包括波浪、风速、流速等方面。施工前应对该海域的适宜施工时间予以研究。

(2) 船舶碰撞。海上施工阶段易发船舶碰撞风险,如生活支持船与主施工船、海底管道运输驳船与施工铺管船碰撞,海底管道、海底电缆穿越航道段施工期间,因未封闭航道导致与过往船舶或施工船舶的碰撞。碰撞的主要原因为靠泊操作不当、海浪海流影响、设备故障等。船舶碰撞严重时可导致海损事故。

(3) 设施撞损。海上工程施工建设阶段可能出现船舶对已建导管架的碰撞;对于扩建项目,还表现为外挂井口槽吊装、就位过程对已建平台结构的碰撞。

(4) 触电。导管架平台及人工岛构件焊接、设备调试等过程中,由于设备设施缺陷、电气设备绝缘不良、接地不良、中压电缆耐压测试后放电不充分等均会造成人员触电伤害。

(5) 海底管道、电缆破坏。工程施工船舶抛锚就位过程中,存在落锚、拖锚破坏已建海底管道、海底电缆的风险。同时,海底管道、电缆铺设时,由于埋深不足、悬跨段设计不合理、施工质量不过关造成海底管道、电缆损坏,或者造成海底管道充水后断裂。

2) 防控措施

(1) 海上吊装施工人员须经过安全培训后方可上岗施工,并严格执行起重施工安全操作规程。及时掌握天气变化,风力达到6级及以上,浪高超过2m,船舶失稳状态下不允许进行吊装施工和其他高处施工。

(2) 安装施工开始前,应确保技术方案、安全风险分析、防控措施等交底到位。各施工方熟悉安装程序,各岗位人员清楚本岗位职责,选取安装经验丰富的人员进行施工指挥,确保整体配合协调、无差错。

（3）大型起重设备应满足导管架、平台组块吊装能力要求，施工船舶要对相关设备进行安全检查，确保设备处于良好的使用状态。两台吊机配合施工时，应密切注意平衡受力情况，现场由专人统一指挥。

（4）施工人员应对索具和吊耳进行编号，防止吊耳和索具安装不匹配，安排两个挂钩人员进行现场操作以便互相检查。指挥人员始终密切注视索具、吊扣动态，发现情况及时处理。高处施工须系安全带，安全带应固定在合适的位置。

（5）司索工应具备相关资格，索具挂钩完成后应进行检查。吊装下放应缓慢操作，下放施工过程应保证通信和指挥信号畅通。防止碰撞以避免导管架及井口平台的结构破坏。

（6）非常规构件的吊装司索及指挥人员应确认被吊件挂牢、锁扣锁紧、人员撤离至安全位置后，方可开始起吊，如大型焊接构件、人工岛预制桩、护堤构件（毛石、消浪格栅、扭王字块）等非常规构件的吊装。

（7）船舶就位，起、抛锚施工前，应明确安全施工区域，防止拖锚、落锚损坏海底管道、电缆，确保埋深符合设计安全要求。

（8）确保施工设备、设施完好，操船人员具备相应资质和丰富的施工经验，施工海域气象及海况条件适合施工要求，防止船舶碰撞事故发生。

（9）导管架平台周围应设置安全防护网，脚手架拆、建施工应系好安全带。施工期间由专人监护，防止落物伤人和人员落水事故。

（10）遵守安全用电规定，导管架焊接、人工岛结构焊接施工、电气设备调试施工等应确保用电设备绝缘、接地安全有效，现场专人检查记录并签字。施工期间专人监护，避免电击伤人风险。

（11）海工建设人员必须正确穿戴救生衣和安全防护用品。

6. 潜水事故

海上施工经常需要进行潜水施工，如海底电缆铺设、海底管道膨胀弯安装等。潜水施工是一项风险很高的施工，因此必须严格控制施工风险，避免事故发生。

1）风险分析

（1）人员因素：潜水人员或水上支持人员不具备潜水施工的相应资质和能力，在进行潜水施工时对潜水设备操作不当，或潜水员身体素质的缘故，如身体状况不佳导致氮麻醉，以及支持人员供气失误等，造成潜水员在潜水施工时出现事故。

（2）设备因素：潜水支持系统或潜水工具故障或失效也会导致潜水施工事故，如供气系统失效、通信设备故障、提升或下放装置故障等。

（3）环境因素：水下环境突变或海洋生物袭击，如水流加速、水流方向改变、风浪加大、水下有毒生物引起潜水员过敏或鱼类袭击等会威胁潜水员的安全。

2）控制措施

（1）参加潜水施工的人员，如潜水员和水上支持人员必须具备相应的资质，经培训考核通过后持证上岗。时刻关注潜水员的身体状况，当潜水员感觉身体不适时，不得下水施工。

（2）定期对潜水设备进行检查和维护保养，对于发现的隐患及时排除，施工前对设备关键部位进行核查，避免突发故障导致潜水事故发生。

（3）潜水施工区域应按规定进行警示、隔离和瞭望，防止外来船只驶入。此外，在施工范围内，禁止交叉施工特别是吊装施工，防止落物伤害水下施工人员。

（4）选择合适的天气和海况进行潜水施工，并且在进行潜水施工前，应收集该海域最新的天气和海况信息，由潜水监督对水下环境、天气和海况进行综合分析后，决定是否可以进行潜水施工。

第四节　移动式海洋平台拖航就位

移动式海洋平台一般是指为勘探、开发海洋油气资源使用的海上移动式钻井（或施工）平台，包括钻井驳船、坐底式钻井平台、自升式钻井平台、半潜式钻井平台和钻井船等。移动式海洋平台拖航施工是指移动式平台作为被拖物由拖船拖带，从某一地理位置（井位）向另一地理位置（井位）转移的施工过程。

拖航按航行方式可分为湿拖和干拖两种。湿拖指平台漂浮在水面，由外来拖轮牵引拖带到新的海区或井位，如图 6-12 所示；干拖指平台置于半潜驳船上，采用常规干货运输方式实现位置的移动，干拖主要用于长距离的航行，如平台跨海域、跨国界经过复杂水域等，施工人员和其他船舶设施无法随平台一起航行，该过程类似于远洋运输，如图 6-13 所示。

图 6-12　湿拖

图 6-13　干拖

按拖船的拖带方式，拖航又可分为单拖、窜拖、并拖、傍拖等，主要区别在于拖船与拖带平台的连接方式不同。单拖通常为一艘拖船主拖缆与平台过桥缆相连接拖带平台；窜拖为两艘拖船首尾串联，后拖船主拖缆与平台过桥梁相连接同时拖带平台；并拖为两艘或多艘拖船的主拖缆分别与平台两条龙须缆或其他可作拖缆使用的链（缆）相连接并排拖带平台；傍拖为拖船绑在平台左或右舷帮的拖带方式，可以是一艘也可以是两艘或以上。

平台就位是指向目标井位靠拢的过程，包括初步就位和精确就位。初步就位是指平台在目标井位外软插桩的过程；精确就位是指平台在初就位之后依靠拖轮的外力和自身锚的牵引按照施工计划而最大量地满足未来以进一步施工需求向施工井位或生产平台靠拢的过程。

一、平台拖航就位施工主要特点

1. 风险大

移动平台拖航涉及拖船、护航船、港监引水船、平台等多船舶联合施工，在施工过程中，存在诸多安全风险。一方面是进出港和航行中受航道、气象、海况等自然条件的影响；另一方面是受拖轮能力、被拖带平台和设施等自身条件及操作水平等多方面因素的限制。

2. 专业性强

移动平台拖航和就位属于海上特殊施工，涉及拖航时间确定、拖带方式、进出港或离靠码头、生产设施操作、复杂水域航行等专业性操作，如恶劣环境航行、狭窄航道、穿越渔船或流网等。对于拖轮的选择，在浅滩海坐底平台拖航时应选择可搁浅的拖轮满足潮水涨落时的就位要求，长距离拖航则应考虑突发天气影响而选择配备大功率拖轮以满足风浪条件下的拖带要求。

3. 技术难度大

拖航、移位、对井口等属于联合施工，技术性强，施工难度大。对海况调查资料的分析、插桩深度的计算等问题，生产平台就位时还应考虑原钻井平台插桩位置的避让（错开原桩脚位置）防止滑桩，以及深海水下井口的复位等。拖航指挥人员丰富的现场经验和专业技术水准决定了施工的安全与效率。

二、拖航就位施工程序

1. 拖航会议

根据合同规定，拖航组织单位应至少提前 10 天将拖航基本事宜通知有关单位，准备拖航计划，应不迟于拖航施工的前 3 天召开由施工者、船舶公司、平台方、通信公司、定位公司等参加的拖航会议，审议拖航计划，布置拖航任务，确认起拖日期、天气情况、航行路线、避风港或铺地、新井位或锚位的海调情况等，避免各协作单位间配合失误影响拖航。

2. 拖航检验与发布航行警告

拖航前向验船机构提出平台和拖船的适拖检验申请，并提交正式拖航计划和相关检验证书、文件资料等，通过验船师的现场检验取得《海上适拖证书》；拖航前应向当地海事局港口、港务监督部门办理平台出（进）港手续，申请发布航行警告。

3. 拖航前准备

（1）船舶稳性计算。首先要确保平台和拖船具备足够的稳性与储备浮力。远距离拖航时，应确认平台和拖轮在极端环境载荷下具备足够的稳性。由机械师进行稳性和浮力的计算，核实平台可变载荷重量与重心位置，多余的载荷卸下平台，以满足船检规定的拖航稳性要求。

（2）拖航物资准备。平台应准备足够的应急设备、工具及材料，包括船舶堵漏材料、油料、生活用水和食品；固定货物及设备用的绳索、绳卡；备齐拖航属具，包括被拖平台的拖力眼板、导链缆、主拖缆、过桥缆、龙须缆、三角眼板、各种卸扣及短索附件、备用拖缆以及拖缆回收装置等。

（3）拖航检查。平台在拖航前应对所有拖航设备设施、锚机（链）、索具、收放缆装置、压载及卸载系统和排水系统等进行检查维护、保养，以满足拖航要求。

（4）绑扎和固定。移动井架到适拖位置并固定，平台所有散装和移动物资都应绑扎和固定，大型设备应降低重心高度放置并固定牢靠。

4. 接拖

拖航移位前，平台降至离水面 3～5m 时，主拖船与平台进行接拖施工，主拖船倒车靠近平台艉部进行接拖，平台将三角缆或过桥缆的引绳投掷或专门绞车递送给主拖船，主拖船用卸扣把三角缆和主拖船拖缆连接好后，慢速进车并放拖缆至预定长度，调整好方向并使主拖缆受力后停车待命。

5. 抛锚、降船拔桩

（1）抛锚。如施工时风大、流急，或平台周围存在障碍物（如生产平台、井口等），则在降船前应抛锚以控制平台拔桩后的漂移。可在拔桩前在平台上风（上流）抛一个或两个上流锚，由工作船协助完成，出缆长度可根据水深确定，通常约 600m，并进行抓力试验以防止走锚而发生碰撞。

（2）降船拔桩。降平台至预定的漂浮状态，收紧各锚缆开始拔桩施工。不能拔出桩脚时可使用桩靴喷射系统进行冲桩，当所有桩脚拔离泥面后，缓慢调整锚链或拖缆张力使平台离开井口或障碍物。

6. 升桩收锚

在桩腿拔出后，需要把桩腿升桩至拖航高度并收锚。检查平台吃水情况，调整横倾与纵倾达到适拖要求后，升桩脚至拖航位置收锚，主拖船稳定住平台，护航船应先起下风锚再起上风锚。

7. 起拖

起拖前检查并确认所有压载阀、舱底管线阀门、压载舱盖、钻井泵舱、水泥泵舱等通海阀门全部关闭并水密完好。主拖船适当加速并带上拖力，调整方向并逐渐加速至预定航速，护航船在前面清障护航。

8. 航行

拖航过程中，主拖船负责航行中的速度控制、避让和航向的修正，正常情况下每隔 1h 记录航行数据，每隔 4h 向总调度室汇报。护航船正常情况下应保持在主拖船前方 10n mile（海里）左右清障护航，辅拖船（或护航船）必要时可替换主拖船施工。平台、主拖船、辅拖船、护航船应保持 24h 视觉和通信联系，夜间航行应加强雷达监测和瞭望。

9. 就位和插桩

进入井场前，根据井场海流、风向等因素应调整进场航线、平台就位艏向，下放桩腿至泥面 3～5m，将海水塔降至最后一个法兰处，使深水泵恢复正常供水状态。主拖船慢速拖带平台接近井位，护航船按规定顺序协助抛锚就位，根据定位系统监测调整定位偏差和艏向，达到设计要求时，迅速插桩升平台。平台开始上升时，各锚缆配合放松，主拖船解拖。

10. 压载升船

平台升离水面 1.5m 后，观察 20～30min，若桩腿无变化，再按设计进行压载；压载之前检查压载舱放水阀，确保开关灵活，压载水按设计达到要求后观察 1～2h，平台桩腿下降无变化，打开放水阀放掉压载水；若桩腿下沉平台倾斜超过 0.3° 时，应迅速调整各桩腿压载仓的注水速度，如果各桩入泥速度难以控制应立即放掉压载水，重新调平平台后再压载。

三、主要风险分析与防控措施

在拖航就位过程中影响平台安全的主要因素有：海洋自然条件（风、浪、涌、海雾、海冰等）、井场（或临时锚地）海底地质状况、拖轮及被拖物（平台）自身性能和结构力以及人为的操作指挥能力；主要风险有：平台或拖船触礁、搁浅、碰撞、漂移，平台倾覆、滑桩及地层刺穿等。此外，还包括受外力作用下的平台结构破坏，恶劣气候导致的施工人员落水等。

1. 平台倾覆

平台倾覆为拖航就位施工的重大风险。

1）风险分析

主要发生在平台拖航的航行过程，恶劣天气和海况是主要诱因。风暴潮可以使船舶及平台整体失稳翻沉，海浪可能造成平台重要舱室进水、载荷偏移，海冰及碰撞导致平台结构严重破坏等。此外，也可能因为平台稳性计算失误、卸载不到位、可变载荷重量核实不准、拖航阻力计算错误、固定的设备失控等，造成拖航期间平台重心失稳；拔桩时桩腿结构损坏失稳；插桩时发生沉桩、滑桩、地层刺穿导致平台倾斜、倾覆。

2）防控措施

（1）认真做好拖航准备。至少提前 3 天，按海洋《海船拖航检验须知》的要求向地方海事局指定检验部门申请拖航检验，对特定设施进行功能试验，检验合格后由验船师签发《适拖证书》。成立拖航小组，选择具备丰富经验和资质条件高的船长为拖航指挥，明确拖航职责，制订《拖航计划》，确定航线、避风港和锚地。开展拖航作业安全分析，制定拖航专项应急管理，对施工中可能发生的各类风险制定控制措施。拖航前，应对拖船、平台认真进行拖航检查，内容包括但不限于动力装置、通信设备、航行信号、救生和消防设施、拖曳设备、索具、锚泊属具、封舱水密装置、活动物资和设备的绑扎与固定、油料储备、生活水、食物储备和应急堵漏物资等。机械师应对平台载荷按照《操船手册》规定的要求进行计算，及时卸载多余载荷并调平现有载荷分布，保持平台横倾为零。降船施工时要关闭水密门窗、水密舱口、入孔盖、通风口、通气孔、海底阀以及注入管线中的阀门、丝堵、盖板等。降船至平台吃水1～2m时，停止观察，检查各舱室的通海阀门的水密情况。如水密性不良，应立即将平台船体升离水面，处理好后才能继续降船。

（2）严防海上天气的影响。施工前，对近期一周内天气预报进行认真分析，确切掌握至少48h的天气趋势，当满足降船、拖航的气象和海况条件时，方可组织接拖施工。平台拖航原则上在持续风速不大于20m/s，波高小于2.5m，能见度好的情况下进行。在风力超过16m/s，组合浪高超过4m的情况下，不宜进行锚泊、拖航和定位等施工。航行中要定时接收天气预报，不稳定天气状况下应向气象部门询问天气变化情况。

（3）落实航行期间各项安全措施。拖航期间，拖航速度应控制在4～6n mile/h，随时探测航线水深，如拖船或平台龙骨距离海底小于5m，则应考虑波高的影响谨慎操纵，防止挂触、拖底或搁浅。通过狭窄水道时应具备良好的能见度，拖航时平台可保持0.005倍型长的尾倾，应尽可能保持横倾角度为零；航行中遇风、浪、涌、冰等环境载荷超过设计极限时，应及时调整吃水至抗风暴状态；自升式平台航行中纵横向摇摆超过6°时，应对航向、速度及桩腿的高度进行调整使之缓和，必要时应按选择好的港口或插桩点就近避风。拖航过程中保持拖缆的下垂量不少于8m，大风浪时不少于13m；处于狭窄水道或浅水区时，可适当减少拖缆长度，防止拖缆过长造成拖底；拖缆不得抬出水面，防止拖缆受力过大。拖航转向采用小舵角渐进的方式，每次改向量控制在5°～15°；需大舵角转向时分多次进行；有自航能力的平台应配合转向，使两条龙须缆受力一致；转向时尽量减小平台偏荡；调头时根据环境条件适当调节出缆长度。平台机舱和控制室应保持连续24h值班，设置专门人员定期对甲板载荷固定、水密设施状况、动力系统运转情况等进行检查。

2. 碰撞海损

拖航就位施工势必会出现船舶、平台的近距离航行，发生碰撞的概率明显高于普通海上航行，造成的后果也严重得多。

1）风险分析

拖航施工在升（降）船、起拖、航行、就位等过程中，由于航速控制不当，船舶溜锚，操作或指挥失误，雨雾天气视线不清，瞭望不到位，未按规则避让，夜间航行信号不清，恶劣天气影响，设备故障等原因可能发生船舶、平台、井口及生产设施之间相互碰撞，造成船舶及平台破损、进水倾斜翻沉以及重大海难事故。

2）防控措施

（1）拖航前，拖船与平台经过船检部门的拖航检验，确保拖船及操作人员的能力满足拖带平台的要求，并向海事部门申请发布航行警告。

（2）选择适宜的海况进行关键工序。自升式平台进行降船、拔桩、升船、起拖以及抵达目的地的插桩施工，应尽量选择在白天海况条件良好的情况下进行。如自升式平台降船施工时风大、流急，或存在障碍物，则降船前应抛锚防止平台拔桩后漂移导致碰撞平台及井口设施。风力超过 10m/s 或组合浪高超过 2m 时，自升式平台不宜进行降船施工。在有海冰或海水温度为冰点以下的情况时，平台不宜进行升降、锚泊、拖航和定位等施工。平台降船施工时，各桩脚处有专人负责观察和操作，遵照指令施工，并向控制室汇报；降船过程中应保持船体倾斜度不超过操作手册规定值。

（3）起拖前，确认锚头或桩脚完全离地。离井口时，平台与井口间无障碍，不顶流拖离井口。

（4）拖航期间，应确认平台和拖船在极端恶劣环境载荷状态下具备足够的稳性。遇海雾、雷雨天气或夜航视线不清时，应按规定使用号球、号灯和雾笛等，并加强瞭望，如发生航线偏离要及时调整。在进出港、通过狭窄航道、渔网区及航行禁区等，加强瞭望观察。平台中途靠离港口时，应向海事部门报告，制定靠离港口方案并指定专人指挥，确保系泊缆绳、碰垫、通岸跳板及安全网符合要求。

（5）接近井位时，根据当时环境条件对抛锚次序进行修正，做好自抛锚的准备；抛锚过程中，平台根据航速调整放链（缆）速度和张力；拖船拖力与平台锚机或绞车的出链（缆）速度相适应，保持锚链适当的张力。

（6）平台就位、定位选择白天且能见度好、平潮状态；就位船舶的选择、布局满足随时控制平台的需要，平台不撞击井口或井口平台，避开海底管线、海底电缆等。

3. 触底与搁浅

近海航行中，特别是在浅海、极浅海水域，船舶航行、平台拖航就位发生触底、搁浅的风险较高。

1）风险分析

航行过程中对航道、平台就位水域水深、海底地貌、潮汐变化等了解不清或操作失误；突发大风天气，造成平台失稳、漂移等都潜在触礁及搁浅的风险。

2）防控措施

（1）严格制订拖航计划。拖航前要充分掌握有关航区的天气预报资料、航道及新井位的水文数据，包括季风、海流、波浪、水深和潮汐变化以及暗礁、浅滩、水下设施等有关航区的海图资料。

（2）新井就位前，应根据井场调查数据，包括新井位或锚位的水深、海底地貌、海底土质和海底障碍物等，制定进入井场的航线和就位方案，航行路线选择应考虑水深满足最低适航要求。

（3）拖船选择应有足够的动力（大功率），满足突发状况时特殊载荷下的拖带能力。平台的拖缆传递方式安全、快速，易被拖船接受。拖缆连接后要进行细致检查，确认连接构件紧固，避免脱缆、断缆等造成平台偏离。

（4）拖航期间，随时测定航线水深并加强瞭望，当船舶或平台龙骨距离海底小于 5m 时，进行准确测量并考虑波高的影响，谨慎操纵并保持适当的尾倾。

（5）就位前，通常在距新井位 3n mile 时，主拖船开始降低航速并保持舵效，以有效控制平台沿计划路线航行。主拖收短拖缆，一般控制在 200～250m/h 以内。

（6）在进入井位前，根据掌握的井场海流和风的情况，调整平台进入井场的路线以及锚泊、定位的方法。

4. 滑桩与地层刺穿

滑桩与穿刺发生在平台就位后，自升式平台插桩、升船、观察过程中以及坐底式平台在坐底压载过程中，将对平台造成严重影响或损失。

1）风险分析

对于自升式平台，可能由于海调数据不准确、插桩计算不准确、压载设备机械故障、操作失误等原因发生地层刺穿，也可能由于老桩脚或海床地层的不稳定性，使平台产生纵向、横向、纵向和横向同时存在的滑移现象，从而导致平台滑桩、桩腿结构破坏。坐底式平台在压载就位时，可能由于海床泥质软土地基沉陷发生滑移、倾斜。一旦发生滑桩或刺穿，极易演变成重大事故。

2）防控措施

（1）自升式平台就位应根据海调报告，分析持力层，仔细计算插桩入泥深度，考虑在特殊工况或极端载荷状态下，不发生穿刺和滑桩。坐底式平台就位的海床坡度比应满足要求，抗滑桩及压载物（抛石或沙袋）应满足抗力海流、海浪冲刷造成的影响。

（2）就位地点如果此前有其他平台多次就位，插桩位置选择避开其他施工平台遗留的老桩脚，并注意插桩深度应不少于原平台插桩深度，防止因滑桩导致平台倾斜。

（3）压载期间应确认桩脚位置，根据《操船手册》及平台载荷分布计算确定压载的载荷，压载时保持各桩腿受力均匀。桩脚压入海床后，至少观察30min，确认平台处于稳定状态。压载操作应尽可能选择最低的压载气隙（通常为波浪作用线以上1.5m）。

（4）当压载水按计划全部加完后，一般情况下应静止不少于3h，仔细观察平台的变化情况，若无倾斜则压载施工结束，一旦发生倾斜应立即排掉压载水，迅速调平平台。

（5）升船施工前应确认平台处于稳定状态并排除所有压载水，升船总载荷量不得超过最大允许值；升船过程中倾角保持在0.3°以内。

5. 平台漂移

平台漂移一般发生在插（拔）桩和拖航过程中。

1）风险分析

插（拔）桩时，各辅助船舶由于配合失误导致平台漂移碰撞井口或平台设施。拖航过程中，由于大风、大浪的影响而发生漂移或断缆可能造成平台失控。

2）防控措施

（1）降平台至预定漂浮状态，收紧各锚缆。在桩脚松动和拔出过程中，调整好锚链张力和脱缆张力以防止平台漂移。

（2）自升式平台就位插桩宜选择在平潮时进行，要确定平台下放桩脚时的运动极限，插桩时能有效控制平台漂移。坐底式平台就位时应使用抗滑桩，海床及地貌应满足平台坐底要求。

（3）拖航前，必须严格检查所有拖拽设备及拖缆，强度应满足极端载荷状况下不发生破断的要求。锚链（缆）的最大安全张力应不超过其破断张力的1/3，锚抓力试验负荷至少为锚链（缆）预张力的1.25倍，并最少保持10min，锚链（缆）在施工极限条件下的张力应不超过安全工作负荷。

（4）主拖船及辅助拖船应具备极端环境载荷状况下的拖带能力。在静水状态下，自升式平台的拖航速度应不大于4n mile，半潜式平台的拖航速度应不大于5n mile；具有自航能力的平台，叠加拖航速度应不大于 10n mile，保证拖船能有效控制平台。

第五节　海上钻完井施工

海上钻完井施工是指利用固定式或移动式钻井设施，在不同水深的海域进行的钻井及完井施工，是海洋油气田开发过程中的一个重要环节。钻井是依据油气资源勘查成果，利用钻井平台、钻井装备、钻井工艺技术等手段，在已发现海底的油气储层或待探明的油气储层之间建立一个采出通道的过程。完井是指裸眼井钻达到设计井深后，使井底和油层以一定结构连通起来的工艺，是钻井最后的环节，又是采油的开端，通过生产套管和油管、井口设备、井下工具、射孔、排液、特殊生产管柱及施工等工艺技术引导油气流出地面，并实现可控开采。

一、海上钻完井施工主要特点

海上钻完井施工工艺措施与陆地相比差异不大，由于海洋钻完井施工的环境因素，致使设施、设备、程序和内容发生了较大变化，施工难度和风险增加。

(1) 海上钻完井装备复杂程度高，技术难度大。海上钻井需要专业的钻井平台或特定的钻井装置来完成。海上钻井装备不仅形式上与陆地钻机不同，而且装备先进、自动化程度高，每座钻井设施往往就是一个独立的生产操作系统。而且，深水钻井难度更大，水上水下钻井系统复杂，控制装置多样，科技含量高，对性能和强度要求更高。

(2) 自然环境恶劣对海上钻完井施工造成极大影响。海洋钻井水深从几米到几千米，施工区域从南到北，离岸距离从几百米到几百千米。施工环境条件十分复杂，无论是平台还是钻井船，除了要面对常规状态下的海上风、浪、潮、涌、流、雾的影响，以及海水对其结构损坏、设备腐蚀的影响外，还要面对飓风、恶浪、海冰及风暴潮等特殊极端灾害的威胁，物资供应保障困难，保持正常生产的难度和危险性比陆地高得多。

(3) 施工过程风险大。海上钻完井施工过程中，无论是拖航就位、船舶运输，还是钻进、下套管、固井和完井测试等，因海洋气候的影响和施工难度的增加，事故发生的概率骤增。

(4) 空间小，人员相对集中。海上钻井平台一般有 60~70 人，滩海陆岸钻井队也有 30~40 人，而且海上钻完井平台施工空间狭小，远离陆地，近海人工岛钻井施工也受阻于水上交通的影响。因此，保障生产、生活和人员安全的难度很大，不仅需要船舶、飞机等来维持正常的生产生活供给，还必须建立一套完整的守护和应急救援支持系统。

(5) 交叉施工频繁。在海上钻探开发井、调整井的时候，往往与采油、修井等施工交叉进行，如图 6-14 所示。尤其是在滩海陆岸和人工岛，这一问题显得更加突出。因产能建设的需要，钻井常与其他多种生产施工交叉进行，施工设备、设施、队伍和人员多而杂，安全距离难以保障，施工间的相互影响造成事故发生的潜在风险增加，极易产生连锁反应，造成事故升级。

图 6-14 海洋钻井与油气生产交叉施工

二、海上钻井设施与特性

海上钻井设施主要分为移动式钻井平台和固定式钻井装置两种。移动式钻井平台包括坐底式钻井平台、自升式钻井平台、半潜式钻井平台、钻井船等；固定式钻井装置包括固定式钢制钻井平台、固定式钢混钻井平台、人工岛和滩海陆岸井台上的钻机等。不同钻井装置的特性也不尽一致，适用于不同的海洋环境通常，固定式钻井平台、自升式钻井平台、坐底式钻井平台多用于浅海和常规水深，半潜式钻井平台、钻井船多用于深水。海上钻完井装置特性对比见表 6-2。

表 6-2　海上钻完井装置特性对比

序号	海上钻井设施类型	使用特点	适应工作水深	适应海洋环境（安全界限）
1	滩海陆岸和人工岛上的钻井装置	适用于离岸近的沿海滩涂或孤立的落潮露出水面的小岛、冰区极低的浅海等地区，人工岛建成后钻丛式井、完井采油	一般不大于 6m	与陆地相同
2	海上固定式钻井平台	类型较多，包括钢混结构、钢结构、水泥重力、导管架、张力腿（TLP）、深水浮筒（Spar）、顺应式平台等，平台安装钻井设备进行钻井，之后采油生产	范围较广，从极浅水域到 2000m 不等	适应海洋环境广泛，可根据不同的海洋环境选择
3	钢质坐底式钻井平台	平台拖航就位后灌水坐入海底，钻井、完井采油后平台排水上浮另钻新井和完井采油	一般不大于 30m	冰层厚度一般不大于 0.5m，风速不大于 60m/s，海流不大于 3m/s（特殊海域更高）
4	钢质坐底式爬行钻井平台	平台靠自身动力液压驱动爬行就位后，钻井、完井采油后平台靠自身驱动爬行至新井钻井和完井采油	一般不大于 5m	冰层厚度一般不大于 0.5m，风速不大于 60m/s，海流不大于 3m/s（特殊海域更高）
5	自升式钻井平台（拖航式、自航式）	平台拖航或自航就位，利用机械或液压驱动装置驱动，将三腿桩或四腿桩插入海底，使平台相对升高后钻井，完钻以后以相反程序移位另钻新井	一般不大于 200m	非冰区，风速不大于 60m/s，波高不大于 18m，海流不大于 2m/s（特殊海域更高）

续表

序号	海上钻井设施类型	使用特点	适应工作水深	适应海洋环境（安全界限）
6	自升—驳船式钻井平台	平台非自航；平台与驳船分别拖航抛锚就位，用自升式平台的钻机和驳船的钻井泵系统（含管材等器材）组合钻井，完井后以相反程序移位另钻新井；平台尺寸较小	一般不大于200m	非冰区，风速不大于50m/s，波高不大于7.5m，海流不大于2m/s
7	自航（含非自航）锚泊定位半潜式钻井平台	拖航就位，8~16点锚泊（三用船抛锚）；钻井时平台灌水呈半潜状态；具有升沉小和小的摇摆平移运动；工作水深范围广，甲板空间大，储存能力大，可变载荷高	一般不大于1500m，最深不大于30000m	非冰区，风速不大于60m/s，波高不大于30m，海流不大于2m/s
8	动力、（动力+锚泊）定位半潜式平台	具有动力定位和锚泊定位双套系统，自航就位；一般水深>1500m时用动力定位，其余同上	一般不大于4000m	非冰区，风速不大于60m/s，波高不大于30m，海流不大于2m/s
9	锚泊定位钻井船	自航（含非自航）6~18点锚泊；机动性和运移性好，适应工作水深很强，甲板空间大，存储能力大，可变载荷高，自持力强，钻井时船升沉、摇摆和平移运动较大	一般不大于1500m，常用于50~600m	非冰区，风速不大于50m/s，波高不大于18m，海流不大于2m/s
10	动力定位钻井船	自航，动力定位，特别适用于远离陆地的远洋深水钻井；施工费率高	一般400~4000m	非冰区，风速不大于50m/s，波高不大于30m，海流不大于2m/s
11	无限制工作水深的钻井装置	浸入离水面200~300m的浮筒与半潜式平台或浮船相组合，将原置于海底的浮式钻井设备全部置于浮筒上，减少深水操作工艺难度与装备费用	一般不大于1500m	非冰区，风速不大于50m/s，波高不大于30m，海流不大于2m/s

三、海上钻完井施工工序

海上钻完井施工包括井场（海底）调查、钻完井设计、搬迁与移位、下导管、安装井口装置、钻进、录井、测井、完井等工序。同时，在钻完井过程中还涉及定向井、录井、测井、完井测试等专业化的技术服务和平台海上运输及守护施工。整个过程相互关联，工序较多，技术性强，施工风险大。

1. 井场（海底）调查

井场（海底）调查就是根据地质初设井位坐标，对井位周围的水深、海床、海底地貌、浅层地质情况、海底设施及遗留物等进行测量与调查。井场调查是海上钻井工作的第一步，这一环节对于平台就位安装和后续施工的安全稳定性至关重要，其目的就是为移动式平台就位（抛锚、插桩或坐底）提供分析和计算依据。常用的井场调查技术和方法包括回声测量（水深）、旁侧声呐测量（海床地貌）、浅地层剖面测量、井场土质资料采集（钻孔、海底表层取样）、海床实地测量等。

2. 钻完井设计

钻完井设计是钻完井施工必须遵循的基本准则。其中，井控设计是海上钻完井设计的关键内容。设计必须体现"安全第一"的原则，大到井身结构，小到井口装置、钻井液类型和每一道施工程序，都要考虑安全需要，既要重视井下安全，也要重视地面安全，对于关键性施工和高风险施工还应组织进行专题安全风险分析。钻完井设计中若风险因素考虑不够全面，则会为施工埋下极大的潜在安全隐患。

3. 搬迁与移位

移动式钻井平台搬迁是指移动式钻井平台作为被拖物由拖船拖带，从某一地理位置向另一地理位置转移的施工过程，由于平台结构不同，其拖航方法有所差异。固定式钻井平台搬迁是指固定式钻井平台的初期安装和滩海钻机搬迁。其中，滩海钻机搬迁是将改造后的普通陆地钻机，拆解后运输到海上人工岛或滩海陆岸，再进行现场组装的过程。

钻机移位是指在平台或其他钻井设施就位后，在井组内或井组间移动的过程。从移动方式上，可分为轨道式液压推进移位和无轨式整拖移位两种方式。轨道式液压推进移位，主要是针对有导轨的钻机移动，依靠平台或自身的液压系统就可以调整井位，如海上移动式钻井平台、固定式钻井平台或井口槽模块钻机。无轨式整拖移位，则是利用地锚、游车、拖拉设备等，采用陆地整体拖拽的方式完成。

4. 下导管

钻前准备完成后，根据井深结构设计，首先进行钻孔下导管施工。导管又称隔水管，其作用主要是建立井口、支撑井口和防喷器组，同时还要抵抗海流、海浪、海冰对井口的冲击。常用的导管直径有850mm、762mm和508mm等。下导管通常有以下三种方法：

（1）钻孔法。这是最常用的下导管施工方法，平台就位后首先进行钻前准备，下入开孔钻头（开孔钻头+扩眼器），通过钻进方法下入导管并固井。固井水泥要求返至海底泥面，确保导管稳定。

（2）锤入法。一般适用于水深较浅、井间距较小、易发生井漏井塌的松散地层。锤入法下导管与钻孔法不同，不需要水泥固井，完全靠导管外壁与地层的摩擦力支撑井口重量，锤入深度一般大于井架基础桩（或井口槽基础桩）15m。

（3）喷射法。一般用于水下井口，利用水的射流作用和导管柱的自重，边喷射边下入导管。

5. 安装井口装置

根据安装位置不同，海上井口装置分为水上井口装置和水下井口装置。水上井口装置安装在井口平台之上，安装过程与陆地基本相同。水下井口装置位于海床之上，用隔水导管连接到水上平台，安装时使用送入工具和扶正绳完成，井口装置的全部重量由海床承担，下有导向基盘的，井口装置则坐在位于海底的基盘上，如图6-15所示。

防喷器组是井口装置的核心组成部分，一般采用3～5个或更多防喷器组合而成，不同的海区执行不同的配置组合标准。水上防喷器组应当在表层套管上安装一个环形防喷器、一个闸板防喷器；大于$13^3/_8$in表层套管上可以只安装一个环形防喷器；中间（技术）套管上应安装一个环形、一个双闸板（或者两个单闸板）和一个剪切全封闭闸板防喷器；使用复合钻柱的，应装有可变闸板，以适应不同的钻具尺寸。

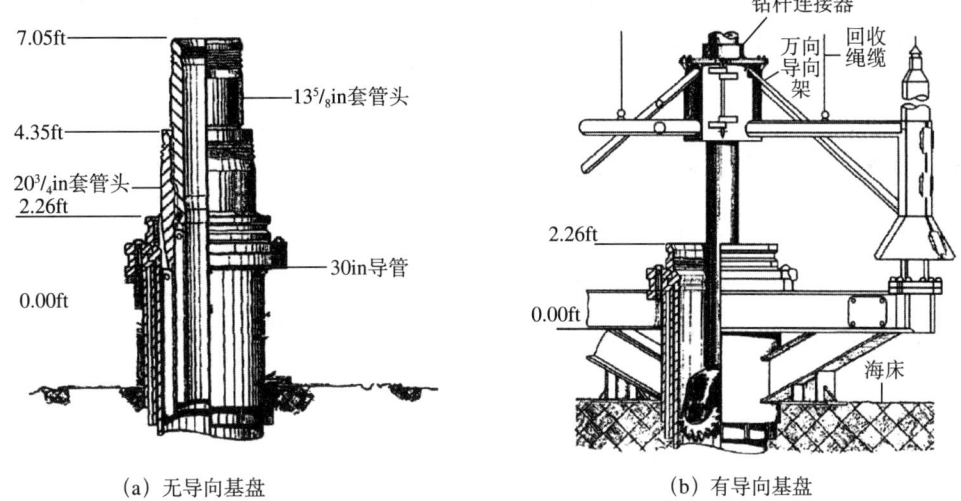

(a) 无导向基盘　　　　　　(b) 有导向基盘

图 6-15　水下井口装置示意图

水下防喷器组应至少在表层套管和中间（技术）套管上安装一个或两个双闸板防喷器，其中一副闸板为全封剪切闸板防喷器。防喷器组采用液动、电动和气动遥控系统，气动遥控系统在发生井喷时使用。

6. 钻进

海上钻进施工过程与陆地大致相同，包括各次开钻、装井口、正常钻进、定向钻进、起下钻施工、下套管或下完井管柱、固井、测试等一系列施工程序。钻进是钻完井的核心，涉及不同的施工环节。每个环节中由于施工内容存在差异，因此施工风险也不相同。

7. 录井

地质录井的主要任务是取全、取准各项地质数据以及有关钻井施工资料。通过现场多种信息采集技术采集数据，用计算机进行数据处理、解释、分析，并进行远程数据传输等，以指导现场钻进施工。地质录井包括钻时录井、气测录井、钻井液录井、岩屑录井、岩心录井和压力录井等。

8. 测井

测井是油气勘探开发生产过程中的重要应用技术之一，它是用各种专用仪器测量井下地层各种物理参数和井眼技术状况以解决地质与工程问题的工程技术。测井方法主要分为电测测井、声波测井和放射性测井三种基本方法。

在海上钻完井过程中，依据地质工程设计，在钻到某一特定井深或完钻井深后都应进行地质勘探测井和工程测井，以获得各种石油地质及工程技术参数，作为完井施工的依据和油田开发的原始资料。工程测井主要是检测井身结构状况（井眼几何形状）并进行套管固井质量评价。

9. 完井

完井工作是油气钻井工程的最后一个环节，从钻到预定的井深开始至投产正常后交付生产，是钻井和采油之间的连接环节。现有的完井方式主要分为三种：裸眼完井、套管完井、混合方式完井。施工内容一般包括保护油气层钻进、完井施工设计、安装井口、循环洗井、下测试管柱、射孔、诱喷排液、地面测试、下生产管柱、拆防喷器组、安装井口采油树等。

四、主要风险分析与防控措施

海上钻完井过程是油田开发最为重要的阶段之一，也是事故的高发阶段，其事故风险主要有井喷与井喷失控、火灾爆炸、有毒有害气体中毒、机械伤害、浅层气危害、放射性伤害、海洋环境污染等，可能导致重特大人员伤害和财产损失。因此，需要重点防范和控制。

1. 井喷与井喷失控

井喷与井喷失控是海上钻完井施工中最重大的风险。油气层钻进和完井施工过程中最有可能发生井喷事故，引发井喷的情况和原因也多种多样，其后果不只是人员伤害和设备损失，还可能造成重大火灾爆炸、海洋污染，是钻完井施工的顶级事故风险。

1）风险分析

（1）钻完井设计考虑不足。对地层地质认识不足、数据不全，对存在浅层气的地层未进行提示，钻遇浅层气无管理造成井喷；井身结构设计不合理，未有效封固复杂地层或高压油气层；固井设计中漏封、错封油气层，造成井下油气互窜或窜出地面；钻井液密度设计值不合理，密度过小压不稳地层，密度过大则压漏地层而造成先漏失后井喷；井口及井控装置设计存在缺陷不能满足海上高压油气井施工要求。

（2）井控装置安装存在问题。未按规定配置和安装井口防喷装置；水上或水下井口头连接时，法兰或卡箍连接螺栓紧固不够，防喷器试压不合格；液（电）、气控系统连接质量差，使用时无法正常工作而延误关井时间导致井喷。

（3）钻遇到井下复杂情况。钻井轨迹控制失误，与邻井井眼碰撞，发生油气窜、漏，井下压力突然升高导致井喷。上部地层钻进时，若钻井液性能不完善，造壁性和悬浮性差，可能造成井眼垮塌或沉砂、卡钻等；下部地层钻井时，遇到压力异常，或遇到特殊地层，如膏岩层、盐岩层等，可能造成井塌、井漏、卡钻、顿钻等情况。下钻速度过快，产生很大的激动压力，容易憋漏地层，造成先漏后喷；起钻速度过快或钻头泥包形成"拔活塞"现象，产生很大的抽吸力，容易抽垮结构松软的地层或抽喷。钻遇高压油气层时，钻井液密度不够，不能平衡地层压力；循环钻井液时，未按规定循环或操作不当，引发沉砂卡钻、地层憋漏。遇到这些情况，若司钻对井下情况判断失误，处理不及时或处置错误，都有可能导致井喷或工程事故。

（4）综合录井监测不到位。未对井漏、井涌、溢流、有毒有害气体外溢等进行及时提示，导致井喷。

（5）测井施工时间过长。电缆测井时间过长，地层油气上窜，井口抢下钻具不及时，不能实现循环压井，极易发生井喷。

（6）固井质量不合格。固井时，漏封油、气、水层，候凝时间不够，水泥胶结质量差，固井中断，或设计未能平衡地层压力等造成油气水上窜，导致井口溢流或井喷。

（7）完井施工控制不好。封层施工，封隔器无法坐封，水泥质量不合格，导致油气层互窜；钻开油气层后，封层或压井不稳，可能形成溢流井喷；没有合理选配压井液，没有合理选择射孔方式，可能发生井喷；负压排液时，井口、地面流程等安装不合格，压力控制失误等可能造成井喷事故。

(8) 对井口溢流未引起重视或发现不及时，压井滞后，直接发展成井喷。

2) 防控措施

(1) 优化钻井井控设计。在新井位就位前，施工者和承包者应收集、分析相应的地质资料，如有浅层气存在，要安装分流系统。钻井液密度设计必须大于地层孔隙压力当量密度，小于地层破裂压力当量密度，精确计算对地层孔隙压力的安全附加值取值，油井可以为 $0.05 \sim 0.10 \text{g/cm}^3$，气井可以为 $0.07 \sim 0.15 \text{g/cm}^3$。井身结构的设计必须保证井眼压力平衡，保证钻下部高压地层时所用的较高密度钻井液产生的液柱压力不会压漏上部裸露的层段；对于易漏失、易垮塌、易缩径和易卡钻的复杂地层井段，必须要设计技术套管进行封隔。

(2) 按规范配置和安装井控装置。防喷器组由环形防喷器和闸板防喷器组成，闸板防喷器的闸板关闭尺寸应与所用钻杆或者管柱的尺寸相符。防喷器的额定工作压力不得低于钻井设计压力，用于探井的不得低于70MPa。钻台上应备有与钻杆相匹配的内防喷装置，下套管时，防喷器尺寸应与所下套管尺寸相匹配，备有与所下套管螺纹相匹配的循环接头。防喷器所用的橡胶密封件不得失效；水龙头下部安装方钻杆上旋塞，方钻杆下部安装下旋塞，并配备开关旋塞的扳手，顶部驱动装置下部安装手动和自动内防喷器并配备开关防喷器的扳手。

(3) 防喷器控制系统安装规范。一套液压控制系统的储能器液体压力保持21MPa，储能器压力液体积为关闭全部防喷器并打开液动闸阀所需液体体积的1.5倍体积以上；除钻台安装一台控制盘（台）外，另一台辅助控制盘（台）安装在远离钻台、便于操作的位置；防喷器组应配备与其额定工作压力相一致的防喷管汇、节流管汇和压井管汇；压井管汇和节流管汇上应分别安装两个控制阀，其中一个为手动，处于常开位置，另一个必须是远程控制。水下防喷器组应安装一组水下储能器，便于就近迅速提供液压能，以尽快开关各防喷器及其闸阀。同时，采用互为备用的双控制盒系统，当一个控制盒系统正在使用时，另一个控制盒系统保持良好的工作状态作为备用。

(4) 防喷器系统试压合格。防喷器及相应设备的试压必须满足井控要求。所有防喷器及管汇在进行高压试验之前，应进行2.1MPa的低压试验。防喷器安装前或者更换主要配件后，必须进行整体压力试验。对于水上防喷器组，防喷器组在井控车间（基地）组装后，按额定工作压力进行试验。现场安装后，试验压力在不超过套管抗内压强度80%的前提下，环形防喷器的试验压力为额定工作压力的70%，闸板防喷器和相应控制设备的试验压力为额定工作压力。对于水下防喷器组，水下防喷器和所有相关井控设备的试验压力为其额定工作压力的70%。防喷器组在现场安装完成后，控制设备和防喷器闸板按照水上防喷器组试压的规定进行。

(5) 严格防喷器系统的检查与维护。经常对防喷系统进行安全检查。检查时，优先使用防喷系统安全检查表。在海况及气候条件允许的情况下，防喷器系统和隔水（导）管至少每日外观检查一次，水下设备的检查可以通过水下电视等工具完成。闸板防喷器应定期进行开关活动，全封闸板防喷器每次起钻后进行开关活动。若每日多次起钻，只开关活动一次即可。每起下钻一次，两个防喷器控制盘（台）交换动作一次。如果控制盘（台）失去动作功能，在恢复功能后才能进行钻井施工。节流管汇的阀门、方钻杆旋塞和钻杆内防喷装置，每周开关活动一次。水下防喷器的开关活动，除了闸板防喷器每进行开关活动一次外，其他开关活动次数与水上防喷器组开关活动次数相同。在寒冷季节，应当对井控装备、防喷管汇、节流管汇、压力管汇和仪表等进行防冻保温。

(6) 记录和监测钻井液使用。钻井液池液面和气体检测装置应当具备声光报警功能，其报警仪安装在钻台和综合录井室内；应当配备井液性能试验仪器。开钻前，计算井液材料最小需要量，落实紧急情况补充井液的储备计划。记录并保存井液材料（包括加重材料）的每日储存量，据海上平台空间和循环罐的储备能力，应不少于储备加重钻井液 $60m^3$、加重材料 40t、油井水泥 50t。若储存量达不到所规定的最小数量时，停止钻井施工。施工时，当返出井液密度比进口井液密度小 $0.02g/cm^3$ 时，将环形空间井液循环到地面，并对井液性能进行气体或者液体侵入的检查和处理。起钻时，向井内灌注井液。当井内静止液面下降或者每起出 3~5 柱钻具之后应当灌满井液。从井内起出钻杆测试工具前，井液应当进行循环或者反循环。

(7) 落实钻井过程防井喷技术措施。①起钻控制速度不应过快，避免因抽吸造成地层流体侵入井筒，造成钻井液密度降低；②下钻控制下放速度，避免压力激动造成井漏引起井筒液面下降，无法平衡油气层压力；③油气层固井应充分考虑水泥浆体系、候凝措施等，避免在水泥浆凝固过程中发生油气上窜或漏封油气层；④测井施工应在确认充分压稳地层的情况下进行，测得油气上窜速度，计算测井安全施工时间；⑤油气层钻开后，绝不能造成井下"空井"状态，在特殊情况下需要设备修理或施工停等时，应保持井筒内有足够的钻具，紧急状态下可以实施关井施工；⑥完井射孔后，应安排专人观察井口压力和井口变化，防止因地层压力过高、井口及测试流程控制失效或测试管柱封隔器坐封失效而导致井喷事故；⑦起油管（测试管柱）施工应控制起钻速度并确认射开油气层已经压稳。

(8) 落实井控管理制度。钻井地质设计、工程设计、施工设计均要进行井控风险分析，制定详细的 HSE 计划书和施工指导书，以及井喷应急处置管理。开钻前，甲方要组织进行安全、技术交底和开工验收，确认人员、装备、技术准备、安全措施等符合开工要求。钻开油气层、完井射孔前，要组织专项验收检查。钻井专业设备、井口装置、防喷器应经过检验，并取得检验合格证书落实坐岗制度，地质录井坐岗人员要通过仪器监测结果提示井口风险，钻井坐岗人员通过观察井口流量变化、测量钻井液池液面变化、测量密度、观察槽面油气显示，判断和提示溢流风险。施工过程中，甲方和施工方应分别派驻地质监督、工程监督和安全监督。从事钻井、完井、测试施工的监督、经理、高级队长、领班，以及司钻、副司钻和井架工、安全监督等人员应当接受"井控技术"的培训，司钻、副司钻还应取得"司钻操作证"。

2. 火灾爆炸

发生火灾爆炸一方面可能是井喷事故的延伸；另一方面，发生火灾爆炸可能是因为自身的防火防爆管理出现问题而致，也有可能是第三方船舶或平台撞击导致。

1) 风险分析

(1) 井喷时，地层中喷出的高压油气流体携带着地层的沙砾喷出地面，沙砾与井内管柱、井口装置等发生摩擦产生火花，可迅速点燃油气，形成火灾爆炸。

(2) 钻台、司钻房等防爆区域使用非防爆设备，或防爆设备性能丧失，后期加装、改造的一些设备，钢铁材质接触面直接碰撞。遇到这些防爆区或危险场所出现油气聚集时，极易引发爆炸着火。

（3）录井房未采取正压通风，录井设备未按规定达到防爆要求而引发爆炸。

（4）射孔使用的射孔弹、导爆索，操作人员未按规定在现场拆卸、安装枪弹，或者未按规定临时储存并防护，发生意外爆炸。

（5）试油时，由于油气分离不彻底，引发火灾爆炸。

（6）其他船舶或设施由于事故或操作失误，与钻井装置发生意外碰撞，造成设备损坏，继而引发火灾爆炸。

2）防控措施

（1）钻井装置应以井口、柴油罐（燃油）为危险源，按不同区域危险性，划分为三个等级的危险区域。危险区域所有电气设备设施必须保证达到防爆要求，一类、二类区域密闭舱室或不具备通风条件的空间应安装正压设备或强力排风扇等。

（2）除生活区指定区域外，任何场所不准吸烟和动用明火，热工施工必须办理施工许可，并按规定有专人监护施工。

（3）钻井现场不允许长期存放射孔弹、雷管及放射性物品，如确因生产需要临时存放，应远离生活区和人员活动频繁的生产场所，同时应远离平台的防爆区域，并有专人管理并设警戒标志。

（4）使用易燃易爆物品（如乙炔、氧气）要加强管理，远离明火并通风储存，防止火灾爆炸。

（5）现场使用的电气线路要防止因绝缘失效、漏电和超负荷（超载）引起电器火灾；做好锅炉及各种压力容器的检测检验工作，防止爆炸引起火灾事故。

（6）测井、录井、固井、试油等增加的设施设备，必须要达到相应的防爆等级。

（7）加强与邻近设施的沟通联系，避免不必要的意外碰撞。

（8）定期对电气设备和线路的绝缘电阻、耐压强度、泄漏电流等绝缘性能进行测定，安装必要的过载、短路和漏电保护装置并定期校验，金属外壳（安全电压除外）有可靠的接地装置。

3. 硫化氢中毒

钻遇含硫地层，井口控制不当、检测不及时易导致硫化氢溢出，一旦硫化氢溢出，可能导致人员中毒甚至死亡等严重事故，对人员生命和财产安全造成重大危害。

1）风险分析

（1）地层中本身就含有硫化氢，如潜山层系、深层气井，含硫的可能性都很高。

（2）钻井设计中未提示地层硫化氢，或对含硫地层情况考虑不足。

（3）钻井液以及添加剂的使用过程中，在井下与地层发生化学反应，出现断续、间歇性的硫化氢，并随着钻井液的循环，从钻井液中脱离出来。

2）防控措施

（1）钻遇未知含硫化氢地层时，应当提前采取防范措施；钻遇已知含硫化氢地层时，应当实施检测和控制。钻井装置上应安装硫化氢报警系统。当空气中硫化氢的浓度超过 $15mg/m^3$（10ppm）时，系统即能以声光报警方式工作；固定式探头至少应当安装在喇叭口、钻台、振动筛、钻井液池、生活区、发电及配电房进风口等位置。至少配备探测范围为 $0\sim30mg/m^3$（$0\sim20ppm$）和 $0\sim150mg/m^3$（$0\sim100ppm$）的便携式硫化氢探测器各1套，探测器件的灵敏度达到 $7.5mg/m^3$（5ppm）。钻井装置上至少配备 $15\sim20$ 套正压式空气呼吸器，钻进已知含硫化氢地层前，或者临时钻遇含硫化氢地层时，钻井装置上配备供全员使用的正压式空气呼吸器，并配备足够的备用气瓶，配备1台呼吸器空气压缩机。医务室配备处理硫化氢中毒的医疗用品、心肺复苏器和氧气瓶。在人员易于看见的位置，安装风向标、风速仪和硫化氢警示标牌。

（2）在可能含有硫化氢的地层进行钻井施工时，应采取以下措施：

①钻井设计中，标明含硫化氢地层及其深度，估算硫化氢的可能含量，以提醒有关施工人员注意，并制定必要的安全和应急措施。

②钻井设备、器具应具备抗硫应力开裂的性能，管材具有在硫化氢环境中使用的性能。

③当空气中硫化氢浓度达到$15mg/m^3$（10ppm）时，及时通知所有平台人员注意，加密观察和测量硫化氢浓度的次数，检查并准备好正压式空气呼吸器；当空气中硫化氢浓度达到$30mg/m^3$（20ppm）时，在岗人员迅速取用正压式空气呼吸器，其他人员到达安全区。通知守护船在平台上风向海域起锚待命；当空气中含硫化氢浓度达到$150mg/m^3$（100ppm）时，组织所有人员撤离。

④使用适合于钻遇含硫化氢地层的钻井液，钻井液的pH值保持在10以上。净化剂、添加剂和防腐剂等有适当的储备。钻井液中脱出的硫化氢气体集中排放，有条件时，可以点火燃烧。

⑤钻遇含硫化氢地层，起钻时使用钻杆刮泥器。若将湿钻杆放在甲板上，必要时，施工人员佩戴正压式空气呼吸器。钻进中发现空气中含硫化氢浓度达到$30mg/m^3$（20ppm）时，立即暂时停止钻进，并循环钻井液。

⑥在含硫化氢地层取心，当取心筒起出地面之前10~20个立柱，以及从岩心筒取出岩心时，操作人员戴好正压式空气呼吸器。运送含硫化氢岩心时，采取相应包装措施密封岩心，并标明岩心含硫化氢字样。在录井中若发现有硫化氢显示时，及时向钻井监督报告。

⑦在预计含硫化氢地层进行中途测试时，测试时间尽量安排在白天，测试器具附近尽量减少操作人员。严禁采用常规的中途测试工具对深部含硫化氢的地层进行测试。

⑧如果在含硫化氢地层进行试油，试油前召开安全会议，落实人员防护器具和人员急救程序及应急措施。在试油设备附近，人员减少到最低限度。

⑨钻穿含硫化氢地层后，增加工作区的监测频率，加强硫化氢监测。

（3）在施工过程中已经出现或者可能出现硫化氢的场所从事钻井施工的人员，应当进行"防硫化氢技术"的专门培训，并取得培训合格证书。

（4）在探井或已知含硫化氢区域施工，应制定硫化氢应急处置管理，并对施工人员进行交底，要求员工熟知硫化氢的危害和应急程序；钻遇含硫化氢地层前和对硫化氢油气层进行试油前，必须组织一次全员防硫化氢演习。

4. 机械伤害

机械伤害主要出现在钻井装置搬迁、移位、组装以及钻进过程中。

1）风险分析

（1）钻井装置在拆甩、安装设备过程中，可能由于操作失误造成高空坠落、物体打击。起放井架过程中，因大风、大雨、雾天等天气影响或设备故障造成摔坏井架、损毁设备。

（2）大型设备、物料吊装过程中，由于施工及指挥人员站位不当，吊车司机视线受阻等情况，造成吊车失稳、碰撞损坏及人员伤害等。

(3) 有轨式钻机移位时,当操控失误或推进设备故障,导致推进不同步时,可能造成井架结构损坏;无轨式整拖移位时,因拖车组配合不好、地面条件差或指挥失误等,造成井架倾倒或井架底座变形,整拖施工时定滑轮固定不当,钢丝绳拉断、脱扣等可能造成设备受损和人员伤害。

(4) 设备固定、焊接不牢或索具断裂,形成设备移位、设备挤压,导致人员伤害和设备落海。

(5) 井口人员操作液压大钳、B型钳、猫头卸扣等工具失误导致打击伤人;下钻过程中,由于速度过快使游车不稳或大绳抖动,易发生大绳挂指梁伤人;防碰天车失灵或气路冻堵,可能造成事故伤人;井架工在二层台工作时,操作失误造成高空坠落或高空落物伤人;井口人员、司钻配合不当导致钻杆、钻具碰撞伤人。

(6) 井口及固井管汇、管线连接不牢,导致高压刺漏、管线爆裂等高压伤人。

2) 防控措施

(1) 大型搬运、吊装必须有专人进行现场指挥和负责,协调各方配合。

(2) 设备固定、螺栓紧固、法兰连接要牢靠,完成后应有监督人员进行检查。

(3) 确保施工机具、设备处于良好的使用状态,使用前要进行安全检查和功能试验,满足施工强度、拉力的需要。

(4) 高空物件必须采取固定和绑扎措施,防止高空落物伤害。

(5) 交叉施工重叠区域必须对关键设备、设施进行防护,加装防护罩或者安全防护网。

(6) 高处及舷外施工时,要系好安全带,穿好工作救生衣,并有专人监护,不允许单人从事此类施工。

5. 浅气层危害

浅气层对钻完井影响较大,不仅会引起井下工程事故,还可能对地面装置造成事故。如对自升式平台、坐底式平台可能造成平台周围冒气、井口下沉、平台倾斜翻沉等重大事故;浮式平台(船)可能因井口下沉、坍塌被迫更换井位。

1) 风险分析

钻井设计中未提示浅气层,或浅气层的规模超过预期,可能发生井口坍塌。

2) 防控措施

(1) 确定井位前,应对浅地层地质情况进行勘察,评估浅气层对钻井施工的危害。对于预测有浅气层的井,原则上要求地质部门更改井口位置,尽量避开浅气层。

(2) 导管或表层套管鞋应坐于浅气层顶部较致密的地层,不能避开浅气层时应安装分流器和气体排出管线,内径应大于216mm;深水钻井安装水下井口时,可采用敞开式井口,有条件时可实施套管钻进方式快速穿过浅气层。

(3) 浅气层钻进应采用小钻头钻进,再进行扩眼,因泄流面积小,喷出物体积也较小,有利于压井施工。

(4) 浅气层钻进发生井涌时,为避免憋漏地层,应采取先用放喷阀分流,后关闭分流器的操作方式。

(5) 为了防止可能存在浅气层,钻开井眼前应配置60m³密度为1.2~1.4g/cm³的钻井液,并在所有空钻井液池内放满海水。在钻进或观察期间,如果发现钻遇浅气层,应立即停止钻进,循环观察,尽可能维护井眼平衡。

（6）尽可能选择在白天钻浅气层，以有利于观察井口气泡变化情况。

6. 放射性伤害

在测井施工中，会用到中子源、伽马源等放射性物质，若管理不当，则可能会对人员造成辐射伤害。

1）风险分析

（1）测井过程中，放射源落井。

（2）施工后，未将放射源回收封存，暴露在敞开环境中，会对附近人员造成伤害。

（3）操作员未按规定穿戴防护用品或防护措施不当，钻台装取放射源施工没有告知无关人员撤离，致使接触放射源。

（4）运输过程中，由于疏忽导致放射源遗落或丢失。

（5）未按规定存放，存放处未张贴警示标志，造成非施工人员接近、接触放射源。

2）防控措施

（1）测井单位应依据海洋油气放射性及爆炸性物质安全管理有关规定，制定放射性生产测试施工方案，包括海上运输、平台储存、保管、使用措施和落井、遗失等突发事件的应急处置管理。

（2）放射性测井操作人员必须接受专业的安全技术培训，并取得"放射性工作人员"操作证书。放射源操作过程中，操作员必须穿戴防辐射劳保用品，佩戴便携式放射性剂量检测仪。

（3）操作、安放和放射源仪器出入井口时，除测井工作人员外，要求其他人不得在井口附近（钻井值班房除外）停留。

（4）放射性源的领、用、存、取等应有专人负责记录，并严格交接；临时储存放射性源罐应放置在远离生活区，人员不常到达的地方，且不能与爆炸等危险品放在一起。

（5）施工结束，取回放射源入罐后，应检测确认已经由仪器取出放回罐中。

（6）如果发生放射性伤害事故，应尽量控制或减少辐射源对人员的辐射时间和辐射量，可利用屏蔽、围封、分离等手段减少人员与辐射源的直接接触。对受到严重辐射的人员，应送回陆地进行放射性检测。

（7）如果中子原等物质落井，必须全力打捞，在未经有关部门同意的情况下，不得放弃打捞落物的努力。

7. 海洋环境污染

钻完井期间，污染物主要来源于四个方面：一是本身环保指数不达标的钻井液；二是钻屑、废弃钻井液、污水等；三是固体废弃物以及其他生产生活垃圾；四是井喷、火灾爆炸、油气泄漏事故所引发的环境污染。

1）风险分析

（1）不合格的钻井液排放入海，含油污水和油性混合物未经处理排放入海，引起污染。

（2）燃油、试油期间的油性混合物、含油污水等，因为管理不到位，导致落海污染。

（3）生活垃圾、工业垃圾缺少回收和管理，随风飘落入海。

（4）钻井装置拆、搬、安过程碰撞井口，及生产流程形成破裂，可能导致溢油污染。

（5）工业污水、生活污水未经达标处理就排放。

(6) 井喷失控等事故导致原油直接落海。

2) 防控措施

(1) 编制《钻井溢油应急计划》（包括使用钻完井液体系、主要处理剂成分、使用消油剂类型等）并报送国家海洋环保部门备案。钻井液排放必须经海洋局认可，并符合排海标准。

(2) 配备环保处理设施，包括污油污水分离装置、生活污水处理装置、溢油回收装置与设施即消油剂、围油栏、收油机、收油网、吸油毡等。加强设施的使用维护，确保处于正常工作状态。

(3) 钻完井过程中应当加强油料管理，防止发生漏油事故，残油、废油应当妥善处理回收。含油污水和油性混合物不得直接排海或稀释后排放。经过污油污水分离装置处理后排放的污水，含油量必须符合国家有关含油污水排放标准。不得向施工海域处置含油的工业垃圾。固体垃圾集中回收，处置其他工业垃圾不得对渔业水域、航道造成污染损害。生活及工业固体垃圾的管理、倒运与处置记录完整。

(4) 平台载运有毒或含腐蚀性物品，排放洗舱水和其他残余物，必须按照国家有关船舶污水排放的规定进行，并如实地记入《平台安全监督日志》。

(5) 井组及井口槽钻机拆、搬、安吊装施工时，对已投产井口和流程应有保护措施。

(6) 发生溢油、漏油等污染事故，应迅速采取围油、回收油的措施，控制、减轻和消除污染。凡有污染发生，不论大小，均应立即收集污染范围、漏油漂移方向、速度及气象等数据，并将情况向基地应急中心汇报。发生大量溢油、漏油和井喷等重大油污染事故，应立即报告主管部门，并采取有效措施，控制和消除油污染。

(7) 详细如实地填写《防污记录簿》，包括防污设备、设施的运行情况，含油污水处理和排放情况，其他废弃物的处理、排放和投弃情况，发生溢油、漏油、井喷等油污染事故及处理情况，使用化学消油剂的情况。

第六节　海上延长测试施工

海上延长测试施工是指在油层参数或者早期地质油藏资料不能满足工程需要的情况下，为获取这些数据资料，在原钻井装置或者井口平台上实施，并有储油罐、油轮或者浮式生产装置等作为储油装置的测试施工。

在延长测试施工过程中，通过对地层的测试和相关试验，可以获取详细的地层资料，精确地评价油藏，对油田是否投入开发、如何开发提供决策依据。延长测试可测量地层流体在流态和静态下的温度、压力、流量及其梯度、气液比、油水比、压力恢复曲线等数据，为估算油气藏能量和编制海上开发概念设计提供了切实可靠的数据。因此，在油田开发前期，为了获得能够精确评价油田的数据并为工程设计提供稳定、可靠的动态数据，延长测试是非常必要的。

一、海上延长测试施工主要特点

延长测试是地层测试的一种，与常规测试相比，延长测试过程更复杂，需要取得的数据更详细、全面,进行测试的时间也更长,甚至可以持续几个月。海上延长测试在进行测试的同时,还需要对采出的油气进行处理、外输,因此海上延长测试系统并不简单,不仅设备多、费时长,而且耗资大。

(1)延长测试可利用的地层资料、信息较少,地层情况存在不确定性。由于延长测试主要针对新开发油气田或新区块进行,可供使用的资料、数据较少,难以全面准确地预测地层情况,对延长测试施工过程中的风险控制也变得困难,地层一旦出现异常,可能引发严重的后果。

(2)海上延长测试需要构成一个初期的生产系统。海上延长测试所产油气需要进行初步处理后外输,这就需要建立一套生产系统。延长测试施工依托于原钻井装置或所处井口平台,临时安装配套工艺设备,受海洋油气设施空间的限制,原油处理、存储设备很难集中安装于钻井平台或井口平台上。因此,需要配备油轮或者浮式生产储油装置(FPSO)、拉油船及相应设施,致使延长测试施工系统复杂化。

(3)延长测试为临时生产,系统稳定性不高。延长测试很难配备永久性生产设施,通常由多个不同系统的设备组合而成,其生产工艺技术水平、整体操作性能都不高,生产参数经常调整,生产系统相对不稳定。系统一般无法实现自动控制,因此数据的读取、设备的操作多由施工人员手动进行,人员劳动强度相对较大,潜在的风险因素较多。

(4)由于海上环境及空间的限制,与陆地测试设备相比要求更高。海上延长测试施工要求设备轻便并且具有快速安装和拆卸的特点,除了采用部分与陆上测试相似的仪器设备外,还要特别考虑安全问题和防止海洋污染问题,对测试设备的要求比陆地要严格得多。海洋油气测试系统中的大部分仪器设备都直接与油井产出物接触,既要求设备能承受高压和高温,还要求设备能耐硫化氢和海水腐蚀。

(5)安全生产风险高。因为延长测试具有临时性,所以该阶段的安全配套设施并不完备,处理险情的手段相对较少。而且,海上平台新增延长测试施工设备设施后,由于危险区发生变化,对消防、救逃生设施的能力也要求更高,必须尽可能地减少非生产性施工人员数量。

二、海上延长测试设施与工序

延长测试设施是指延长测试施工时,在原钻井装置或者井口平台上临时安装的配套工艺设备,以及油轮或浮式生产储油装置等设施的总称。延长测试专用设备或者系统包括:油气加热器、油气分离器、原油外输泵、天然气火炬分液包及凝析油泵、蒸汽锅炉、换热器、废油回收设备、井口装置、污油处理装置、机械采油装置、井上和井下防喷装置、防硫化氢的井口装置、检测设施及防护器具、惰气系统、柴油置换系统、火灾及可燃和有毒有害气体探测与报警系统等。这些设施设备组成一个完整的初期生产系统,以保证延长测试能够获得充分、稳定、真实、可靠的数据,同时使延长测试期间油气井的采出流体能得到充分合理的利用与处理。

典型的海上延长测试系统(图6-16)由海上平台(钻井平台、井口平台)、软管、储油轮(或FPSO等)组成,同时根据实际情况配备穿梭油轮实现原油外输。延长测试系统的组成并非固定不变,测试仪器的组合取决于测试内容和测试对象,取决于所依托的平台类型。

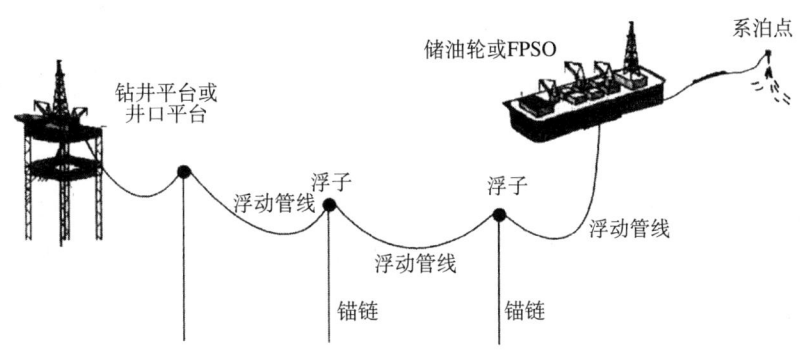

图 6-16 典型的海上延长测试系统

海上延长测试是在钻完井之后进行的测试项目。首先要制定延长测试施工方案，然后按照方案要求进行井筒处理，设计延长测试工艺流程，并选择设施、设备、工具备件。完成准备工作之后要进行系统的就位和安装，包括测试工具、测试设备设施的就位及油轮或FPSO 的就位、抛锚等施工，然后再进行系统检查、安装、连接、调试和试运转。上述工作就绪之后才能开井测试，才能进入正常测试阶段。

三、主要风险分析与防控措施

海上延长测试就是短期的油气生产，与正常油气生产的风险因素类似。但由于工艺的特殊性，发生事故的致因要素会有所不同。主要风险是井喷及井喷失控、油气泄漏（溢油）、火灾爆炸等，这些事故较为多发，危害较大。

1. 井喷与井喷失控

延长测试施工需要打开井下目的层，诱导地层流体流出地面。由于该阶段对丁地层的认识较少，发生井喷及失控的可能性较大。

1）风险分析

（1）对目的层位认识较少，缺乏详细信息。由于缺少地层资料，对井下情况认识不足，可能导致设计中的井喷风险识别不全面或者井内情况预测错误，无法提前制定对应的防控措施，极易产生复杂情况，从而导致溢流，引发井喷。

（2）井控措施不到位，井控设备不满足要求。油气井井下安全控制系统不足或存在缺陷，缺少第一级防喷控制；井口装置的类型、材质等不符合施工需要，产生损坏；防喷工具及配件准备不足；没有对井控装置进行检查、试压，未定期对其进行检验检测，可能由于这些原因发生井涌无法控制而导致井喷。

（3）施工过程中操作不当，出现误操作或违规操作。管柱起下施工中出现抽汲起钻，引起井内溢流；操作不规范引起工艺流程不稳定，导致井内压力出现变化，也可能引发井涌、井喷事故。

2）防控措施

（1）设备设施选型合理，保证设备设施状态良好，安全设备工作正常。测试树选型要准确，其额定工作压力应比油藏压力高一个等级，具有井下安全控制系统的液控结构，满足油气井生产和安全控制要求，满足海上采油对环境、温度、压力、腐蚀、测试等的要求；井口、井下安全阀安全可靠，应急关断装置能够确保及时关断。

（2）强化井控管理。施工前进行技术交底，进行井喷风险的分析和提示；制定井喷应急管理和具有针对性的井控管理实施细则。

（3）施工过程按照规范要求进行。测试管串坐封后，应连接好井口装置、压井和阻流管汇，并按要求进行试压；测试管串下井应平稳，不允许急刹急放，严禁转动管柱，如中途遇卡、遇阻应立即上提管串，待查明情况后再处理；压井过程中，自喷井要压稳油气层，做到压而不死，活而不喷，非自喷井应按照要求选取适当的压井液；替喷液性能、替喷方式、诱喷方式、掏空深度等应符合设计要求，要根据井内实际情况选择诱导油气流的方法。

（4）强化重点施工环节的安全管理。冬季进行测试施工，要注意确保压井、阻流管线的畅通，做好防冻工作；测试关井期间要装好井口，密切观察井口状况，发现井喷预兆，根据溢流、井涌等情况果断采取措施，防止井喷或事态扩大；起下管柱过程中，要注意观察起下管柱体积和灌入或返出液体积的变化，发现异常应及时汇报。

2．油气泄漏（溢油）

延长测试施工会产生大量的含油污水，其中大部分为井内液体，一旦出现失误，就可能导致油气外泄。同时，延长测试施工采出的油气需要进行处理、存储和外输，油气经过整个延长测试工艺流程，发生油气泄漏及溢油的风险点源较多，发生油气泄漏及溢油的可能性也较大。

1）风险分析

（1）输油施工。输油软管受到过往船只刮碰易造成损坏或者断裂；输油施工过程中出现大风、大浪等恶劣天气，易导致输油管脱落、断裂，这些情况都可能引发油气泄漏和污染。

（2）油气处理工艺装置泄漏。延长测试施工中的采油树、原油输送管线、油气处理设备、原油储罐等，尤其是各阀门和法兰处、原油输送软管都存在泄漏的可能性。设备缺陷、腐蚀以及法兰、阀门等连接处密封不合格等均有可能引起原油泄漏。

（3）人员违章操作或失误。施工人员倒错阀门、接错管线；在原油取样过程中，人员操作失误；生产、生活污水以及其他含油污染物落海，将直接引起泄漏污染。

2）防控措施

（1）输油软管应严格按照力学要求和标准规范进行设计、配置、安装与固定。外输管线接头应采用法兰连接，并安装保险绳套，避免舷外管线泄漏。测试期间应注意观察输油软管的工作状态，防止由于软管破裂造成溢油污染。油轮与漂浮软管的连接或解脱后再接前，应对软管进行试压及氮气吹扫。油轮接油期间，应安排专人观察海面及漂浮软管，如出现溢油应立即采取措施。

（2）管系布置要合理，管系的连接与固定要依据规范标准进行。要定期对整个油气流程进行检查，发现异常及时采取补救措施，确保管线、阀门、法兰、容器的完好；储液罐摆放要平稳，安全防护可靠，无泄漏；在停止测试关井期间，应对地面流程进行扫线，地面流程节流阀应处于关闭状态。

（3）在延长测试期间，应制定油气泄漏应急管理，定期进行演练。制定专门的管理制度,确保落实到位。各方应做好联络,并密切监视各种测试参数变化,如发生泄漏应立即采取有效的关闭措施。

3. 火灾爆炸

只要有油气生产,就存在火灾爆炸的风险,延长测试也不例外。

1) 风险分析

(1) 施工中产生明火、电火花,施工人员违反规定在危险区内吸烟,测试生产过程中,设备或管线产生静电,这些情况都有可能产生点火源,引燃油气混合物,引发火灾爆炸。

(2) 危险区的电气设备防爆性能不能满足场所要求,电气设备超负荷运转发热,电气线路存在缺陷或损伤等都可能引起爆炸着火;柴油机排气管、锅炉烟囱的火星熄灭不全,也可能引起着火;加热炉炉膛内有余气就点火,可能会引发炉膛爆燃。

(3) 伴随井喷、油气泄漏的发生,或者生产现场油污多,油气与空气混合形成爆炸性混合气体,遇点火源就极易发生燃爆事故。

2) 防控措施

(1) 在延长测试期间,应根据新增设备的布局情况重新划分危险区域,在危险区域应使用防爆工具,设备设施应采取防爆、防静电措施。应依据相关标准,在钻井平台或其他依托设施上增加足够数量的消防器材和可燃气体探测仪及探头。

(2) 做好管线、设备的静电消除工作。输送油气的管线、公用管系以及压缩空气等金属管线和设备,至少在每个四孔以下法兰的连接处都要有可靠的电气连接,并应至少有两处接地。

(3) 放空燃烧前,应根据当时的风向选择燃烧臂,一般应在下风处点火燃烧,以免燃烧时的烟雾、热气等吹向施工区域。燃烧时,喷淋管线保证时刻都有足够量的冷却水进行喷淋冷却。

(4) 严格执行施工许可制度,油罐、井口、流程区等危险区域需要进行动火施工时,应进行危险分析;易燃易爆物品如乙炔、氧气要加强管理,远离明火并通风储存;施工设施上配备兼职消防员;测试人员及临时到现场工作的人员应穿戴防静电服装和工作鞋;施工过程中严格遵守防火防爆安全管理规定。

(5) 柴油机等排烟口应采取防火花措施。

第七节 海上井下施工

井下施工是对油气水井的投产、生产维护、井内故障处理、增产稳产等进行的各类施工工序的统称,是油气田开发过程中保证油气水井正常生产的技术手段。顾名思义,海上井下施工就是针对海洋油气水井进行的井下施工。

一、海上井下施工的特点

海上井下施工工艺与陆地井下施工基本相同,存在的差异主要是由于施工环境发生了变化,导致施工的风险和难度极大提高,因此,其依托和使用的设备设施、工艺技术等要求相应地发生了改变。海上井下施工的特点如下：

（1）海上井下施工设备的技术性能要求高。海洋油气井多数为斜井、大位移井或水平井，对井下施工设备的功能范围和动力储备要求较高，水下井口的修井施工甚至需要专用的施工船和修井设备来完成。此外，由于海上施工装备的拆迁、更换比较困难，一些修井设备有时既要满足油气水井的各种施工措施需要，还要求具备钻修两用功能，以满足后期的侧钻需要。

（2）海上井下施工需要多方的相互配合、协调。海上油水井施工不是单一的施工技术，而是一项综合技术和系统工程，贯穿于海洋油气开发始终，并且可能需要附近设施的支持，为了能够适应海洋环境并满足开发方案及采油工艺要求，需要与其他相关工程如钻井、测井、海洋油气工程施工等相互配合。

（3）对周围油气井、油气生产设备等的影响较大。海洋油气水井一般都集中在一个或若干个井口区内，呈丛式井分布，井数密集，油气生产处理工艺设备聚集四周。对其中某一口井进行井下施工时，势必会对周围生产井的井筒、井口设备产生影响，一旦发生事故，由于空间环境的影响，事故极易扩大，甚至造成灾难性事故。因此，对海上井下施工的安全性要求十分严格，对防碰、防泄漏、防喷、防爆等安全要求都较高。

（4）交叉施工影响显著。由于油气生产的需要，普遍存在边生产边施工的情况，甚至还可能同时存在其他维修、油井操作等活动，形成多重交叉。

（5）海上井下施工过程中产出的液体和大量废弃物不易处理。井下施工常见的洗压井、替泥浆、冲砂等施工过程中均存在大量的污水、污油，很容易产生污染物，包括原油、含油废水混合物及其他污染物等，排放和处理都很困难，环境污染风险大。

二、常见的海上井下施工设施

在滩海陆岸、人工岛井下施工与在浅海、深海区域的井下施工相比，所需要的施工设施完全不同。目前，海上井下施工设施主要包括以下几种类型：

（1）海上平台钻修井模块和采油平台共享支持系统的固定式修井设施。此类型装置位于采油平台的施工甲板或专用区域，其电、气、水、油等由采油平台提供，生活系统、靠船及吊运系统和通信系统等也均由采油平台提供或共用。固定钢质平台上的修井装置如图6-17所示。

（2）自带支持系统的修井设施。此类修井装置可不依托于其他设施独立完成修井施工，包括移动式修井平台、修井船等。海上自升式修井平台如图6-18所示。

（3）滩海陆岸的可移动修井设施，如车载修井机（图6-19）、轨道式模块修井机、电动式车载修井机。

图6-17　固定钢质平台上的修井装置

图 6-18 海上自升式修井平台

图 6-19 车载修井机

井下施工过程中，需要用到种类繁多的专用设备、工具及管柱。专用设备、工具包括地面配套工具、抽油泵及辅助工具、封隔器及辅助工具、修井打捞工具、修井螺杆钻具、激光割缝筛管、钻磨铣工具、套管整形及修复工具等。专用管柱包括酸化压裂管柱、分层注水管柱、堵水采油管柱、泵抽管柱等。进行水下油气井的井下施工时，还需要使用水下导向防喷设备等。

三、海上井下施工工作项目

井下施工是针对井筒和地层的施工，它通过地面设备和相应的技术手段，完成对地层、井身结构的测试和数据录取，对生产中的层位及井身故障进行治理、修复和消除，对地层的某些不良性能进行改造等，以达到提高油水井的利用率、维护油田和油水井正常生产及安全、挖掘生产潜能等目的。

井下施工非常复杂，内容大致包括钻完井后的试油、油气水井的维护和修理以及油气层的增产措施，一般可分为油水井维修、油水井大修、试油及各类型措施施工等。

1. 油水井维修

油水井维修也称小修,它是对油、气、水井轻度故障进行的修理和排除工作。油水井维修的目的是通过施工,使油水井恢复正常生产,主要包括油井检泵、洗井冲砂、换光杆、换封隔器、井下调参、起测、下泵、隔采、解卡等,注水井管柱检查、换封隔器、冲砂洗井、整改井口以及维修施工中需要配合的其他施工(射孔、工程测井等)。

2. 油水井大修

油气水井大修是解除复杂的井下事故,恢复油气水井正常生产的重要措施。大修施工通常是指套管内的复杂打捞和套管修复,主要包括倒扣、打捞、解卡、爆炸、切割、钻、磨、套、铣、套管修复等。广义上也把套管内侧钻、油井复杂封串、堵漏、堵层、报废井永久封井等施工也纳入大修施工范畴。

3. 试油

试油是通过通井、洗井、冲砂、试压、射孔、诱导油气流、求产等一系列工艺手段得到的一系列压力、产能、液性等数据,为油井的开采和油田的开发提供科学依据。试油的主要目的在于确定所试层位有无工业性油气流,并取得代表它原始面貌的资料,但在油田勘探的不同阶段,试油有着不同的目的和任务。在油田开发初期,试油所提供的数据具有指导油田开发的决定性意义。

4. 措施施工

在油气田开发过程中,随着开发的深入,储层会发生改变,为了提高产量,需要利用各种措施进行油层改造,此类型施工一般统称为措施施工。小型的措施施工包括电转抽、抽转电、泵升级、合注与分注的相互转换等,大型的措施施工包括压裂、酸化、防砂、卡堵水、稠油热采、转注、分注、调剖等。

四、主要风险分析与防控措施

海上井下施工工艺复杂,工序繁多,多任务、多工种协作施工,涉及原油、天然气、硫化氢等多种易燃易爆、有毒有害物质,生产施工过程中事故风险较多,是海洋油气危险性较大的施工,而且对相邻生产井及周围油气处理设备的影响也非常大。主要风险包括井喷及井喷失控、油气泄漏、火灾爆炸、机械设备伤害、高压伤害、人员中毒等。

1. 井喷及井喷失控

井喷是井下施工过程中最严重、危险性最大的事故,后果非常严重。井喷风险存在于整个井下施工过程中,产生井喷的根本原因是井内压力失去平衡,井内压力小于地层压力。一旦发生井喷或井喷失控,可能会造成重大损失甚至造成灾难性后果,毁坏油井井身结构,吞噬井口设备,甚至引起火灾爆炸和严重的海洋环境污染。

1)风险分析

(1)设备原因:如果井口设备装置、井身结构、油层套管、技术套管等存在质量问题;井控设备配备、安装及试压不合格、不规范;井下工具故障,如封隔器胶皮失灵,解封不开,起钻时造成抽汲等,这些问题可能导致在出现井喷时不能有效地进行控制。

（2）人为因素：岗位人员井控意识淡薄，对井喷重视不够；人员误操作，不按设计要求施工，未按规定灌注压井增液或压井施工；起下管柱尤其是带大直径工具的管柱未按要求严格控制速度，产生抽汲或压力激增；溢流或者其他井喷预兆未及时准确地发现，发现溢流或其他井喷预兆后未及时关井；发生井喷时不能在第一时间控制，引发井喷失控。

（3）井控措施不当：对井下情况、地层或井筒认识不清楚，对于注水造成的施工影响预计不足，设计考虑不全面，导致施工的盲目性；压井液性能达不到要求，井内压力无法平衡，压井液不能有效压井；施工过程中，压井循环脱气后观察时间不够，关井程序不正确，关井压力过高，超过井口控制装置、套管或地层的承压值；压井液受高压气流的影响，气侵速度加快，预防措施及手段满足不了地层突变的需要；射孔、压井、排液等施工过程中井控措施不当，都有可能引发井喷或井喷后无法控制。

（4）其他影响：油气井情况复杂，有高压层、漏失层，地层出砂明显，油气流体损坏井控装置；受邻井的影响，如注水井未及时关停或停注后未泄压等，导致井内异常高压引发井喷；新工艺技术应用，如蒸汽驱、二氧化碳驱等造成井内压力不稳定，形成气窜；地质设计、工程设计失误，风险辨识不到位。

2）防控措施

（1）要严格井控管理。施工现场三项设计（地质设计、工程设计、施工设计）应齐全，井控设计内容要全面，施工发生变更时应立即进行书面变更，确保风险分析到位，对射（补）孔层、气层、高压层的方案编制要考虑周密。开工前，施工队伍应向岗位员工进行风险提示，细化井喷风险。防喷器每班动作一次，全封闸板防喷器在每次起完管柱后应进行检查。施工不能连续时，应关闭防喷器，装好油管闸阀并有效固定。

施工队正副队长、技术员、正副班长或正副司钻、资料员或井架工、专（兼）职安全员、钻井液工经过井控培训，并持证上岗。落实专人负责，做好放喷、抢关、抢装操作的准备工作。强化抽汲诱喷、替喷等关键工序的井控管理。

（2）井控设备满足要求。各类型施工均要按照设计的要求安装井控设备，并确保井控设备的有效、可靠。井控装置应定期进行检验，并取得有效合格证书。防喷器远程控制台储能器压力应符合使用要求，仪表、调压阀灵敏可靠，手柄标志清楚。施工时，井口应备有旋塞阀，且开关灵活，处于开启状态。油管架上应备有防喷单根（防喷短节）以及相应的变扣接头。节流管汇和压井管汇安装在操作台外，安装牢靠，标志清楚。放喷管线采用钢质硬管线，管径、管线的固定等均应满足规范标准的要求。

（3）井控措施到位。井喷风险的防控要以预防为主，原则是保持压井液的静液柱压力略高于地层压力。施工时各道工序应衔接紧凑，尽量缩短时间，防止因停工造成的井喷。施工不能连续时，需装好采油井口装置。

①拆井口施工时，应提前对油套管压力进行泄压，根据地层压力系数选择合适的压井液进行压井，井口无异常后方可拆卸井口并安装防喷器。

②起下管柱时，应边起边灌，保持井筒内压井液液面高度，并有防顶措施，起完管柱后应及时关闭防喷器。中途停止起下施工时，应安装好井口或关闭井控装备，在未打开闸板防喷器的情况下，不能恢复起下管柱施工。起下施工发生溢流时，及时发出信号，停止起下施工，关闭防喷器和旋塞，采取必要的井控措施。起下带有大直径工具的管柱时，防喷装置上应加装防顶卡瓦，保持油套管联通，及时灌注压井液。

③钻水泥塞、桥塞、封隔器时，施工所用修井液密度应与封闭地层前所用压井液密度

一致，钻完后应充分循环，停泵观察60min，井口无溢流后方可进行下一步施工。

④压井施工时，压井方式、压井液密度符合设计要求，压井管线采用钢质硬管线，并固定可靠。压井液返出后要控制进出口排量平衡，至进出口密度差满足设计要求时可停泵，停泵后需观察30min以上，直至出口无异常。

⑤冲砂施工时，冲开被砂埋的地层时应保持循环正常，发现出口排量大于进口时，需及时处理。不得使用带通井规或刮削器等大直径工具的管柱冲砂。

⑥射孔时，应有专人观察井口，发生溢流或有井喷征兆时启动井控应急管理。

⑦酸化压裂时，地面流程、井口装置出现刺漏、变形、断裂等故障时，应立即停泵，待安全泄压后再进行修理。管线砂堵反循环时，反循环压力不应超过设计压力。

⑧套铣施工时，要不中断循环，套铣30min活动一次钻具。

（4）限定或慎用带压施工工艺技术，未进行风险分析，不具备安全条件不得使用。

2. 油气泄漏

井下施工产生的废液、污油水较多，极易发生油气及污油污水泄漏事故。如果泄漏出的气体中含有H_2S、CO和CO_2，且超过人员防护安全临界浓度时，还将直接影响施工人员的健康安全。

1）风险分析

（1）施工过程中造成油气泄漏。在洗压井、替钻井液、冲砂等施工过程中，管线刺漏可导致含油气液体泄漏；洗井循环不彻底，起钻时可能发生洗井污水溢流；在拆装井口及安装井控设备过程中损伤地面生产流程，可造成油气窜出；打捞、冲洗同时进行，井液返出速度较快，可能会溢出井口；打捞施工中捞获落物后，打捞钻杆被堵死，有可能造成冒喷。

（2）油气设备设施损坏导致油气泄漏。试油、测试等施工中的生产流程阀门、管线、储罐等设备损坏，或者设备、管道、阀门、法兰接口等腐蚀穿孔，可能造成油气泄漏；长时间停井或井下工具、排气阀等失效，在井下存在较高压力憋压，也可导致油气外泄；施工过程中，防护措施不够，破坏正在生产的油气工艺管线或容器，会造成油气泄漏。

（3）管理原因造成油类污染物的泄漏。安装防喷器液压管线或封隔器试压过程中，液压油可能溢出；罐底残余的解堵剂、冲洗罐内的残留物、残酸、残液等未及时回收，燃料油管理不当等，都可能发生外溢。

2）防控措施

（1）及时检查生产流程、盛油容器的管线、阀门的工作状况，防止跑冒滴漏等情况。施工过程中的出口液体不能落入海中，井内返出的废液等要妥善处理。

（2）现场应配备足够容量的废液罐，收集的压井液、被置换的井液、污水污油等，以及残液、废油、含油污水等存入废液罐后应妥善存储防止泄漏。

（3）使用的油料等要建立保管制度，有专人严格管理。设备更换、清洗用过的废油应集中回收储存，严禁倾倒和随意排放。

3. 火灾爆炸

井下施工是针对油气水井进行的施工，接触的油气具有易燃易爆性，并且井下施工过程中还涉及成品油、射孔等危险施工，发生火灾、爆炸的可能性较高。

1）风险分析

（1）对井内爆炸风险认识不足。井筒内形成天然气聚集的情况非常复杂，可能因为前期的油套补贴腐蚀严重，不能满足气密封的要求，导致井下油气互串；也可能因为固井时套管水泥返高不够，存在衔接空缺段，导致地层中的游离气进入到井筒中；也可能由于洗井不彻底，残余在井壁上的油气挥发聚集。这些聚集的天然气遇到空气混合时，即可形成爆炸物。

（2）对工艺安全性认识不全面。油气施工或者测试中，由于工艺本身的限制，空气进入或者产生点火源而瞬间引发爆炸。例如，使用空爆弹作为声源测试液面，在井下击发时就可能会产生火花或静电。

（3）施工管理不严。污油、含油污水处理不及时，蒸发形成可燃气体云，与空气接触后在一定的密闭空间内，会形成爆炸环境。

（4）防火防爆管理不到位。危险区内电气设备防爆性能不能满足要求，或者防爆装置损坏，防爆性能缺失；危险区内无静电释放装置，流程管线无跨接线，导致产生静电，危险区进行热工施工等，这些情况都可能引发火灾或闪燃闪爆。

（5）爆炸物品管理失位，如射孔弹、射孔枪存储、搬运不当，会引发爆炸。

2）防控措施

（1）对井筒内的风险要有充分认识。认真查阅油气井的历史施工记录，对可能发生的事故风险要充分分析，并采取成熟、安全可靠的施工工艺，采取有效的安全措施。

（2）加强油类污染物的管理。对残余油、含油污水、含油污泥等要严格存储管理，必要时可安装可燃气体报警探测仪，严防油气聚集。

（3）防火防爆设备要完好有效，危险区内应使用类型相符的防爆电气设备，做到一机一闸一保护。临时用电要规范连接，办理相关许可票，不能影响设施整体的防爆要求。

（4）危险品管理要严格。射孔弹、射孔枪等应存放于专门的场所，设置专人管理，设置警示标志，射孔操作应符合规范要求。

4. 机械设备伤害

井下施工需要使用动力设备、提升设备和辅助设备等专门的机械装置，这些设备设施操作频繁，易发生机械故障造成伤害，是井下施工中发生概率较高的事故，可能导致人员伤亡和机械设备损坏等。

1）风险分析

（1）管柱起下操作过程中，出现上碰下砸事故；人员误操作造成砸伤、压伤、扭伤等；液压大钳、B型钳、卡瓦等设备可能对人员造成伤害。

（2）机器外部运转的部分在运行过程中引起人员的绞、碾伤害，或因运动部件断脱、飞出而造成人身伤亡和设备损坏。如绞车、各类泵等设备的旋转部位保护措施不到位，导致对附近人员的伤害。

（3）搬运工具、设备、配件、油管过程中造成人员砸伤、挤伤；吊装施工造成人员伤害等。

（4）设备局部高温对人造成高温烫伤。

2）防控措施

（1）增设机械设备安全防护装置，并保证齐全牢靠，如旋转部位加装防护罩，易伤人的突出部位进行保护等；容易发生危险的部位设有明显的安全标志、警示信号和警语。

（2）加强机械设备的日常检查与维护，定期保养，保持其良好的运行状态；经常进行安全检查和调试，消除机械设备的不安全因素。游动滑车、大钩、吊环、吊卡检验合格，灵活可靠；修井机刹车系统应灵活好用；修井机防碰天车装置应灵敏有效；井下施工专用设备如井架、天车、游车、大钩、水龙头、修井机、压井泵等经过专业设备检验检测且检验合格。

（3）装卸酸液等化学危险品时轻拿轻放，不得震动、撞击、摩擦、重压和倾倒；特种施工应有专人指挥；起重机吊装设备时应使用游绳牵引。

5. 高压伤害

井下施工中的封堵、压裂、气举、气井修井等施工内容涉及较多的压力容器，井筒、管线、井口装置等均承受较高压力，潜在较高的高压伤害风险。

1）风险分析

（1）由于设备或管线在选择、试压、检查、安装、固定方面不合理，造成管线刺漏、闸阀渗漏、管柱弯曲以及人员伤害。

（2）高压管线固定不牢或未固定，致使管线松动伤人。

（3）压裂施工中因油管强度不够、压裂液变质、封隔器不工作及放压控制不当造成高压事故。冲砂、防砂、替喷等施工过程，高压管线可能突然弹起伤人。

（4）井口失控，高压释放；泵压过高，高压液体喷出伤人。

2）防控措施

（1）管线、阀门应安装正确，高压管线应固定牢靠；进出口应用硬管线，管线出口不得使用活动弯头或90°死弯头；施工过程中，泵压应不超过管线所能承受的最高工作压力；施工中途发生故障，必须先停泵放压，然后再进行处理。

（2）高压区、高压管线等禁止人员穿越或靠近，并设置安全标志。高压施工时人员需站在安全区内。

（3）压力容器操作人员具备操作资格证，开关阀门时应缓慢进行。

6. 人员中毒

井内的油气属于有毒有害物质，大量的天然气会使人窒息；同时部分地层中可能含有硫化氢和一氧化碳等有毒有害气体，若逸出或喷出井口，会造成人员中毒事故。

1）风险分析

（1）由于化学药剂的使用，可能在井下产生硫化氢或其他有害物质。

（2）射孔、钻塞等施工，打开井下层位，井内硫化氢、一氧化碳等有毒有害气体泄漏，人员防护措施不到位可能造成人员中毒。

（3）酸化、压裂过程中，酸化液、压裂液由于在搬运、装卸、使用中飞溅，造成人员伤害。

（4）进入储液罐等受限空间施工过程中，含氧量不足，易发生人员中毒窒息。

2）防控措施

（1）施工过程中要落实对有毒有害气体的监测措施。硫化氢检测报警装置应定期校验合格，报警值设置正确，灵敏好用。

(2) 中毒窒息风险辨识到位,并制定防控措施。在含硫化氢井施工时,应对施工人员进行交底,要求员工熟知硫化氢的危害和应急程序,制定防硫化氢应急管理,组织全员防硫化氢演习;严格执行受限空间施工许可制度,进入受限空间施工需保证含氧量充足,通风良好。

(3) 增强施工人员安全意识,要具备基本的防护技能。含硫化氢井施工时,所有施工人员均应接受防硫化氢技术培训,并取得合格证书。

(4) 按照要求配备可燃、有毒气体探测装置,设置安全标志。海上井下施工设施的井口区、甲板上、钻台上、污油舱内污液池顶部配备固定式硫化氢探头,至少配备 0~20mg/m³ 和 0~100mg/m³ 量程的便携式硫化氢探测仪各一套;滩海陆岸、人工岛每个井场配备至少两台便携式硫化氢检测仪、两台可燃气体检测仪;现场应有明确易见的风向标,含硫化氢区域应有明显警示标志和顺畅的逃生通道;含硫油气井放喷点燃时,要采取防中毒措施。

第八节 含硫化氢场所施工

在海洋油气施工过程中,经常出现来自地层的硫化氢,它们随着油气流体的开采一起被携带至海洋油气设施上。硫化氢不仅会危及施工场所的人员健康和生命安全,也可能会对钢质管材产生腐蚀作用,给生产施工带来极大的安全风险。

一、硫化氢的性质

硫化氢是一种可燃性无色气体,化学分子式为 H_2S,分子量为 34,对空气的相对密度为 1.19,熔点为 −82.9T 约 −63.83℃,沸点为 −60.31,易溶于水,20℃时 2.9 体积气体溶于 1 体积水中,易溶于醇类、二硫化碳、石油溶剂和原油中。20℃时蒸气压为 1874.5kPa,空气中爆炸极限为 4.3%~45.5%(体积分数),自燃温度为 26℃。

硫化氢气体有毒,具有极其难闻的臭鸡蛋味,低浓度时容易辨别出,但由于很快造成人员嗅觉疲劳和麻痹,气味起不到警示作用。硫化氢还具有还原性,它在空气中的最终氧化产物为硫酸或硫酸根阴离子。

1. 阈限值

几乎所有工作人员长期暴露都不会产生不利影响的某种有毒物质在空气中的最大浓度称为阈限值,硫化氢的阈限值为 15mg/m³(10ppm)。

2. 安全临界浓度

工作人员在露天安全工作 8h 可接受的硫化氢最高浓度称为安全临界浓度,硫化氢的安全临界浓度为 30mg/m³(20ppm)。

3. 危险临界浓度

硫化氢的危险临界浓度为 150mg/m³(100ppm),达到此浓度时,对生命和健康会产生不可逆转的或延迟性的影响。

4. 含硫化氢天然气的定义

天然气的总压大于或等于 0.4MPa，而且该气体中硫化氢分压大于或等于 0.0003MPa 的天然气。

二、硫化氢的来源

1. 钻（修）井过程

（1）钻井液的某些处理剂在高温作用下发生热分解以及钻井液中细菌的作用都可能产生硫化氢。

（2）通过钻井，打开了地层裂缝等通道，下部地层中硫酸盐层的硫化氢上窜。

（3）石油中的烃类、有机质与储集层水中的硫酸盐经高温还原作用产生硫化氢。

（4）钻修井期间热作用于油气层时，油气中的有机硫化物分解，产生硫化氢。

2. 油气生产过程

（1）含硫油气田采油气时带来硫化氢。

（2）在非热采区，因底水运移，将含硫化氢的地层水推入生产井中。

（3）后续酸化、压裂等增产措施后，与其他层位连通，出现硫化氢。

（4）检修时，管道、容器残余的液、油、气释放出硫化氢。

（5）场站含硫天然气泄漏带来硫化氢。

三、主要风险分析与防控措施

1. 人员中毒

硫化氢随空气被吸入人体，与血液中的溶解氧产生反应。当硫化氢含量少时可被氧化，对人体不产生危害。但是当硫化氢含量很高时，它可夺去人体血液中的氧，使人体各部分缺氧产生中毒，甚至死亡。

1）风险分析

（1）慢性中毒（轻度中毒）：如果人长期暴露在低硫化氢浓度的环境中（75～300mg/m³），硫化氢将对人体产生慢性中毒，主要症状为眼睛刺痛、咽喉部有灼热感、咳嗽、胸闷和皮肤过敏等。脱离接触后短期内可恢复。

（2）亚急性中毒（中度中毒）：中度中毒者刺激症状加重，如咳嗽、胸闷、视物模糊、眼结膜水肿及角膜溃疡，有明显的头痛、头晕，并有轻度意识障碍，X 线胸片可显示肺纹理增强或有片状阴影。

（3）急性中毒（重度中毒）：吸入高浓度的硫化氢气体会导致昏迷、肺水肿、肌肉痉挛、瘫痪、呼吸循环衰竭。吸入极高浓度（1050mg/m³ 以上）时，会出现"闪电型死亡"。如果不及时采取措施抢救，最终由于呼吸和心跳停止而迅速死亡。

2）防控措施

（1）钻修井施工时，钻（修）井平台应正对盛行风向，以保证生活区及飞机平台处在井口上风位置；井架上和安全保护区都要装"风飘带"或"风向标"，风速仪应安装在使工作人员能够看到的地方；在井口附近、钻台上、钻井液筛附近以及其他可能聚集硫化氢的地方，应定时用硫化氢检测仪检测是否存在硫化氢；在容易聚集硫化氢的各部位应装有大型防爆风机，并安装有报警性能的硫化氢检测仪器；井场上每个工作人员均应配备和都会使用防毒面具，并放置于每个人都易取到的地方；在井场两侧均装有气体引燃管线，并设有遥控点火装置；在钻井液筛处配备35%（质量分数）的双氧水，防止硫化氢伤人；在有硫化氢的地层取心时，当取心筒起出至井口还有20根立柱时，工作人员应戴上防毒面具，直到搬走岩心后才能取下防毒面具；井口装置及防喷器要具有抗硫性能；生活区和守护船上应配备硫化氢测定仪、急救装置、氧气瓶等，医务室应配有硫化氢中毒医疗用品、复苏器和氧气瓶等；当空气中硫化氢浓度达到安全临界浓度时，应挂出写有硫化氢字样的标牌，并升起红旗。

（2）对于可能存在硫化氢的地区，在施工设计中应尽可能标明含硫化氢地层的深度，并预测硫化氢的含量，提醒施工人员注意，预先采取必要的措施。当空气中硫化氢的含量达到30mg/m³时，有关在岗工作人员应迅速戴上防毒面具，非工作人员撤到安全区；使用适合于钻含硫化氢地层的钻井液，pH值应保持在10以上；现场应存有适量的净化剂、添加剂、防腐蚀剂，尽量清除钻井液中的硫化氢，以保护金属器材；在录井中若发现硫化氢显示，录井人员应及时向钻井监督报告；钻井过程中若发现硫化氢浓度达到30mg/m³时，应暂时停止钻进，循环钻井液，通知守护船停靠在上风方向待命，待各项防护措施落实后方可继续钻进；若使用平衡钻井法，应保持井筒液柱静压力稍大于地层压力，避免井喷或先漏后喷；及时发现溢流信号，采取正确的施工措施，保证钻井安全；钻遇含硫化氢的地层时，起钻时应使用钻杆刮泥器，若将湿钻杆堆放在甲板上，必要时工作人员应佩戴防毒面具；钻穿含硫化氢地层后，应加强工作区的监测。

（3）采油生产施工时，在施工区和生活区设置硫化氢探测报警系统，包括固定式硫化氢探测、报警系统和便携式探测仪；在油气区和生活区安装风向标，要求风向标安装在人员易于看到的地方；在油气区安装防爆风机，以便驱散聚集的硫化氢；配备足够数量的防护面具，需要时能方便取用；配备有处置硫化氢中毒所使用的药品和氧气瓶等；硫化氢浓度超过75mg/m³时，要有"硫化氢"字样的标牌和矩形红色的标志；施工所用设备、管线具有抗硫性能；在泵房、硫化氢高浓度的区域和取样口，要加强通风和照明，并要求尽可能做到隔离操作或戴防护面具操作；在打开油管刮管器和接收器，现场维修油气管线和设备时，要佩戴防护面具；油气管线爆破、施工区抢修、油井不压井起下施工、打开放喷管堵头和打开放喷管放空阀放空等操作和施工时，操作者也应佩戴防护面具；已知含硫化氢的生产场所，所有操作人员必须穿戴正压式空气呼吸器。

（4）对硫化氢中毒者急救时，要采取恰当的措施。在进入毒气区抢救中毒人员之前，应先戴上防毒面具。应立即把中毒者从硫化氢分布的现场抬到空气新鲜的地方，松开衣领，注意观察中毒者的变化。如果中毒者没有停止呼吸，保持中毒者处于休息状态，有条件的可给予输氧，同时应注意保持中毒者的体温；如果中毒者已经停止呼吸和心跳，应立即不停地进行人工呼吸和胸外心脏按压，直至呼吸和心跳恢复或者医生到达。

2. 腐蚀和氢脆

在含硫化氢的环境，钢材腐蚀与氢脆作用同时存在，对生产工艺、容器产生慢性破坏，目前还没有很精确的技术手段能够计算或预测这种破坏的影响程度，也正是因为这种破坏的未知性，增加了人们对硫化氢的畏惧。

1）风险分析

腐蚀实际上是硫化氢在有水的条件下在金属表面产生的电化学腐蚀，生成物是一种疏松的物质。这种腐蚀对钢材产生破坏性作用，即钢材产生蚀坑、斑点和大面积脱落，造成设备变薄、穿孔、强度减弱，严重时造成破裂。

同时，硫化氢在水溶液中发生电离生成 H^+，由于 HS^- 和 S^{2-} 的存在加速了 H^+ 的释放，使氢原子向金属晶格内渗透，当遇到金属内部缺陷处（气泡或沙眼）时，氢原子就会聚集并结合成氢分子，体积增大，使金属内部产生很大的内应力，致使钢材产生氢脆现象（氢脆指化学腐蚀产生的氢原子，在结合成氢分子时体积增大，致使低强度钢和软钢发生氢鼓泡，高强度钢产生裂纹，使钢材变脆）。钢材在足够大的外加拉力或残余应力，与氢脆裂纹同时作用下，将发生硫化物应力开裂。

2）防控措施

对于含硫环境中使用的设备，其金属材料应从材质选择、加工、改善、质量控制、防腐设计、添加缓蚀剂、监测、防止固相沉积等方面应予以考虑，避免或降低腐蚀的发生。

(1) 采用涂层保护。在钢材上加保护层既可以节约材料，又可以提高防护性能。工程中一般采用耐腐蚀性较高的合金钢或贵金属（如钛、镍、铬等）或涂料涂层及其他非金属材料作保护层。在钢材表面进行热喷涂能起到很好的防护效果，其使用寿命可提高10倍以上。若加入 Ni 及微量稀土元素，其防腐效果会更佳。

在防腐涂料方面，重防腐蚀涂料得到了迅速发展。它是指能够在苛刻腐蚀环境下长效防护的高性能涂料。另外，随着抗静电涂料的问世与不断发展，涂层防护技术日益被石油行业重视。

(2) 添加缓蚀剂。在腐蚀介质中加入某种缓蚀剂对控制金属腐蚀具有重要意义。金属在电解质或潮湿空气形成的水膜中的腐蚀过程由两个共轭的电化学反应（阳极反应和阴极反应）组成。缓蚀剂吸附在金属表面后，能分别或同时抑制阳极、阴极反应，从而减小腐蚀过程中的腐蚀电流，达到缓蚀目的。从物理化学角度分析，缓蚀剂对腐蚀电极过程的抑制，是缓蚀剂或缓蚀剂与电解质作用于金属表面，使金属表面发生变化的结果，这种表面的变化表现为氧化膜或沉淀膜的吸附或者是离子、分子在金属表面的吸附。

实践证明，合理添加缓蚀剂是防止含硫化氢酸性油气对碳钢和低合金钢设施腐蚀的一种有效方法。缓蚀剂对应用条件要求很高，针对性很强。不同介质或材料往往要求的缓蚀剂也不同，甚至同一种介质，当操作条件（如温度、压力、浓度、流速等）改变时，所采用的缓蚀剂可能也需要改变。用于含硫化氢酸性环境中的缓蚀剂，通常为含氧的有机缓蚀剂（成膜型缓蚀剂），有胺类、米唑啉、酰胺类和季铵盐，也包括含硫或磷的化合物。

(3) 选用优质钢材。渗铝钢无论是在含硫的氧化性环境中还是在高温硫化氢介质中，均有良好的耐蚀性。特别是在高温硫化物介质中，其耐蚀性尤为突出。渗铝钢在潮湿的硫化氢环境中，耐蚀性比碳钢提高数倍。同时，由于渗层中铝对腐蚀介质的抵御作用和对钢材起到的牺牲阳极保护作用，渗铝可防止或减少钢材发生应力腐蚀开裂和氢脆开裂。

另外，经过热处理的管线钢焊缝具有较高的抗硫化氢腐蚀能力。因为热处理可以消除钢材的组织应力，而且对热应力和结晶应力能起到平衡缓解作用，能够通过金属的再结晶使应力重新分布，降低其峰值；同时减少组织偏析，细化晶粒，获得回火组织，从而提高抗硫化氢腐蚀的能力。

(4) 加强腐蚀监测。腐蚀监测是指对石油管线的腐蚀或破坏进行系统测量，弄清腐蚀过程，了解腐蚀控制的应用情况和控制效果。通过腐蚀监测可以获得腐蚀过程和操作参数之间相互联系的有关信息，以便对问题进行判断，改善腐蚀控制，使石油管线安全高效地运行。腐蚀检测技术和计算机技术的结合是目前研究腐蚀检测的主要方向，腐蚀检测仪器的智能化是腐蚀防护发展的趋势。目前，较成熟的腐蚀监测技术有电阻法（ER）、线性极化（LPR）、电位法、超声波测厚法，迅速成长的腐蚀监测技术有电化学阻抗（EIM）、电化学噪声（EN）、氢通量监测技术等。

第九节　海底管道集输

海底管道是海洋油气田开发生产系统的主要组成部分。它是连续输送大量油气最快捷、最安全且经济可靠的运输方式。通过海底管道，能把海洋油气田的生产集输和储运系统联系起来，也使海洋油气田和陆上石油工业系统联系起来。近几十年来，随着海洋油气田的不断开发，海底管道实际上已经成为广泛应用于海洋油气工业的一种有效运输手段。

一、海底管道集输主要特点

(1) 可以连续输送，几乎不受环境条件的影响，不会因为海上储油设施容量限制或穿梭油轮的接运不及时而使油田减产或停产。输油效率高，运油能力大。
(2) 海底管道铺设工期短，投产快，管理方便，操作费用低。
(3) 管道位于海底，多数又需要埋设于海底泥面以下一定深度，检查和维修困难。
(4) 某些处于潮差或波浪破碎带的管段（尤其是立管），受风浪、潮流、浮冰等影响较大，有时可能被海面漂浮物和船舶撞击或抛锚破坏。

二、海底管道常见类型

海底管道按输送介质可划分为海底输油管道、海底输气管道、海底油气混输管道和海底输水管道等；从结构上可划分为三重保温管道、双重保温管道和单层管道；按工作范围可分为油气集输管道和油气外输管道。

油气集输管道一般用于输送汇集海上油气田的产出液，包括油、气、水等混合物。通常连接于井口平台（或水下井口）至处理平台之间，处理平台（或水下井口）至单点系泊之间，如图6-20所示，海上油气田内部的注水管道和气举管道也属于此范围。油气外输管道一般用于输送经处理后的原油或天然气，通常连接于海上油气田的处理平台至陆上石油终端之间。

三、主要风险分析与防控措施

从海底管道泄漏、断裂事故后果的角度分析，引发事故的主要风险包括海底管道损伤、海底管道腐蚀、海底管道堵塞等。这些事故较为多发、危害较大。

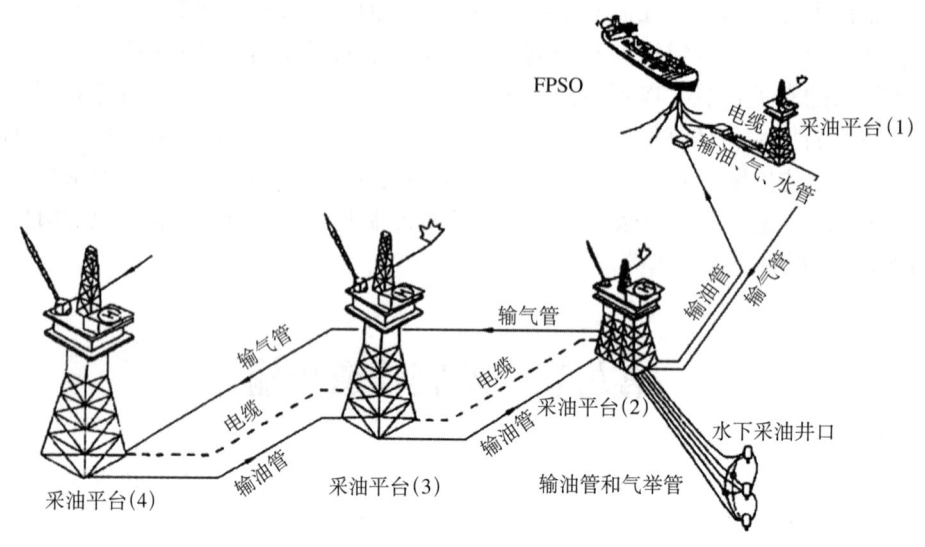

图 6-20 我国南海某油田群的油气集输管道

1. 海底管道损伤

海底管道损伤是最常见的海底管道风险，这类风险会对海底管道运输产生极大的影响，严重的甚至会导致污染和火灾。海底管道损伤主要包括：海底管道受力突变扭曲拉伸、海底管道磨损、海底管道水泥配重层的破坏、海底管道断裂等。

1）风险分析

（1）人为因素。

对海底管道造成危害的人为因素主要来自管道路由海域的渔业活动以及来往客货船只的影响。

渔业活动可能是对海底管道最大的威胁。捕鱼设备对海底管道的损害可以分为缠绕、冲撞、托拽，冲撞主要是对海底管道配重层的破坏，同时托拽产生较高的压力负荷，可能产生对海底管道本身的破坏。

过往船只的抛锚、拖锚施工也是影响海底管道安全的重大风险因素，抛锚对海底管道的危害程度与锚的尺寸、海床状况、管道掩埋与保护状况有关，抛锚对海底管道的危害主要表现为水泥配重层的破坏、凹坑、刺破和撕裂等。拖锚是指船舶抛锚之后，船锚在水底还要拖动一段距离。一般来说，拖锚的距离为 50～100m，具体长度还要看船只和锚的大小、拖锚时船只的航速。如果船锚拖动的路径经过海底管道，那么海底管道的外部管壁一定会受到破坏，局部会被扣住并且凹陷，或者由于弯曲而内部超压（当锚的力量足够使管道发生侧向移动时）。被拖的锚也可能先钩在海底管道上，当收锚时破坏海底管道。例如，1996 年 10 月 23 日，在美国路易斯安那州的虎口海峡，一艘挖掘船放下了一个尾锚，为下一步的挖掘工作做准备。这个拖动的尾锚击中了一段 12in 的海底天然气管道，并且使管道断裂。带压（930 lb/in^3）的天然气从管道里泄漏出来，包围了挖掘船和同行的拖船，并且在到达水面后不久被点燃，大火摧毁了挖掘船和拖船。

另外，锚链对海底管道的磨损及沉船、落物等因素也是使海底管道造成损伤的原因。锚链对海底管道的磨损主要是对海底管道的刮擦或锯切运动，主要来自那些可以长时间停留在海底管道附近海域的守护船或维修船。沉船对海底管道造成的影响主要取决于海底管道附近过往船只的密度,而过往船只或者施工船上掉落的物体也可能会导致海底管道的破损。疏浚船在施工活动中使用的切割头会对海底管道造成威胁,并且疏浚船的锚也会对海底管道造成威胁。采砂船机械挖砂操作对海底管道也存在潜在的威胁,并且可能会使埋设的海底管道被掏空,形成悬跨造成海底管道涡激振动损伤甚至断裂。同时,采砂船抛锚、拖锚等也可能会损坏海底管道。

(2)环境因素。

引起海底管道损伤的环境因素主要包括海床冲刷导致海管悬空、地层应力突变导致海管扭曲、长期波浪运动导致海管慢性疲劳等。

海洋动力环境的负荷(涌和浪)会对放置在海床上的海底管道的水平或垂直稳定性造成影响。当管道位置在浅海时,环境负荷更大,影响更显著。海洋流场在海底管道设置后,流况会在管道附近发生变化,使得土壤形成淘刷。若海床上的土壤是部分排水或是完全不排水的,在一定压力条件下,土壤会发生液化,使得海底管道发生位移。在上述作用下,会出现海底冲刷,进而海床地形改变,海底管道开始部分露出海床,情况严重时产生悬空、移位,容易对管道产生应力破坏。海底管道放置在海床上或埋深很浅时,波浪也会在管道上施加波压力以及侧向力,在波浪不断地作用下,海底管道会产生疲劳。海底管道自身的振动频率与波浪频率相近时,也会因为形成共振而造成海底管道破坏。

另外,如海底管道水下覆盖层被破坏、海底废弃物、礁石及其他海底特殊障碍物的存在也对海底管道安全造成潜在的威胁。

(3)自然灾害。

海底的沉陷、地震、风暴潮等,它们都会对海底管道造成不同程度的危害。地震对于海底管道的影响主要是地层断层和土壤液化使土层变软造成管道断裂,地震波对于管道产生拉伸作用。海底沉降会导致管道下部悬空或产生相应的变形或断裂。浅层地质灾害如埋藏古河道可造成地基不稳,在突然的地震力下会出现塌陷、滑坡等现象,使海底管道因受力过大而被破坏。浅部断层的显著变形和位移均可对海底管道造成极大的伤害。风暴潮会加剧波浪作用在管道上的波压力以及侧向力,使海底管道产生疲劳。

2)防控措施

(1)设计阶段:海底管道在设计阶段,应精心组织开展海底管道路由、海域工程物探和地质调查,对海底管道路由区域的环境条件、地质条件、地形地貌特征等充分分析,对海底障碍性物体、埋藏古河道、断层、浅层气等可能会对海底管道造成的影响予以辨别,合理地规划海底管道路由。结合海底管道路由区域海流冲刷条件,确定海底管道设计埋深,明确总体的施工顺序。

(2)施工阶段:结合海底管道路由区域的地质条件、地形地貌特征,选择合适的挖沟设备;海底管道施工完成后应进行水下探摸,确保海底管道实际的埋设深度满足设计规格书的要求。

(3)生产阶段:定期对海底管道进行检测探摸(保温层、立管固定卡子、阴极保护装置、海底管道埋深)并清理海洋生物,发现问题及时处理。

(4)海底管道建成后,建设单位应当向海底管道所处海域属地海事局申请航行通告,同时在船舶和钻井平台进入海底管道保护区之前应对其进行告知。进入海底管道保护区的钻井平台和船舶必须了解海底管道的坐标与实际走向，必须了解抛锚注意事项，防止破坏海底管道。

（5）要合理确定海底管道输送压力。通常输送压力是根据管道输送距离、输送量、流体性质及下游的工艺设施要求而定，油、气、水混输管道其输送压力首先必须满足管道下游工艺处理设施的压力要求，同时也要考虑管道起点所能提供压力的合理性。

（6）加强对海底管道运行参数的监测。应在海底管道入口及出口设置压力监测报警仪表，若海底管道出口压力偏低，可能是由于管道上游泵故障或海底管道泄漏造成的；在海底管道入口及出口同时设置温度监测报警仪表，若海底管道出口温度偏低，可能是由于管道上游原油冷却流程故障或海底管道保温层破损造成的。因此，当值班人员发现海底管道压力、温度参数异常时，需由海底管道上下游施工人员共同对压力、温度参数异常的原因进行排查，必要时采取关断、置换等措施。

（7）加强日常管道路由巡查。海底管道运行期间，还要由施工现场守护船或工程船定期对海底管道所处路由海域进行巡线检查，一旦发现海底管道泄漏，应及时通知海上平台采取必要的置换、关断等措施，降低油（气）的泄漏量，同时对在海底管道路由周围进行渔业活动、非法采砂活动的施工船只进行驱散。

2. 海底管道腐蚀

海底管道腐蚀是长期积累的过程，可以说是海底管道的"慢性杀手"，当腐蚀量超过设计余量时，会严重影响海底管道的使用寿命，甚至在薄弱处发生泄漏。

1）风险分析

（1）内腐蚀。海底管道内腐蚀主要是由于海底管道内输送的油、气中含有氧、水、硫等杂质，这些杂质与铁发生化学反应，使海底管道内发生化学腐蚀。当输送油、气中含有硫化氢时，海底管道会发生硫化氢应力腐蚀开裂或氢脆开裂，使海底管道在低应力下发生脆断。当输送油、气中含有二氧化碳时，在一定条件下会发生海底管道内腐蚀，二氧化碳腐蚀主要是由于二氧化碳溶于水生成碳酸而引起的化学反应所致。

（2）外腐蚀。海底管道由于其所处环境特殊，无论是海水还是海底土壤中都含有大量的盐分，如 K^+、Na^+、Ca^{2+}、Mg^{2+}、NO^{3-}、Cr、SO_4^{2-} 以及其他各种物质，这使得海底管道很容易发生外腐蚀。

2）防控措施

（1）设计阶段：针对管道内腐蚀的问题，可以通过选用耐蚀材料和改变工艺条件的方法达到控制的目的。如选用固溶耐蚀合金或耐蚀合金内衬，选用非金属复合材料（如玻璃增强塑料），选用有一定内腐蚀裕量的碳钢以满足整个设计寿命期间的要求，采用成膜缓蚀剂，通过脱水、脱气、pH 值控制（也称为 pH 值稳定化）的方式减少或去除腐蚀性物质。

海底管道在役期间基本不考虑维修，而且所处环境的腐蚀性比较强，一般对外防腐要求较高。海底管道的外防腐通常采取防腐涂层与阴极保护的联合保护方法。海底管道外防腐涂层主要包括熔结环氧粉末（FBE）、黏结层+聚乙烯（2LPE）、熔结环氧+黏结层+聚乙烯（3LPE）、熔结环氧+黏结层+聚丙烯（3LPP）等。另外，由于立管飞溅区所处环境比较恶劣，对外防腐涂层的要求更高，其涂层通常具有良好的耐冲击和耐磨等机械性能，如防海冰冲击和磨损、良好的耐老化性能、良好的防腐性能、良好的耐阴极剥离性能等。

（2）施工阶段：在管道运输及海底管道铺设过程中应注重对海底管道外涂层的保护，

避免因施工、人员误操作等因素造成管道外涂层破损的情况发生。海底管道接点外防腐层应采用与主管道防腐涂层相匹配的热缩带。在进行接点补口前，应对接点进行表面处理，清除所有的锈斑、污垢、其他杂质和松落的涂层，并对接点附近管道涂层进行打毛处理。在安装热缩带之前，应对管道接点处进行预热处理（感应加热），热缩带的施工严格按照生产厂家的要求进行。热缩带在施工前，要进行外观检验，确保热缩带无开裂、起泡等缺陷，表面应光滑，底胶层无夹杂物。热缩带在施工后，应进行外观检验和针孔检验，确保热缩带边缘与管道黏结紧密，热缩带与原有涂层搭接充分。

（3）生产阶段：根据海底管道投用后的实际生产情况来筛选缓蚀剂，采取合适的注入方法。在生产中定期通过内腐蚀监测装置监测内腐蚀情况，定期监测和检查操作压力、温度、油气水流量、气体组分、地层水的成分、腐蚀挂片和腐蚀探头腐蚀资料、含砂情况等。定期进行清管施工，委托有资质的检验机构对海底管道进行腐蚀评估，同时根据评估结果制定后续的检测评估计划和管理控制措施。

如输送介质成分、操作条件发生变化，应及时采取措施加强检测和监测、调整缓蚀剂（品种、用量和加入方法、加入点等）、进行内腐蚀监测及腐蚀评估等。

3. 海底管道堵塞

海底管道堵塞会增加流动阻力。当海底管道入口设置的压力监测仪表显示输送压力异常偏高时，多数是由于管道下游发生堵塞造成的，堵塞严重时不得不停输清管。

1）风险分析

管道堵塞的主要原因包括：原油管道停输后，管道中的原油不断冷却，段塞流堵塞海底管道；天然气管道停输后，在一定压力条件下形成水化物，堵塞海底管道；输送的介质中含有较多杂质，日积月累形成堵塞物；清管期间，清管器发生堵塞；稠油，油品凝固点低，伴热不够，形成结蜡堵塞。海底管道堵塞后会形成憋压，并可能在海底管道法兰连接面及腐蚀严重点发生泄漏。

2）控制措施

（1）新建管道初始启动阶段预热。海底管道工艺输送温度主要是依据输送介质的凝固点大小而确定的。通常情况下，将介质的凝固点温度作为控制基础温度，并要求管线正常输送时末端介质的温度至少高于其凝固点温度 $3\sim5^\circ\!C$ 以上，以防止原油在输送过程中凝固。

海底管道施工完毕后，管道在海床温度下充满水或氮气，比较接近环境温度，如选取原油直接投用的方式，在海底管道的中段及末段易发生原油析蜡凝管的现象，因此管道初始启动时常采用热水预热的措施，即在输油前先输送一定量的热水，使整个管道预热一段时间，测量终端水温，如果达到所要求的水温即已建立所需的温度场，管道开始进行原油输送。

热水预热的方式有三种：正向预热、反向预热、正反两个方向同时预热。正向预热是从管道的上游起点向管道中输送热水，到下游将水导入生产污水处理系统；反向预热与正向预热相反；正反两个方向同时预热是从管道的起点向管道内输送热水，到达下游后用储罐将水储存起来并进行加热，正向预热完后，将加热后的热水再从下游反输至上游，仍用储罐储存起来，反向输送完后再正向输送。对于管径小、输送距离短的平台间海底管道，一般采用从配备加热设备的中心平台向井口平台的单向预热。对于油田外输上岸的输油管

— 153 —

道，可根据海上或陆上加热设备的配备情况，采用正向或反向预热。

海底管道的预热时间由以下几个因素决定：热水的流量、入口温度、海底管道出口的温度、海底管道周围环境的蓄热过程（钢管、保温层、外管、保温层与外管间的空气层）等。对于海底管道的预热，热水主要来自海上生产设施的水源井或加热器加热的海水，也有可能采用处理合格的生产水。

（2）停输阶段海底管道置换。当海底管道中输送的介质为高凝固点原油时，一旦海底管道停输，会给再启动带来一定的困难，设计会对海底管道安全停输时间进行计算，施工者应将计划停输时间与海底管道设计安全停输时间进行对比，如计划停输时间大于设计安全停输时间，应及早采取置换等相关措施以保证海底管道再生产后的正常运行。海底管道置换所选择的置换介质通常根据海上生产的具体情况而定，可采用水源井的热水、中心平台的污水、柴油、热的海水等。

（3）进行海底管道清管。对海底管线的运行压力应进行跟踪监测，如果发现管道压降超过设定的压降，就应该对管道进行清管施工。清管施工可以提高管道的输送效率，管道的输送效率下降会导致输量的下降。清管施工可以提高管道的效率。据统计，通过清管，输气管道的效率可提高1%，输油管道的效率可提高3%。清管施工还可以提高管道的防腐效果，与防腐剂和脱水剂等方法一起使用，可以减少对管道内壁的腐蚀。除此之外，对于混输管道，为了减少油品的混合，还可以用清管器对不同油品进行隔离，以达到经济有效地实现混输。对于新建的管道，在投产之前，也必须进行清管施工，以清理管道内的焊渣、杂质和其他异物，同时确定管道的变形度。

（4）除垢和防垢。海底管道的结垢问题主要跟管道中输送原油的含水量高低有直接关系。一般来说，高含水原油就比低含水原油结垢要严重。因为原油中的水量往往含有许多重碳酸氢钙和其他盐类，含水原油在输送过程中，由于温度、压力、黏度不断变化，因而造成重碳酸氢钙的分解产生碳酸钙沉淀而形成垢。

碳酸钙是油田上最常见的结垢物质，它在水中的溶解度很低。碳酸钙是否引起结垢受以下几种因素影响：①当水中二氧化碳浓度减少，其分压相应减小，碳酸钙沉淀结垢的趋势就增加了。②当水中的pH值较高时，就会产生更多的碳酸钙沉淀；反之，水中的pH值较低时，不易产生碳酸钙沉淀。③当水温升高时，碳酸钙的溶解度反而下降，容易产生更多的碳酸钙沉淀。④当水中含盐量增加时，碳酸钙的溶解度就增大；反之，水中含盐量减少时，碳酸钙沉淀就增多。⑤当总压力增大时，有利于碳酸钙的溶解；而当总压力减小时，会促进碳酸钙的沉淀。

另外，管道内结垢速度的快慢与原油中泥沙、机械杂质、石蜡和沥青等的含量多少有关，一般原油中的上述物质含量越多，就越容易结垢。

海底管道内结垢的组分比较复杂，它不仅含有一般水垢中所具有的盐类（如钙盐、镁盐、钡盐等），而且还含有油井中带出来的泥沙、石蜡、沥青等。因此，在管道出现结垢后，要及时清除掉，否则越积越多，堵塞管道，直接影响原油生产和输送的正常进行。预防管道结垢一般要从结垢机理出发，设法控制影响结垢的各种因素，进而抑制水中结垢离子的结晶沉淀。

目前，油田上常用的除垢和防垢方法有化学法和酸洗法两种。

化学法是在管道系统内注入一种或多种化学防垢剂，使溶解度小、易沉淀的盐类变为溶解度大的盐类，以延缓、减少或抑制化学结垢。采用化学防垢方法时，加药的位置和加药的浓度很重要，应根据原油性质、含水情况和管道流程情况进行优选，一般可在输油管道始端的输油泵后加药。选择不同类型的防垢剂，其加药浓度也不同。油田上常用的三种化学防垢剂为六偏磷酸钠、氨基三亚甲基磷酸盐（ATMP）、聚丙烯酰胺。

酸洗法一般是先采用浓度为5%左右的稀盐酸浸泡和循环管线，待酸化反应将至管线金属部分时，再加入0.02%的防腐剂，以防止对管线的腐蚀。待反应停止后用水冲洗管线，直到把酸液全部替出干净。由于管线内结垢常有一定量的沥青、石蜡、胶质、泥沙等物质覆盖在其表面，使酸不能与垢充分接触，影响酸洗效果，若单纯用盐酸冲洗，使用盐酸的耗量较大，效果反而不好，因此使用表面活性剂有助于去除油污等。在现场通常先用热水或轻质油（如煤油、柴油等）浸泡、冲洗，再用盐酸浸泡、冲洗，这样能够达到较好的清除效果。

第十节　海上弃井与设施弃置施工

海上弃井与设施弃置施工是指对这些不继续被利用的海洋油气井及生产设施进行弃置处理的生产过程。在海洋油气田的勘探阶段、开发阶段，当钻探的探井或评价井组以及建设的海上生产平台、浮式生产储油装置、人工岛、海底管道和其他水上水下生产设施完成了预定任务，达到了设计使用年限或者其他原因而不再继续被使用时，应当考虑进行废弃处置，以减少海洋安全隐患。

海上弃井分为永久性弃井和临时弃井。永久性弃井是指对废弃的井进行封堵井眼及回收井口装置的施工；临时弃井是指对正在钻井，因故中止施工或者对已完成施工的井需保留井口而进行的封堵井眼，戴井口帽及设置井口信号标志的施工。

设施弃置可分为原地弃置、异地弃置和改作他用三种方式。原地弃置是指海洋油气生产设施经拆除处理后原地留置的处置方式；异地弃置是指海洋油气生产设施经拆除处理后拖离或运离原地的处置方式；改作他用是指海洋油气生产设施经改造后在原地或异地作为其他用途继续使用的处置方式。

一、海上弃井与设施弃置施工主要特点

1. 施工存在一定难度

为防止油气储层的流体通过井筒或井壁窜（溢）出海底造成海洋污染，海上弃井需要按照规定要求进行挤注水泥、封堵油气水层等井筒处置施工。设施弃置需要对设备设施进行清扫、拆除、水上和水下切割、海上吊装、运输、泥面以下切割、海底探摸、清理并恢复海底原貌等施工，过程工序复杂。

2. 施工风险高

受海洋气候影响（风暴潮、大风、大浪、雷雨、海冰、海雾），给施工带来极大风险，如可能发生船舶碰撞、翻沉等；海上弃井施工潜在井喷、海洋污染、生态环境破坏的风险；井口及导管架切割存在潜水淹溺、炸药爆炸风险；海上导管架拆解、吊装施工存在落物和伤人风险等。

3. 管理要求高

海上弃井和设施弃置施工都应进行安全评价，对施工工艺安全性进行分析，对施工方案、施工程序、时间安排、井液性能等资料进行审核，办理水上水下施工许可，完工后要提交施工完工图及施工最终报告。

4. 施工费用高

海上弃井与设施弃置需要海上施工平台、浮吊、大型驳船、拖船、守护船、水上水下施工设备等多装备、多专业、多工艺联合施工，施工过程复杂，费用昂贵，几乎与建设费用相当。

二、海上弃井与设施弃置施工设备设施和施工工序

海上弃井施工可以根据实际条件，选择有平台弃井和无平台弃井。设施弃置则需要施工船、运输驳船、浮吊、打捞船、水上水下切割设备、管线及设施清扫设备等。

1. 海上弃井施工

1）有平台弃井

有平台弃井主要是利用钻井平台或施工平台完成洗压井、起下管柱、井筒封堵、切割套管导管及井口等施工程序。施工中需要守护船、污水回收船、运输船等相应支持。主要优点是平台工作稳定，安全性能高，能够完成井筒内生产管柱的起出和打捞施工，以及长井段套管切割回收施工；缺点是施工费用相对较高。

施工程序包括拖航就位、开工准备及验收、拆井口、装井口封井器并试压、开滑套（井内有管柱时）解封、循环洗压井、起井内管柱、按设计切割井内套管、封堵井筒、切割井口管柱（隔水管）至泥面以下4m、清理泥面以上遗留物、平台移位。

2）无平台弃井

在深水油气田，钻井平台或施工平台施工日费较高，近年来开始采用无钻井平台弃井施工。主要设备包括具有动力定位的工程船、吊装设施、各种线缆及绞车、水下井控设备以及相应的辅助工具，如注水泥工具、切割工具等。无平台工程船弃井施工的优点是动迁简单、快捷，工作灵活，相对费用较低；缺点是工作船起升动力相对较差，抗风能力差，稳性差。

2. 海上生产设施弃置施工

海上生产设施包括导管架、井口平台、海管海缆、人工岛及海上临时码头等。弃置设备包括拆除涉及的浮吊、驳船、拖轮、挖掘船、铺缆铺管船、监护及运输船以及水上水下切割设备。

首先是钢结构固定平台弃置，拆除施工立足"简化海上，上岸处理"的原则，尽量简化海上拆除工作量，大部分组块整体拆除、整体吊运，回到岸上以后再进行分解处理。首先对上部生产设施设备（包括平台上的工艺设施、电气、仪表、管线、铺设电缆等）进行拆除；其次是对水上结构（包括找桥、火炬臂、导管架上部组块、火炬桩及井口平台等）进行切割拆除；最后是水下结构（包括导管架结构、水下井口装置、火炬桩、栈桥桩、系泊桩、靠船桩等）进行切割拆除。

人工岛弃置首先要完成岛上所有油气水井的井筒处理和封堵施工；其次是拆除岛上所有设施和建筑结构，所有拆除物吊运至陆地处理；最后是拆除岛体，恢复人工岛建造前的自然环境。由于岛体的拆除是一个比建造人工岛还要复杂得多的庞大工程，涉及的人力、物力、资金远远超过人工岛建造预期，因此一般不进行岛体拆除，可考虑改作他用。

海底管道弃置是一项极具难度的施工，由于海底管道多年置于或埋于海底，起出海面难度太大，一般海底管道经过吹扫、热洗、海水置换后原地弃置，必要时由铺管铺缆船、工程施工船、浮吊等进行回收。

三、主要风险分析与防控措施

海上弃井与设施弃置施工由于施工工艺和施工过程的特殊性，除了常规的船舶及平台碰撞、机械伤害、物体打击、坠物（起重）伤害、触电、硫化氢中毒外，其危险性较大的风险因素主要表现为井喷、火灾爆炸、海洋环境污染、人身伤害及人员落水。

1. 井喷

在整个弃井施工过程中，井喷依然是最主要的风险之一。

1）风险分析

洗压井液密度不合适、油气层没有压稳或起钻抽汲、井控设备不能满足控制要求、设备故障、人员操作失误等都潜在井喷及失控风险；封层水泥塞质量差、设计不合理、漏封地层等可能导致油气上窜发生溢流或井喷。

2）防控措施

（1）弃井施工前，应由专业设计部门依据海洋安全生产法律法规及行业要求编制《弃置方案》和施工计划书。向当地政府申请施工许可，取得海事局的《水上水下施工许可证》，弃置所用船舶、专用设备应经过相关部门检验合格。施工方应组织平台方、船舶方、设备方等相关单位，进行弃井前安全风险分析，编制施工应急管理，制定风险控制措施。

（2）防喷器组安装、试压必须严格执行设计，由施工工程师负责安装质量，施工监督现场监督验收。井口内防喷（钻杆上下旋塞、匹配的旋塞扳手、回压阀、回压阀抢接器等）工具齐全，放在指定位置。

（3）严格按照设计要求，封堵油气层。①对于裸眼完钻井，应考虑对裸眼井段油、气、水层进行注水泥全封，并在其上部留有50m水泥塞，且试压合格。裸眼井段无产层时，在最后一层套管鞋上下至少各保留50m的水泥塞，且试压合格。②对于射孔完钻井，应考虑对射孔井段进行水泥封堵，并在射孔段顶部以上留有不少于50m的水泥塞，且试压合格。③对于尾管完成井，应在尾管悬挂器顶部上下两端各挤注不少于50m的水泥塞，且试压合格。如果已在尾管内进行了射孔试油施工，应对射孔试油段挤注水泥，并试压合格才能进行上部的水泥塞封堵。④对于已进行套管切割的井，井筒内在切割处上下至少各保留50m的水泥塞，并试压合格；最后一个表层套管内水泥塞长度不少于50m，且水泥塞顶面应位于海底泥面以下4~30m。⑤对高温井、高压井、含有毒有害气体井应考虑先打桥塞分割后注水泥塞或增加水泥塞长度，以此保证封堵质量。

（4）确保施工质量，弃井水泥应按照规定检测合格，水泥浆性能应符合要求，套管内的桥塞及水泥塞均应进行探塞面和试压检查，要满足设计要求。

(5) 装井口、起下管柱、注灰塞等施工要有专人坐岗观察井口，并加强井口检查和操作练习，确保井控安全。

(6) 施工的单位及个人应具备相应施工资质及资格。

2. 火灾爆炸

虽然没有油气生产，但是管道和容器中仍存在残余的油气，火灾爆炸依然是海上弃井与设施弃置施工风险管控的重点。

1) 风险分析

海上弃井与设施弃置施工动火施工较多，管道、容器切割期间产生火星，遇到残余的油气可能发生火灾爆炸或闪燃闪爆。施工现场使用的各种易燃易爆物，如乙炔、氧气等，如果管理不当，可能会引起火灾爆炸。各种压力气瓶等压力设备也存在物理爆炸的风险。现场的各种电器线路如果绝缘不良或超负荷，可能导致电器火灾。此外，在弃井过程中，井口油气泄漏也可能导致火灾及爆炸风险。

2) 防控措施

(1) 油气生产工艺系统拆除动火施工应符合安全管理要求，并办理施工许可、审批与监护。

(2) 动火施工前，油气设备、管线应进行清洗、隔离或惰性气体置换，其内部和周围环境的可燃气体、有毒有害气体的浓度应检测合格。

(3) 井口切割施工前应进行可燃气体检测，并做好监护和消防准备工作。

3. 海洋环境污染

弃置过程和弃井过程都涉及污油水排放，弃置产生的废弃物较多，对海洋环境危险较大。

1) 风险分析

设施弃置对储油容器和管线的吹扫不彻底、操作失误等会导致油气泄漏污染；施工现场废弃物管理不善，产生的固体或液体废垃圾入海对环境产生影响；因设计或工艺质量原因导致井筒处理不能满足封固油气层要求，油气窜出海面造成重大海洋污染。

2) 防控措施

(1) 海上弃井及设施弃置施工应编制《溢油应急计划》和应急处置方案报国家海洋局有关部门审核备案。

(2) 洗压井、吹扫等设施弃置施工产生的污油污水和垃圾由专用污油污水船倒运，交由有资质的单位处理或经处理达标后方可排放。

(3) 井筒封堵施工应确保所有油气层的封固质量，确保油气不会窜出水面。原地弃置的海底管道应进行清扫、清洗、置换和封堵。

(4) 在领海以内海域进行全部拆除的设施，其残留海底的结构物应切割至海底表面 4m 以下；专属经济区和大陆架水深大于 100m 的设施应按照国家海洋行政主管部门的批准要求进行全部拆除或部分拆除。部分拆除时，在不妨碍海洋主导功能使用的条件下，其残留的桩腿等结构物应切割至距水面不小于 55m 处，而其他结构与设备均应全部拆除并运至岸上处理。

(5) 在进行油气工艺设备及管线拆除时，应在有关安全部门的监督下，严格按照既定方案对其进行充分地清洗处理。

(6) 施工期间,平台及被弃置设施周围应配备守护船和防污船组。现场应检查船舶储油和油路系统是否安全可靠、不渗不漏,按照设计和有关规定配备足量的吸油毡、消油剂等溢油物资。

4. 人身伤害

海上弃井与设施弃置施工涉及很多机械施工、吊装、设备收放、井口拆装、设备管线切割、水上水下施工等,导致机械、坠物、打击等人身伤害的风险较高。

1) 风险分析

吊装施工中,由于操作失误或者物体倾斜滑落,潜在物体打击、坠物伤人的风险。潜水施工进行水下切割时,由于水下情况不明或者被船舶海水吸入口困住,易对潜水员造成伤害。拆除的物件设备捆绑、固定不牢靠,也可能造成人员伤害。

2) 防控措施

(1) 落实切割过程的安全措施。被切割物体必须提前固定,操作人员站在安全位置,防止切割过程摆动造成打击伤害。水上切割人员应系好安全带,有专人监护,电缆绝缘层应良好,不允许有破损,施工现场的用电设备必须有可靠的接地保护。水下切割时,供气、照明、潜水、通信等设备及用具的绝缘、水密、工艺性能在下潜前应进行检查试验,并符合安全施工要求,下潜过程中应将供气泵吸入口置于安全洁净空气区。潜水施工人员与水上监督人员之间应保持通信畅通。施工期间应由具备资格的监督人员进行全程监督。

(2) 严格吊装施工管理。应制定专项吊装施工方案,所有吊装施工必须在司索人员统一指挥下进行,风力达到 6 级以上不得从事吊装施工。使用索具(吊索、吊带、锁扣)等经过专业检验并应符合海上安全使用标准。起吊前,应检查吊具是否系牢,吊点是否牢固,无固定吊点时位置是否合适,所吊物体载荷是否超过吊具承载安全范围。所有在吊机旋转范围内的施工人员停止施工,撤离到安全位置。起吊后,被吊物必须有引绳控制旋转,稳定后再进行水平移动。平台下方要设置安全防护网防止落物坠落。

(3) 加强物件在船舶上的固定。对于整体设备、平台组块等大型物体,应根据驳船甲板面积、载荷等提前计算出摆放位置,并设置(焊接)固定点。散装设备机构要捆绑、固定牢靠,避免在船舶摇晃其移位、偏载翻沉。

5. 人员落水

海上弃井与设施弃置施工要经常性地进行舷外施工,由于是开放式施工,人员落水的风险比较突出。

1) 风险分析

在甲板、管桩等处进行拆除施工涉及舷外施工,由于安全保护欠缺或保护失效,可能导致人员坠海。潜水施工时,与潜水人员失去联系。拆除期间,人员位于并不牢固的设备上,由于拆除时设备松动或脱落,可能会造成人员落水。

2) 防控措施

(1) 严格按照各项操作规程施工,穿戴好劳动保护用品,舷外、水上、高处施工必须系好安全带。人员施工范围内,平台、导管架等设施下方需要悬挂安全防护网。人员施工期间必须穿戴救生衣,平台或船舶配备救生圈。

(2) 潜水施工时要加强监护和瞭望，采取警戒、隔离措施。施工期间应悬挂潜水施工标识，白天悬挂潜水旗，晚上亮施工警示灯。施工船与辅助船设现场瞭望员，防止外来船只驶入造成潜水事故。潜水施工时，严禁上下方交叉施工，必须保证钢桩及圆形套筒稳固后方可下水进行施工，切割施工时应确保无回淤现象后再施工。

(3) 守护船要24h待命，并具备应急救援能力。

习　题

1. 简述海上物探施工的定义。
2. 简述海上物探施工的主要特点。
3. 简述海上物探的主要方法。
4. 海上物探施工装备包括哪些？
5. 海上物探施工主要施工程序是什么？
6. 简述海上物探施工的主要风险因素。
7. 简述移动式海洋平台拖航方式。
8. 简述平台拖航就位施工的主要特点。
9. 简述移动式海洋平台拖航就位施工程序。
10. 在拖航就位过程中影响平台安全的主要因素及主要风险有哪些？
11. 简述海上钻完井施工的主要特点。
12. 简述海上钻完井施工程序。
13. 钻孔下导管施工的三种方法分别是什么？
14. 简述海上钻完井施工的主要风险。
15. 简述海上延长测试施工的定义。
16. 简述海上延长测试施工的特点。
17. 海上延长测试施工主要风险包括哪些？
18. 简述海上井下施工的主要特点。
19. 海上井下施工主要包括哪些？
20. 简述海底管道分类。
21. 简述海上弃井与设施弃置施工的主要特点。

第七章
海洋油气生产突发事故处理

海洋油气生产突发事故管理是指政府及相关石油单位在突发海洋油气事件的事前预防、事发应对、事中处置和善后恢复过程中，通过建立必要的应对机制，采取一系列必要措施，应用科学、技术与管理等手段，以保护人员生命健康、环境和财产安全。

与陆地石油企业应急工作不同之处在于，海洋油气生产远离陆地，发生事故后逃生的途径相对较少，只能依靠守护船舶和直升机，而且离岸较远的设施相对航行时间较长，特别是容易受到天气和海况的限制，因此突发事故救援工作难度较大，需要给予海洋油气生产突发事故管理更高的重视程度，需要摸索总结海洋油气施工特点，建立更加完善的突发事故管理体系和保障力量。

第一节 概 述

通过了解海洋油气事故类型、典型案例的事故发生过程、事故原因，可以使海洋油气生产施工单位和施工人员吸取事故教训，减少或避免在日常管理和施工过程中发生同类事故、事件，达到预防事故发生的目的。

一、海洋油气生产突发事故类型

根据海洋油气开发生产特点和《海洋石油安全管理细则》（国家安全生产监督管理总局第25号令）中对突发事故管理的要求，海洋油气施工中遇到的事故主要包括以下几种类型：井喷失控、火灾与爆炸、平台遇险、直升机失事、船舶海损、油气生产设施与管线破损、有毒有害物质和气体泄漏或者逸散、急性中毒、潜水施工事故、溢油事故、其他造成人员伤亡或者直接经济损失的事故。

二、事故分级

按照中华人民共和国令国务院第493号《生产安全事故报告和调查处理条例》（2007

年）的规定，根据生产安全事故造成的人员伤亡或者直接经济损失，事故一般可划分为四个级别，见表7-1。

表 7-1 事故分级

级别	事故级别	事故程度
Ⅰ级	特别重大事故	造成30人以上死亡，或者100人以上重伤（包括急性工业中毒），或者1亿元以上直接经济损失的事故
Ⅱ级	重大事故	造成10人以上30人以下死亡，或者50人以上100人以下重伤，或者5000万元以上1亿元以下直接经济损失的事故
Ⅲ级	较大事故	造成3人以上10人以下死亡，或者10人以上50人以下重伤，或者1000万元以上5000万元以下直接经济损失的事故
Ⅳ级	一般事故	造成3人以下死亡，或者10人以下重伤，或者1000万元以下直接经济损失的事故

注：本表中所称的"以上"包括本数，所称的"以下"不包括本数。

国家安全生产监督管理总局《海洋石油天然气施工事故灾难应急管理》（2006年）中，按照事故灾难的可控性、严重程度和影响范围，将海洋石油天然气施工事故应急响应级别划分为四个级别（表7-2）。

表 7-2 海洋石油天然气施工事故应急响应分级

级别	应急响应级别	可控性、严重程度和影响范围
Ⅰ级	特别重大事故	海洋石油天然气勘探、开发、生产过程中，发生特别重大井喷失控、油气泄漏、火灾、爆炸、中毒等事故，已经严重危及周边区域人民群众生命财产安全和环境安全，造成或可能造成30人以上死亡，或100人以上中毒，或疏散转移10万人以上，或1亿元以上直接经济损失，或特别重大社会影响，事故事态发展严重，且亟待外部力量应急救援
Ⅱ级	重大事故	海洋石油天然气勘探、开发、生产过程中，发生重大井喷失控、油气泄漏、火灾、爆炸、中毒等事故，已经危及海洋石油施工人员生命和国家财产安全，或造成10~29人死亡，或50~100人中毒，或5000万~10000万元直接经济损失的事故，或重大社会影响
Ⅲ级	较大事故	海洋石油天然气勘探、开发、生产过程中，发生较大井喷失控、油气泄漏、火灾、爆炸、中毒等事故，已经危及海洋石油施工人员生命和国家财产安全，造成或可能造成3~9人死亡，或30~50人中毒，或直接经济损失较大，或较大社会影响
Ⅳ级	一般事故	海洋石油天然气勘探、开发、生产过程中，发生井喷失控、油气泄漏、火灾、爆炸、中毒等事故，已经危及海洋石油施工人员生命和国家财产安全，造成或可能造成3人以下死亡，或30人以下中毒，或一定社会影响等

第二节 突发事故管理

突发事故管理是针对可能发生的事故，为确保有序高效地开展突发事故行动而预先制订的方案，一般包括完善的突发事故组织管理指挥系统，强有力的突发事故工程救援保障体系，综合协调、应对自如的相互支持系统，充分的保障供应体系，体现综合救援突发事故的队伍等。突发事故管理是开展海洋油气突发事故管理工作、处理突发事件的重要文件依据和行动指南。

一、突发事故管理控制措施的编制

国家安全生产监督总局于 2009 年以第 17 号令颁布了《生产安全事故应急理管理办法》，对企业应急管理的编制、评审、备案和实施要求进行了明确规定。海洋油气各施工者和承包者的突发事故管理应按照有关法律、法规、规章和标准的要求，结合生产实际进行编制，并报有关分部和其他有关政府部门备案。

1. 突发事故管理的内容

根据海洋油气生产的特点，各施工者和承包者编制的突发事故管理应包括下列内容：
(1) 施工者和承包者的基本情况、危险特性、可以利用的应急救援设备。
(2) 应急组织机构、职责划分、通信联络。
(3) 应急管理启动、应急响应、信息处理、应急状态中止、后续恢复等处置程序。
(4) 应急演习与训练。

突发事故管理包括主件和附件两个部分内容。

主件部分包括下列主要内容：
(1) 生产或者施工设施名称、施工海区、编写者和编写日期。
(2) 生产或者施工设施的应急组织机构、指挥系统、医疗机构及各级应急岗位人员职责。
(3) 处置各类突发性事故或者险情的措施和联络报告程序。
(4) 生产或者施工设施上所具有的通信设备类型、能力以及突发事故通信频率。
(5) 突发事故组织、上级主管部门和有关部门的负责人通讯录，包括通讯地址、电话和传真等。
(6) 与有关部门联络的突发事故工作联系程序图或者网络图。
(7) 突发事故训练内容、频次和要求。
(8) 其他需要明确的内容。

附件部分应当包括下列主要内容：
(1) 生产或者施工设施的主要基础数据。
(2) 生产或者施工设施所处自然环境的描述，包括：①施工海区的气象资料，可能出现的灾害性天气（如台风等）；②施工海区的海洋水文资料，水深、水温、海流的速度和方向、浪高等；③生产或者施工设施与陆岸基地、附近港口码头及海区其他设施的位置简图。
(3) 各种突发事故搜救设备及材料，包括突发事故设备及突发事故材料的名称、类型、数量、性能和存放地点等情况。
(4) 生产或者施工设施配备的气象海况测定装置的规格和型号。
(5) 其他有关资料。

2. 突发事故管理的分类

根据海洋油气突发事故管理的功能和适用范围，突发事故管理分为总体突发事故管理、专项应急管理和现场处置方案。总体突发事故管理应当包括本单位的突发事故组织机构及其职责、管理体系及响应程序、事故预防及应急保障、应急培训及管理演练等主要内容。专项应急管理应当包括危险性分析、可能发生的事故特征、突发事故组织机构与职责、预防措施、突发事故处置程序和突发事故保障等内容。现场处置方案应当包括危险性分析、可能发生的事故特征、应急处置程序、突发事故处置要点和注意事项等内容。

1) 总体突发事故管理

总体突发事故管理是对各类突发事件的纲领性文件。总体管理对专项管理的构成、编制提出要求及指导，并阐明各专项管理之间的关联和衔接关系。根据 GB/T 29639—2013《生产经营单位生产安全事故应急管理编制导则》，总体突发事故管理的框架包括：

(1) 总则，包括编制目的、编制依据、适用范围、突发事故管理体系和突发事故工作原则。

(2) 事故风险描述，包括石油单位存在或可能发生的事故风险种类、发生的可能性、严重程序及影响范围。

(3) 突发事故组织机构及职责，包括突发事故组织形式及组成单位或人员，可用结构图的形式表示，明确各部门、成员的职责。

(4) 预警及信息报告，包括预警的条件、方式、方法和信息发布程序。

(5) 突发事故响应，包括响应分级、响应程序和处置措施。

(6) 信息公开，包括向有关新闻媒体、社会公众通报事故信息的部门、负责人、程序以及通报原则。

(7) 后期处置。突发事故得到控制后，明确污染物处理、生产秩序恢复、医疗救治、人员安置、善后赔偿、突发事故救援评估等内容。

(8) 保障措施，包括应急队伍、应急资金、应急物资和装备、应急通信、应急医疗救护、应急避难所和外部依托资源等。

①应急队伍：包括外部应急队伍和内部应急队伍。外部应急队伍可以是当地消防队，以及周边其他抢险队、医院120救护和保卫处；内部应急队伍以事发海洋油气单位应急响应中心、应急队伍（兼职）及生产综合应急抢险队（专职）为主。

②应急资金：由各单位相关部门每年对应急工作年度专项资金和不可预见资金做出预算。应急工作年度专项资金用于日常应急工作，如应急管理系统和应急队伍建设、应急装置配备、应急物资储备、应急宣传和培训、应急演练以及应急设备日常维护等；不可预见资金用于处置突发事件及其他不可预见事件。

③应急物资和装备：各单位建立物资和装备的动态管理制度，以确保应急事件发生时，应急物资和装备能够及时、安全地到位，使应急救援工作得以顺利实施。

④应急通信：各单位应急人员通信联系网络由有线、无线、卫星等多种手段相结合，还包括视频远程传输技术。

⑤应急医疗救护：包括内部的专业应急医疗救护机构和协议的社会应急医疗救护资源支援现场应急救治工作。

⑥应急避难所：海洋油气生产设施上设置临时避难所可为施工人员提供一定时间的有效庇护，为救援行动赢得宝贵的时间。

⑦外部依托资源：各单位根据突发事件性质、严重程度、范围等选择应急处置和救援可依托的外部专业机构、物资、技术等并签订互助协议，确保突发事件的应急处置、医疗救治、治安保卫、交通运输等应急救援力量到位。

(9) 应急管理，包括应急管理的培训、演练、修订、备案和实施。公司级应急管理应按照属地管理的原则，报集团公司和政府主管部门备案；单位应急管理应按照属地管理的原则，报当地政府有关主管部门和公司应急办公室备案。

2）专项应急管理

专项应急管理是总体应急管理的支持性文件，主要针对某一类或某一特定的突发事件，对应急预警、响应以及救援行动等工作职责和程序做出的具体规定。

专项应急管理包括危险性分析、可能发生的事故特征、应急组织机构与职责、预防措施、应急处置程序和应急保障等内容。

根据海洋油气开发特点，专项应急管理通常包括：风暴潮、台风突发事件应急管理，地震突发事件应急管理，海冰突发事件应急管理，冬季清雪除冰应急管理，井喷突发事件应急管理，火灾、爆炸突发事件应急管理，天然气、硫化氢泄漏突发事件应急管理，溢油突发事件应急管理，油气管道泄漏突发事件应急管理，人员落水失踪突发事件应急管理，传染病、食物中毒突发事件应急管理等。

根据 GB/T 29639—2013《生产经营单位生产安全事故应急管理编制导则》，专项应急管理的框架包括：事故风险分析；应急指挥机构及职责；处置程序；处置措施。

3）现场处置方案

现场处置方案是针对具体的装置、场所或设施、岗位所制定的应急处置措施。现场处置方案应具体、简单、针对性强，根据风险评估及危险性控制措施逐一编制，做到事故相关人员应知应会、熟练掌握，并通过应急演练，做到迅速反应、正确处置。

现场处置方案包括危险性分析、可能发生的事故特征、应急处置程序、应急处置要点和注意事项等内容。

根据海洋油气开发特点，现场处置方案通常包括：风暴潮应急管理、油气水管道事故应急管理、溢油污染事故应急管理、火灾爆炸事故应急管理、防汛应急管理、人员伤亡事故应急管理、井喷井控事故应急管理、反恐应急管理、办公场所（防火）管理等。

根据 GB/T 29639—2013《生产经营单位生产安全事故应急管理编制导则》，现场处置方案的框架包括：事故风险描述；应急工作职责；应急处置；注意事项。

二、突发事故管理的演练

1. 演练要求

各单位所设的突发事故办公室应根据管理涉及的内容和生产实际，在年初制定年度突发事故演练计划，突发事故演练可在假定重大风险的情况下，组织多项突发事故管理复合启动的综合演练。

2. 演练周期与记录

施工者和承包者组织生产和施工设施的相关人员定期开展突发事故管理的演练，演练期限不超过下列时间间隔的要求：

（1）消防演习：每倒班期一次。

（2）弃平台演习：每倒班期一次。

（3）井控演习：每倒班期一次。

（4）人员落水救助演习：每季度一次。

（5）硫化氢演习：钻遇含硫化氢地层前和对含硫化氢油气井进行试油或者修井施工前，必须组织一次防硫化氢演习；对含硫化氢油气井进行正常钻井、试油或者修井施工，每隔 7

日组织一次演习；含硫化氢油气井正常生产时，每倒班期组织一次演习。对于不含硫化氢的井，每半年组织一次。

各类突发事故演练的记录文件至少保存一年。

3. 演练总结

各单位突发事故办公室在突发事故演练结束后进行总结工作，内容包括：

(1) 演练项目和内容。
(2) 参加演练的单位、部门、人员和演练的地点。
(3) 起止时间。
(4) 演练过程中的环境条件。
(5) 演练动用设备、物资。
(6) 演练效果。
(7) 演练过程记录（文字、音像资料等）。
(8) 评估和建议。

第三节　井　喷

井喷是钻井过程中地层流体（石油、天然气、水等）的压力大于井内压力而大量涌入井筒，并从井口无控制地喷出的现象。

一、井喷的危害

井喷是井下施工过程中最严重、危险性最大的事故，后果非常严重。井喷风险存在于整个井下施工过程中，产生井喷的根本原因是井内压力失去平衡，井内压力小于地层压力。一旦发生井喷或井喷失控，可能会造成重大损失甚至造成灾难性后果，毁坏油井井身结构，吞噬井口设备，甚至引起火灾爆炸和严重的海洋环境污染，严重时会阻碍人员撤离到紧急逃生设备处，火和烟雾会阻碍逃生路线的使用，并最终导致群死群伤。

二、井喷的风险分析

1. 设备原因

如果井口设备装置、井身结构、油层套管、技术套管等存在质量问题；井控设备配备、安装及试压不合格、不规范；井下工具故障，如封隔器胶皮失灵，解封不开，起钻时造成抽汲等，这些问题可能导致在出现井喷时不能有效地进行控制。

2. 人为因素

岗位人员井控意识淡薄，对井喷重视不够；人员误操作，不按设计要求施工，未按规定灌注压井增液或压井施工；起下管柱尤其是带大直径工具的管柱未按要求严格控制速度，产生抽汲或压力激增；溢流或者其他井喷预兆未及时准确地发现，发现溢流或其他井喷预兆后未及时关井；发生井喷时不能在第一时间控制，引发井喷失控。

3. 井控措施不当

对井下情况、地层或井筒认识不清楚，对于注水造成的施工影响预计不足，设计考虑不全面，导致施工的盲目性；压井液性能达不到要求，井内压力无法平衡，压井液不能有效压井；施工过程中，压井循环脱气后观察时间不够，关井程序不正确，关井压力过高，超过井口控制装置、套管或地层的承压值；压井液受高压气流的影响，气侵速度加快，预防措施及手段满足不了地层突变的需要；射孔、压井、排液等施工过程中井控措施不当，都有可能引发井喷或井喷后无法控制。

4. 其他影响

油气井情况复杂，有高压层、漏失层，地层出砂明显，油气流体损坏井控装置；受邻井的影响，如注水井未及时关停或停注后未泄压等，导致井内异常高压引发井喷；新工艺技术应用，如蒸汽驱、二氧化碳驱等造成井内压力不稳定，形成气窜；地质设计、工程设计失误，风险辨识不到位。

三、井喷的防控措施

1. 严格井控管理

施工现场三项设计（地质设计、工程设计、施工设计）应齐全，井控设计内容要全面，施工发生变更时应立即进行书面变更，确保风险分析到位，对射（补）孔层、气层、高压层的方案编制要考虑周密。开工前，施工队伍应向岗位员工进行风险提示，细化井喷风险。防喷器每班动作一次，全封闸板防喷器在每次起完管柱后应进行检查。施工不能连续时，应关闭防喷器，装好油管闸阀并有效固定。

施工队正副队长、技术员、正副班长或正副司钻、资料员或井架工、专（兼）职安全员、钻井液工经过井控培训，并持证上岗。落实专人负责，做好放喷、抢关、抢装操作的准备工作。强化抽汲诱喷、替喷等关键工序的井控管理。

2. 井控设备满足要求

各类型施工均要按照设计的要求安装井控设备，并确保井控设备的有效、可靠。井控装置应定期进行检验，并取得有效合格证书。防喷器远程控制台储能器压力应符合使用要求，仪表、调压阀灵敏可靠，手柄标志清楚。施工时，井口应备有旋塞阀，且开关灵活，处于开启状态。油管架上应备有防喷单根（防喷短节）以及相应的变扣接头。节流管汇和压井管汇安装在操作台外，安装牢靠，标志清楚。放喷管线采用钢质硬管线，管径、管线的固定等均应满足规范标准的要求。

3. 井控措施到位

井喷风险的防控要以预防为主，原则是保持压井液的静液柱压力略高于地层压力。施工时各道工序应衔接紧凑，尽量缩短时间，防止因停工造成的井喷。施工不能连续时，需装好采油井口装置。

（1）拆井口施工时，应提前对油套管压力进行泄压，根据地层压力系数选择合适的压井液进行压井，井口无异常后方可拆卸井口并安装防喷器。

（2）起下管柱时，应边起边灌，保持井筒内压井液液面高度，并有防顶措施，起完管柱后应及时关闭防喷器。中途停止起下施工时，应安装好井口或关闭井控装备，在未打开闸板防喷器的情况下，不能恢复起下管柱施工。起下施工发生溢流时，及时发出信号，停止起下施工，关闭防喷器和旋塞，采取必要的井控措施。起下带有大直径工具的管柱时，防喷装置上应加装防顶卡瓦，保持油套管联通，及时灌注压井液。

（3）钻水泥塞、桥塞、封隔器时，施工所用修井液密度应与封闭地层前所用压井液密度一致，钻完后应充分循环，停泵观察60min，井口无溢流后方可进行下一步施工。

（4）压井施工时，压井方式、压井液密度符合设计要求，压井管线采用钢质硬管线，并固定可靠。压井液返出后要控制进出口排量平衡，至进出口密度差满足设计要求时可停泵，停泵后需观察30min以上，直至出口无异常。

（5）冲砂施工时，冲开被砂埋的地层时应保持循环正常，发现出口排量大于进口时，需及时处理。不得使用大直径工具的管柱冲砂。

（6）射孔时，应有专人观察井口，发生溢流或有井喷征兆时启动井控应急预案。

（7）酸化压裂时，地面流程、井口装置出现刺漏、变形、断裂等故障时，应立即停泵，待安全泄压后再进行修理。管线砂堵反循环时，反循环压力不应超过设计压力。

（8）套铣施工时，要不中断循环，套铣30min活动一次钻具。

4. 限定或慎用带压施工工艺技术

未进行风险分析，不具备安全条件不得使用。

四、井喷失控后的应急措施

（1）井喷发生后，应立即停止一切施工，抢装井口或关闭防喷井控装置。一旦井喷失控，应立即切断井场的电源、火源，机械设备要处于熄火状态，禁止用铁器敲击其他物品；同时安排人员组织井场附近老百姓紧急疏散，并安排安全值班人员，严禁将火种带入限制区域。

（2）立即向附近消防队紧急呼救，要求消防车迅速到井喷现场戒备，准备好各种消防器材，严阵以待。

（3）HSE管理应急小分队要尽快组织现场非抢险人员及贵重物品的疏散转移，迅速撤离危险并维持好治安和交通秩序，保证抢险通道的畅通。

（4）当井喷失控短时间内无有效的抢救措施时，要迅速关闭附件同层位注水，在注入井有控制地放压、降低地层压力或采取钻救援井的方法控制事故井，以达到尽快制服井喷的目的。

（5）井喷时抢装好井口或井控装置后，要控制好放喷，使井内压力逐渐恢复平衡，禁止将井口一次关闭，防止回压爆裂。

（6）抢救过程中的正确组织和指挥，是制止井喷的关键。各级指挥人员和参加抢救人员，在抢救过程中应坚定沉着，忙而不乱，紧张而有秩序地进行工作。当接到井喷事故报警后，要迅速集合抢险队伍，调集器材到现场。同时HSE应急小分队及应急小组要迅速开展工作。

（7）制定抢救方案要科学合理，并要有多套保证补充方案，要向所有抢救人员交底，抢险指挥人员要深入现场，随时掌握工作进展情况。

五、井喷抢救过程中的人员安全措施

（1）全体抢救人员要穿戴好各种劳保用品，必要时戴上防毒面具、口罩、防震安全帽，系好安全带、安全绳。
（2）利用测试仪器，及时监测井场的各种气体的浓度，做好记录，定时向应急人员报告，一有危险立即组织撤离。
（3）医务抢救人员做好急救的一切准备工作在现场戒备。
（4）消防车辆及消防设施要做好应付突发事件的一切准备。
（5）全体抢救人员要服从现场指挥的统一指挥，随时做好逃生的准备，一旦发生爆炸、火灾等意外事故，人员、设备要迅速撤离现场。
（6）在高含油气区域抢险时间不宜太长，现场急救队要随时观察抢救过程中因中毒或其他原因受伤的人员，并及时转移至安全区域。
（7）井喷制止后要认真做好事故的善后工作，认真分析原因，接受教训，并做好记录资料的收集、归档工作，组织人员清除地面污染，恢复地貌。

第四节 溢 油

在海洋油气勘探、开发、炼制及储运过程中，由于意外事故或操作失误，造成原油或油品泄漏，流向地面、水面、海滩或海面称为溢油事故。海洋油气施工发生溢油事故主要包括海上和岸滩溢油两类。此外，当海上生产设施发生井喷、火灾爆炸、油气泄漏等事故时均可能使油污漂浮于海面，并在海面迅速散开，形成油膜，由于油膜隔绝空气中的氧气，使海洋中大量浮游生物窒息而死，造成海洋水体油污染。溢油突发事故技术应快速、有效地实施，可以降低环境污染，减少资源浪费。

一、溢油事故分类

海上溢油污染主要来自船舶溢油、油气施工溢油和岸滩溢油。
船舶溢油污染是指船舶运输途中原油及其产品对海洋环境造成的污染，该类污染约占油类对海洋污染总量的47%，主要来源于机动船舶的机舱舱底污水、油船压载水、洗舱污水、海难事故及装卸事故中的溢油等。
油气施工溢油主要指海洋油气开采过程中发生的溢油，另外还包含港口或码头原油装卸过程中发生的溢油事故。由于海洋油气开采的工艺和设备都比较复杂，施工过程中存在发生油气泄漏、火灾和爆炸等重大事故的潜在风险，可能发生的溢油事故包括井喷、火灾、爆炸、输油海底管线破裂、污油罐溢油、燃料罐破裂和燃料油传输溢油等。原油装卸过程需充分考虑油的易燃、易爆性，一旦操作不当也会引发严重事故。如发生在大连新港的特大输油管线爆炸事故造成大量原油外泄，海洋环境和当地的渔业、航运业遭到重创。

岸滩溢油的来源主要有几下两种：一是来自海上的"海源"性溢油，主要是由于船舶事故、石油钻采平台事故、海底管线事故的发生而造成油品泄漏，泄漏的油品在洋流等的作用下漂移上岸；二是来自陆上的"陆源"性溢油，主要是由于近岸的石油生产、储存及运输设施发生事故造成油品泄漏，泄漏的油品流到岸滩上。

国内对溢油事故规模大小按照溢油量进行确定，溢油量 10t 以下为小型溢油，溢油量 10～100t 为中型溢油，溢油量大于 100t 为大型溢油。泄漏到水体中的石油不仅给社会带来严重的经济损失，更对海洋生态环境和周边海岸造成重大的污染。

二、溢油应急物资装备

适用、高效的溢油应急物资装备是有效处置溢油事故的基本保障，其主要作用是对溢油的围控、回收和清除。常用的溢油应急物资装备有以下六类。

1. 围油栏

按照我国交通行业的标准，将围油栏分为：固体浮子式围油栏、栅栏式围油栏、外张力式围油栏、充气式围油栏、岸滩围油栏和防火围油栏。不同类型的围油栏其结构和用途也不相同，正确选择和布放才能起到围油栏应有的作用。

根据海上生产设施的环境特点和溢油特征，适合应急所需的围油栏主要有岸滩围油栏、充气式围油栏、固体浮子式围油栏和防火围油栏等。

1）岸滩围油栏

岸滩围油栏（图 7-1）由三个 10～25m 的独立管腔组成。

岸滩围油栏仅适用于潮间带和水陆交接处溢油的拦截。围油栏布放场所的地面应较平坦，布放和回收时需特别小心以防止表面被刺伤、划破。

2）充气式围油栏

充气式围油栏（图 7-2）按照充气方式可分为压力充气式围油栏和自充气式围油栏；按照气室结构，

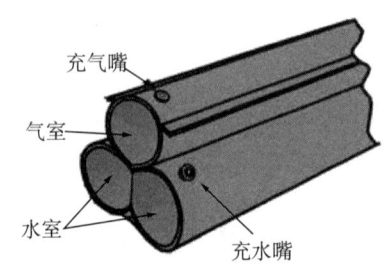

图 7-1　岸滩围油栏

又分单一气室围油栏和多气室围油栏（气室长 2～4m）。目前，国内生产的充气式围油栏都是多气室的。单一气室围油栏具有结构简单、重量轻、体积小、布放储存方便的特点，但是遇尖锐物易被刺破而失效。多气室围油栏除具备单一气室围油栏的特点以外，其优点是当某一个气室被尖锐物刺破后而不影响其他气室的使用。目前市场上由橡胶材料制成的充气式围油栏，具有强度高、不易被刺破的特点。

3）固体浮子式围油栏

固体浮子式围油栏（图 7-3）基本结构包括浮体、群体、张力装置、配重和接头。

图 7-2　充气式围油栏

图 7-3 固体浮子式围油栏

固体浮子式围油栏的特点：一是重与高之比一般在 5∶1 ~ 20∶1 之间，具有较好的随波性能；二是布放速度快，对刺扎不敏感，但回收时复杂，工作强度较大，且占用的空间较大。固体浮子式围油栏的浮体一般由固体泡沫填充而成，表面材料由橡胶或者 PVC 材料制成，使其具有浮力储备大，栏体受力均匀，整体强度高，垂直稳定性好的特点，可以长期布放。固体浮子式围油栏总高度有 600mm、800mm、1000mm、1200mm、1600mm、1800mm、2000mm 等多种规格。在一般情况下，总高度越高，围油栏的耐波性越好，适用波浪能力越强，但是价格也越高，体积也越大。固体浮子式围油栏广泛应用于开阔海域、港湾、港口、码头、河流石油钻井平台等现场，适合长期布放，也可在溢油应急行动中使用。

4）防火围油栏

防火围油栏（图 7-4）的浮体一般由钢质耐火材料制成，水下裙体为二层涂覆耐油、耐老化优质阻燃橡胶的高强度织物热合而成，具有较高强度和耐老化性。防火围油栏除具有普通围油栏拦截、控制、转移溢油的功能外，还可用于拦截燃烧的溢油、水面流淌火，可有效地防止火势蔓延，特别适用于油港、油码头、石油钻井平台等高防火等级敏感区域。防火围油栏还可以用于拖带溢油到合适的地点燃烧处理。防火围油栏具有重量大、强度高、造价高昂、布放不方便的特点，这些特点决定了防火围油栏不宜大规模储备，可根据港口出口的海面宽度储存适量的防火围油栏。当港口、码头中的溢油发生燃烧时，可快速在港口的出口处布放，阻止燃油向外海扩散。

图 7-4 防火围油栏

2. 收油机

收油机是指专门设计用来回收水面溢油、油水混合物而不改变其物理、化学特性的机械装置。收油机的基本工作原理是利用油和油水混合物的流动特性、油水的密度差以及材料对油、油水混合物的吸附性,将油从水面上分离出来。收油机主要由撇油头、传输系统和动力站三部分组成。撇油头使油水分离;传输系统包括泵浦或真空装置、软管和连接件,其作用是传送动力、泵出回收的液体;动力站给撇油头泵提供动力。目前,国内外使用的收油机主要有堰式、绳式、动态斜面式、刷式、真空式、鼓式,其中海上使用动态斜面式、堰式、盘式、绳式、刷式、鼓式,岸线防护使用真空式。

1) 动态斜面式收油机

动态斜面技术利用物理学原理来进行水面浮油的回收。利用该技术设计的收油机的主要特点是能够将浮油的回收和回收后的油水分离过程合二为一。油层被移动的水层向下牵引,当到达斜面的最底端时,由于油的相对密度较小而向上浮起,在收油井的顶部逐渐形成油层,然后油层被自动控制的螺杆泵直接输送到储油槽里。动态斜面式收油机的工作原理如图7-5所示。

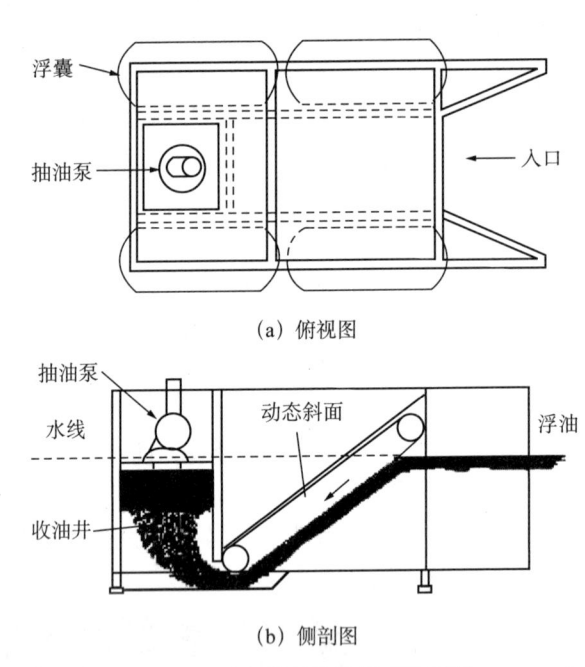

(a) 俯视图

(b) 侧剖图

图7-5 动态斜面收油机工作原理

2) 堰式收油机

堰式收油机是指借助重力使油从水面流入集油器并将集油器内的油泵入储油容器的装置,如图7-6所示。堰式收油机由收油机浮体、集油器、堰边高度调整装置、动力系统和传输系统组成,其工作原理是利用溢油重力和流动性,调整堰式收油机的堰边刚好低于油膜表面,让油通过堰边流进集油器,通过泵将集油器内的溢油泵送到储油容器,如图7-7所示。操作的关键是合理调整收油机的堰边高度,以取得较好的回收速率与回收效率。堰式收油机结构简单,是最常用的收油机之一;可活动的部件少,保养维修简单。但是堰式收油机对风浪的敏感度高,在有波浪时,它的收油效率(ORE)和彻底性效率(TE)将下降很快，有时不到 1%。堰式收油机对油层的敏感性高，对薄油膜进行回收时，回收效率（ORE）极低。另外，堰式收油机的堰口易被堵塞，所以它不适合回收高黏度的油；对垃圾的敏感度较高。因此，在油层较薄、原油黏度较大、储油能力不足、有水流、风浪较大、水面有漂浮垃圾时应采取一些辅助措施，或避免使用堰式溢油回收设备；针对油膜厚度较大，黏度较小的溢油，可以使用堰式收油机。

图 7-6 堰式收油机

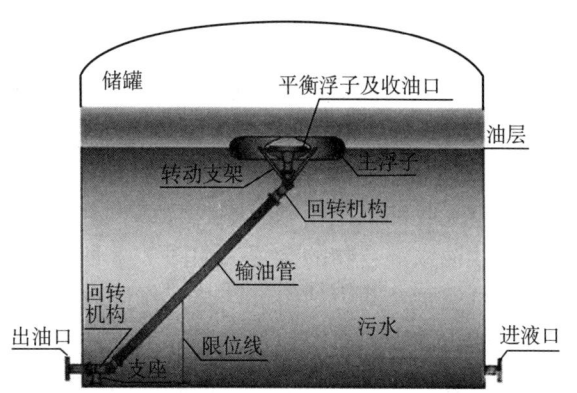

图 7-7 堰式收油机工作原理图

3）盘式收油机

盘式收油机是指利用亲油材料制作的盘片在油水混合物中旋转，盘片旋出时，吸附的溢油被刮片刮入集油器，并泵送到储油容器的溢油回收设备。盘式收油机主要由盘片、刮片、集油器、输油软管动力站和泵组成，其工作原理是亲油材料制作的盘片旋入油膜，刮片将盘片吸附的溢油刮入集油器内，通过泵将回收的溢油泵入储油装置。盘式收油机除了平面圆盘外，还有外沿呈 T 形的圆盘，T 形盘片可有效防止水面漂浮垃圾对盘片的影响。盘片的材料有聚氨酯、不锈钢和海洋级铝。盘式收油机适波性较差，只适用于港口和近岸水域；且只能回收中黏度、低黏度的油，不能处理高黏度油和乳化油。

4）绳式收油机

绳式收油机是指利用漂浮亲油材料制成的一定长度的环式绳拖把吸附水面溢油，通过棍子挤压装置将绳拖把吸附的溢油挤出并存放在集油器内的装置。绳式收油机主要由绳拖把、挤压辊、集油器、动力站和液压马达组成。工作时，环式绳拖把的一端绕过收油机的驱动辊子，缓慢地转向水面，黏附溢油。绳式收油机一端需要绕过滑轮，布放复杂，而且随着溢油回收的进行，还需要不断地挪动收油机和滑轮的位置，因此难于操作，很浪费时间；油绳的吸油量不大，回收进度慢；另外，它适应原油的黏度范围受限，不适合回收高黏度的溢油。

5）刷式收油机

刷式收油机是指利用刷子黏附回收溢油的机械装置，要由几组或几排刷子、刮片、集油器组成。刷式收油机的刷子可以分为桶刷、辊刷、链式刷。溢油黏附在旋转的刷子上并被刮下来导入集油器，通过泵将溢油泵入储油装置。刷式收油机适宜于回收高黏度油。刷式收油机是黏附式收油机的一种，它的收油进度（ORR）取决于溢油与收油机回收部件的刷子之间的黏附力，以及刷子的转动速度。刷式收油机对海浪敏感性高，波浪使刷式收油机的毛刷与油接触黏附困难；提高刷子转速也比较困难，因为转速高的时候，可能甩出黏住的溢油，从而限制了刷式收油机回收油的进度。对水流的适应性差，因为刷式收油机不适于薄的油层，它通常需要与围油栏配合使用，但是当水流大于 0.7kn 时，会发生"水拖油"现象，这样不仅会造成二次泄漏，而且还会因为油层的变薄而使它失去作用。所以，在大量溢油、低黏度溢油、油层较薄、有海浪以及水流较大（大于 0.7kn）时，应采取其他措施配合处置。

6）鼓式收油机

鼓式收油机是利用亲油材料制作的轮鼓在油水混合物中旋转，轮鼓旋出时，吸附的溢油被刮片刮入集油器，并泵送到储油容器。鼓式收油机对轻质油具有良好的适应性，回收效率高，对垃圾适应性好，维护保养简单，适用于港口和近岸水域。

7）真空式收油机

真空式收油机是指利用吸入泵或真空泵在真空储油罐内建立真空并通过收油头处的压力差回收油水混合物的装置，如图 7-8 所示。真空式收油机主要由收油头、软管、真空储油罐、真空泵、动力站组成，其工作原理是利用真空泵在收油头处产生真空，将水面上或地面上的溢油吸入真空储油罐内。真空抽吸式收油机对油层的厚度敏感性高，不适用于回收薄的油层；也不适用于回收高黏度的溢油；回收效率低，有的回收效率低于 10%，在储油能力不足时，应避免使用；因其对波浪非常敏感，只适用于岸滩和港口的平静水域。所以在平静水面，油膜厚度较大，黏度较小的溢油，可以使用真空式收油机。

图 7-8 真空式收油机

3. 收油网

在冬季，尤其是在我国北部渤海海域，冬季港口、码头容易结冰，溢油进入海面后，会成黏稠的块状，不容易用收油机进行回收。在冬季，对于海面上的黏稠块状污油，使用收油网（图 7-9）效果较好。收油网分为船用收油网和手动收油网两种。

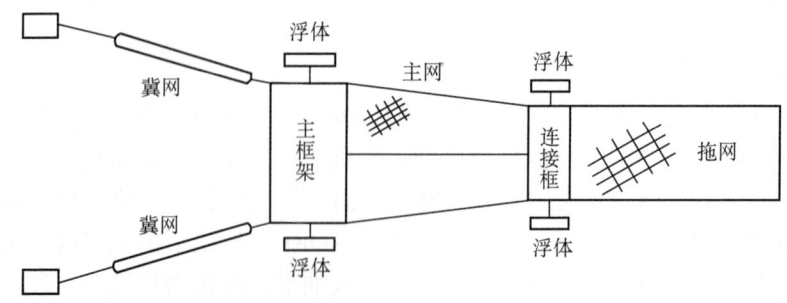

图 7-9 收油网结构示意图

船用收油网主要由支撑臂、支撑臂浮漂、收油网支撑框架、连接围油栏和集油网组成。收油网的布放有多种形式：可以使用两艘船舶共同拖带一个收油网，由第三艘船舶控制回收收油网中积聚的溢油；也可以使用一艘船舶单侧拖带收油网回收溢油或一艘船舶双侧拖带收油网回收溢油。

手动收油网是指用人工手动操作的收油网，由网、网支架和手柄组成。这种收油网结构简单，操作方便，造价低廉，主要适用于在岸边、港口、船舶上回收垃圾污染的溢油和吸附了溢油的吸油材料，清除收油机周围的垃圾，有利于收油机的正常工作。这种收油网应用场所较广泛、携带方便，是溢油应急行动中最常用的设备器材之一。

4. 溢油吸附材料

溢油吸附材料是指能将溢油渗透到材料内部或吸附于表面的材料。理想的溢油吸附材料应疏水、亲油、溢油吸附量大、亲油后能保留溢油且不下沉，还应有足够的回收强度。吸附材料便于携带、操作方便，适用于吸附很薄的油层，通常在大型溢油事故的处理后期或较小的溢油事故中使用。吸附材料按其原料属性分为天然吸附材料与合成吸附材料。在港口码头中，由于需要使用专业的溢油回收设备，而这些溢油回收设备对垃圾等块状漂浮物比较敏感，一般不宜使用天然吸附物，因为天然吸附物（稻草等）强度较低，在水中浸泡后会分散不易回收，会在海面上形成垃圾，堵塞收油机的导油泵等设备，一般使用人工合成吸附材料，人工合成吸附材料具有重量轻、吸油量大、强度高等优点，吸附溢油后不会下沉和分散，便于回收。人工合成的溢油吸附材料通常有吸油毡和吸油围栏，如图7-10所示。

(a) 吸油毡　　　　　　　　　　　(b) 吸油围栏

图7-10　吸油毡和吸油围栏

5. 溢油回收船

溢油回收船是专门设计用来回收水面溢油和油垃圾的船舶，如图7-11所示。溢油回收船主要包括溢油回收装置、回收油储存舱、驳运装置、机械动力系统和垃圾回收设备等装置。溢油回收船适用于开阔水域溢油回收所用。当海面上的溢油厚度较厚时，使用专业污

图7-11　溢油回收船

油回收船效果也比较理想,甚至可以用导油泵从海面上直接回收污油,溢油回收船的工作原理如图 7-12 所示。

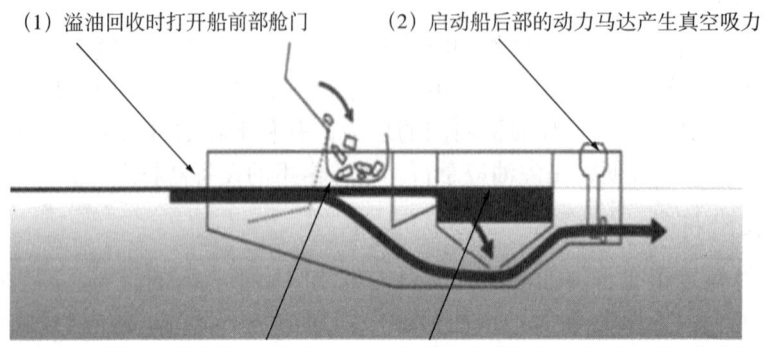

(1)溢油回收时打开船前部舱门　　(2)启动船后部的动力马达产生真空吸力

(3)前部甲板安装固体垃圾回收栏　　(4)搜集到的油类垃圾储存在船内的油舱

图 7-12　溢油回收船工作原理图

6. 消油剂

"消油剂"学名"溢油分散剂",由多种表面活性剂和强渗透性的溶剂组成,主要用于处理海上溢油及清洗油污,是治理海洋油气污染的必备品。消油剂分为常规型和浓缩型两种,主要区别在于活性物含量的高低,其作用机理是利用表面活性剂的乳化作用,使油膜乳化形成乳状液。溶剂能降低油类黏度,使其易于乳化;而少量助剂能促进乳化分散过程,提高乳化效率,增加乳状液的稳定性。

当将足够量的化学消油剂喷洒在溢油膜上时,表面活性剂分子即刻在油—水界面上发生定向吸附,亲油基伸向油,亲水基伸向水,使界面张力极大下降,并形成具有一定强度的界面膜。从而削弱和降低了油膜的黏聚性,使油膜易于乳化分散成小油滴而转入水体中,尤其是在外动力(由风、浪或工作船引起)作用下,能加快其乳化分散过程而形成乳状液。其沉降深度不超过 5m,易于在海面上扩散,并经历物理的、化学的、生物的变化而使其消失。

消油剂的使用条件有:

(1)消油剂适合在开阔水域、水流快、温度高的水域使用,适合处理 5mm 以下厚度的溢油。如果溢油厚度过大,不但乳化分散溢油的效果不佳,而且使用量过大。通常处理水上溢油首先是使用机械回收方法,尽量将溢油回收之后,再使用消油剂处理残油。

(2)消油剂适合于处理相对密度中等且具有挥发性的原油和燃料油。轻质燃料油和轻质原油相对密度小,易于挥发,其风化半衰期只有十几个小时,因此溢油可以自然消散入大气中;相对密度大的原油和燃料油不易于挥发,其风化半衰期长达一百多个小时,使用消油剂效果不佳。相对密度更大的重原油和残油,几乎不挥发,使用消油剂无效。

(3)适合处理黏度较小的油品,因为随着溢油黏度的增大,其处理效果降低。

使用消油剂处理海面溢油只是改变油在海水中的存在形态,不改变溢油的化学性质,并且使用不当还会造成水体的二次污染,因此,国家对消油剂的使用有着严格规定,先后颁布了 GB 18188.1—2000《溢油分散剂　技术条件》和 GB 18188.2—2000《溢油分散剂　使用准则》,以规范消油剂的使用。交通运输部海事局于 2000 年 10 月 27 日颁布了《消油剂产品检验发证管理办法》(海船舶字〔2000〕798),规定消油剂产品必须由经过认可的检验单位进行检验,并取得海事局颁发的有效的产品形式认可证书。产品检验项目有外观、pH值、燃点、黏度、乳化率、鱼类急性毒性和生物降解性。

三、溢油监测及回收技术

溢油事故发生后,在现场初期,由发生溢油的现场单位派专人随船监控溢油漂流方向和扩散情况,并采取应急措施,如停泵、关阀等,采用现场配备的溢油设备对污染物进行围控、吸附、回收等,联系专业应急力量到达现场进行溢油回收处理。海上溢油应急处置根据不同环境应采取不同的应急技术和方法,本节主要从海上和岸滩两种不同环境进行阐述。

海上溢油应急的难点:一是存在风浪,对围油栏和收油机的技术性能要求较高,并且围油栏和收油机在浪较高的情况下回收效率会明显降低;二是由于受到风、流、海况的综合影响,对溢油在开阔水域中的漂移情况进行追踪较为困难;三是溢油受重力、表面张力、惯性力和黏滞力的影响,在海面上迅速扩散为油膜,对油膜的回收非常困难。

下面从海上溢油应急的监测、围控、回收清除三个环节,分别阐述相关应急技术。

1. 海上溢油监测技术

海上溢油监测是通过各种遥感技术、信息传输和处理来判断海面溢油信息的过程,是海上溢油处理的重要环节,是采用有效溢油处理措施的重要前提。

海上溢油的监测主要靠遥感监测技术,根据所采用的电磁波范围不同,溢油航空遥感技术主要分为以下五种。

1) 可见光遥感技术

可见光遥感技术是最普通的遥感方法,照相机或摄像机因价格低廉而随处可见。照相机或摄像机和GPS一起可以为溢油善后处理工作提供法律制裁依据。但照相机或摄像机不能有效区分溢油和背景(海水),即使将摄像机和滤光器一起使用来确定溢油的存在,其作用也是很有限的。

可见扫描仪在光谱的可见区域常被用作遥感器。在CCD(charge-coupled device)探测器出现之前,这种扫描仪比摄像机更为灵敏,且更具选择性。扫描仪的另一个优点是它的信号能被数字化,在显示前可以进行信息处理。另一种被称为PUSH-BROOM SCANNER的探测器(用了一个CCD成像仪)具有更多的优点,它克服了成像差等缺点,工作更为可靠。可见光遥感器探测溢油最大的缺点是它完全依赖阳光,只能在白天工作。

2) 红外遥感技术

溢油在水上形成一层膜,吸收阳光,并把吸收的一部分太阳能作为热能释放。用红外成像,厚的油膜呈现热效应,中间的油膜呈现冷效应。虽然现在还不清楚冷、热之间发生变化的油膜厚度,但是可以确定的是厚度在 50 ~ 150mm 之间变化。太薄的油膜用红外成像探测不到,最薄的可探测到的油膜厚度是在 20 ~ 50mm。

红外遥感器的价格越来越低,其质量也越来越轻,无须对飞机进行改造,是目前世界各国采用最多的全天候溢油探测工具。红外遥感技术探测溢油的缺点是不能区分海洋里的浮游植物与溢油。

3）紫外遥感技术

与海水相比，油膜对紫外辐射的反射度很高，即使是油膜厚度小于 0.05pm 也是如此。因此可以利用紫外遥感器的成像区分油膜和海水。在紫外成像相片上，油膜呈白色调。

紫外遥感器的缺点是它不能区分波浪或平静水面对太阳的闪光、风对海水的作用产生的闪光与海上溢油的闪光，更不能区分水生植物、水下的海草与水上的溢油。由于很难准确地将红外摄像机和紫外摄像机的图像重叠，所以紫外摄像机虽然便宜，但在溢油探测的过程中并不常用。

由于对水生植物、水下的海草的紫外遥感图像与红外遥感图像有明显的区别，所以结合紫外遥感技术与红外遥感技术可以提供一个比使用单一技术更为确定的溢油探测手段。

4）激光遥感技术

飞机携带的激光器向水面发射激光束，诱发海水或水面上的物质产生荧光。由于油类物质含有多环芳香烃，它吸收紫外线，被激发产生荧光，这个激发荧光在光谱中可见光的范围内，因此可以判别油是否存在。

溢油激光遥感器主要由激光器、光谱测定接收仪、GPS、计算机等组成。溢油激光遥感器发射的激光束的波长多在 300～355nm 的紫外区。对不同物质，由 300～355nm 激光束诱发的荧光的波长不同：多数有机物质荧光的峰值中心波长 420nm；叶绿素荧光的峰值中心波长 685nm；原油荧光的峰值中心波长 480nm。

由于溢油激光遥感是一种主动（遥感器本身提供光源）遥感器，所以它是全天候、全气象遥感技术。但溢油激光遥感器自身的重量及高昂的价格限制了这种遥感技术的推广应用。

5）遥感卫星

所谓遥感卫星就是搭载遥感器，从宇宙空间观测地球的人造卫星。遥感卫星通常由观测遥感器、数据记录器、通信系统、电源系统、热控制系统等组成。其中，观测遥感器、数据记录器被称为功能设备。遥感卫星就是通过上面六大部分组成的各种跟踪管制系统、运行管制系统和数据获取处理系统等来完成遥感信息的获取和传送等一系列任务的。

2 海上溢油围控技术

当溢油发生后，首要任务是将溢油围控，防止其继续扩散，为以后的回收处理打下基础。目前，国内外主要采用船舶布放围油栏的方法进行溢油围控。

从以上的要求来看，对于开阔水域而言，重型橡胶充气式围油栏是较为理想的选择。

1）围油栏布放方式

如图 7-13 所示，先将拖头的浮漂及拖绳放下水，然后动力站放下围油栏，同时用人工拖动围油栏，将充好气的 1～2 个气室的围油栏段放入水中，并使未充气的 1～2 个气室的围油栏段平铺在甲板上。在围油栏气室一侧，可用围油栏阀盖扳手的钩插入吊链板孔内，手握扳手拖动围油栏；在围油栏配重链一侧，操作者可手握链条拖动围油栏。当水中有一定长度的围油栏后，布放船逆流慢速行驶所产生水流的拖力可将围油栏拉下水，就不需要人工再拖拉围油栏了。水中有围油栏后也可用拖船将围油栏拉下水，但一定注意切勿使油栏受很大拉力，只需重复上述步骤连续布放围油栏。

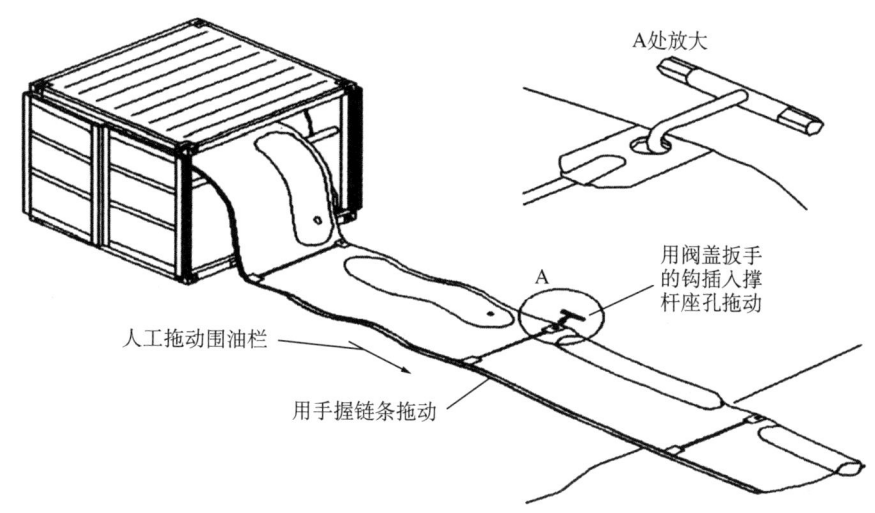

图 7-13 船舶布放围油栏示意图

用船布放围油栏时，布放船应逆流慢速行驶使水面上的围油栏在船后成一直线。放下一定长度后，拖船拾起拖头的浮漂，用拖绳使围油栏在船后尽可能成一直线，但注意不应使围油栏受很大的力。

2）围油栏拖带方式

典型的围油栏布放形式有单船布放（单侧拖带和双侧拖带）、两船布放和三船布放。

(1) 单船布放形式（图 7-14）：V 形单侧拖带是将围油栏分别与船舶和伸出臂的顶端连接，V 形一侧围油栏长度为 10～50m，主要取决于船舶的大小。

(2) 两船布放形式（图 7-15）：通常采用的是 J 形布放，也称 J 形拖带。从主拖船至 J 形底部布放形式间围油栏的长度为 20～40m，撇油器放置在 J 形底部，围油栏要尽可能紧靠主拖船的一侧（10～20m），以便于撇油器或其他回收设备的操作。

(3) 三船布放形式（图 7-16）：通常采用的围控形状为 U 形或开口 U 形。开口的 U 形围控是由 U 形围控进一步发展而成的，两段围油栏在开口处分别向两侧延伸 3～10m，形成一个漏斗，利用绳索调整 U 形底部，使其开口宽度达到 5～10m，以减少湍流对浮油的影响。

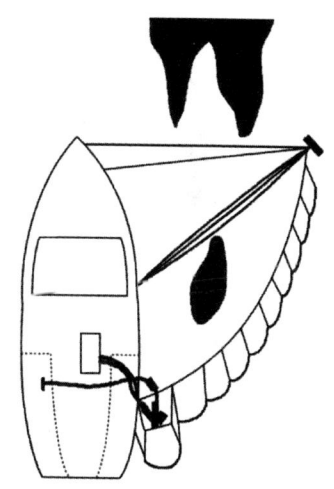

图 7-14 围油栏单船布放

3）围油栏回收方式

围油栏回收程序和布放程序相反。最后入水那端的围油栏应最先回收，这样才能将围油栏正确地卷绕在卷绕辊那端，卷绕时气室中残余的少量气体应尽可能从气阀座挤出，如图 7-17 所示。

3. 海上溢油回收清除技术

海上溢油回收清除所用的主要设备包括溢油回收船、收油机。不同的溢油回收设备适

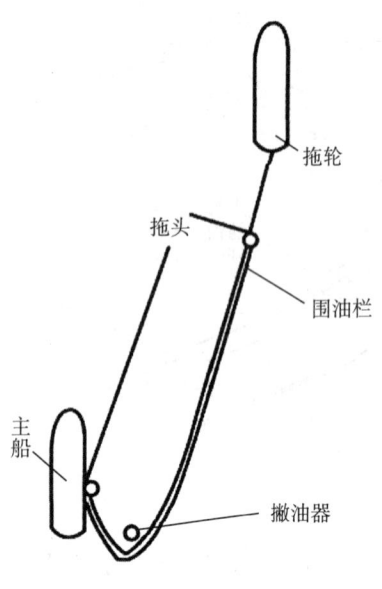 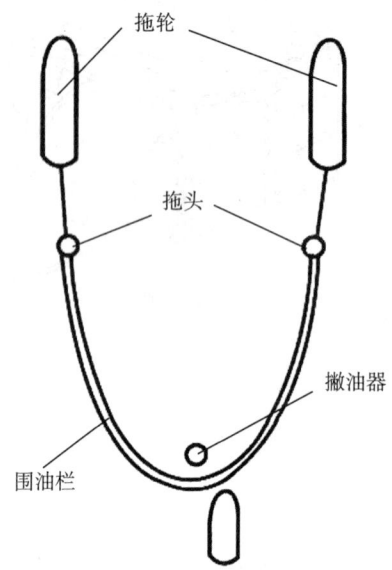

　　图 7-15　围油栏两船布放　　　　　　图 7-16　围油栏三船布放

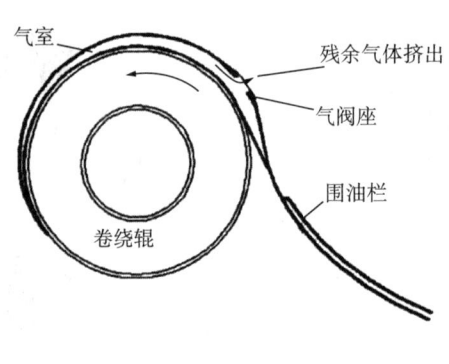 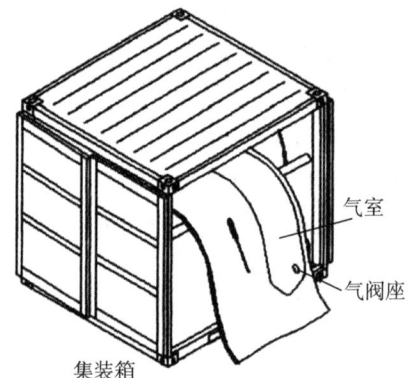

图 7-17　围油栏回收

用于不同的水域环境和不同性质的油，只有在其适用范围内工作，才能充分发挥作用，提高溢油回收的效率。因此，在溢油突发事故反应中，要根据溢油事故发生的地点、海况、溢油量和溢油种类等因素，选用适宜的回收设备和器材。

1）机械回收

一是采用单船 V 形拖带时，采用船载侧挂式收油机或根据海况和溢油情况选择收油机进行溢油回收。但采用这种形式布放大型围油栏，船舶的操纵性能会受到一定的限制。

二是采用双船 J 形拖带时，主要将小型溢油回收工作船或小型工作船船载收油机放置在 J 形拖带底部进行溢油回收。

三是采用三船 U 形拖带时与双船 J 形拖带的回收方法基本相同。与 J 形拖带相比，两艘船舶并行操纵，更容易保持正确的位置。在前面两艘拖带船并进的同时，第三艘船舶则应根据两艘拖船行进的速度，始终处于 U 形拖带的底部外侧，利用收油机等其他适宜的回收设备，对 U 形拖带底部围拢的溢油进行回收施工。

2）溢油吸附

使用吸油毡、吸油拖缆等吸附材料进行回收。吸油材料用于油未扩散时清除围油栏以外以及围油栏内的油；有两道围油栏时，清除两道围油栏之间的油；利用机械收油使油层变薄、回收效率下降时，用吸油材料吸附较薄油层的油；当溢油到达岸边及不易处理的狭窄海域时，用吸油材料吸附；吸油材料适于吸附油层厚度为 1～10mm 的薄油层；吸油材料还可用于对水面上的浮油进行阻拦或做记号。

吸油毡采用人工投放，在投放时注意保证吸油毡平铺于水面上。吸油颗粒分袋装和散装，袋装直接投掷在溢油表面即可，散装需要人工均匀地洒在油膜表面。吸油拖栏与围油栏布放方法相同，采用人工或船舶拖拉布放。

3）使用消油剂清除

消油剂是利用化学方法改变溢油的存在形式的制剂，通过该类制剂的喷洒可以清除表面余油，但是为了防止不当使用造成二次污染，国家对消油剂的使用有严格的规定。在采用物理回收法之后，对残余溢油需要喷洒消油剂进行清除，当海面上油层较厚时，应先用吸油机或吸附材料等方法尽量将溢油回收或吸附上来，减小油膜厚度，然后再使用消油剂。如油膜较薄时，可用消油剂直接喷射于油面上，并根据溢油面积的大小和方向，采用喷射器或喷射泵将溢油量 20% 的消油剂沿溢油流动的垂直方向射于溢油面上。为使消油剂充分发挥作用，最好在溢油未形成油包水乳化液之前，尽可能早地向油膜喷射消油剂，而且在喷射后，可适度利用小艇或船的航行，通过其螺旋桨进行搅动。

4）海面溢油燃烧

现场燃烧技术处理海面溢油成本低、速度快，具有比其他溢油处理技术更便捷的优点。

海面溢油燃烧是有条件的，既要有一定的油膜厚度、油膜面积，还要有与燃烧速率相适应的集油速度以及适宜的现场气候、海况和溢油的乳化程度等，同时还应有相应的设备。前者为溢油燃烧应具备的内在因素，相应的燃烧系统设备是其外部条件。

尽管有时溢油没有围油栏围控，油层厚度也可以满足燃烧，但由于油膜扩散或破裂的速度很快，难以长时间维持燃烧。因此，大多数情况下应使用防火围油栏围控溢油。围控后，必须用点火装置点燃才能燃烧。点火装置要依据溢油种类进行选择。目前已开发的点火装置有浮式点火器、激光点火器、空中投掷的凝固燃油点火器以及内装如汽油、柴油和轻质原油等燃料的燃烧球。

溢油现场燃烧除用点火器引燃溢油外，还可以把浸有燃油的纸卷、碎布、吸油材料或装满汽油的塑料瓶投入海面，作为引燃溢油的替代物，也可以利用烟火施放技术引燃溢油。最简单的引燃办法是由直升机直接向油膜上倾倒一些汽油。

海面溢油燃烧适用于近海石油勘探、海上输油管线、油轮事故等发生的溢油事故，甚至也适用于特定的河流环境中发生的溢油事故。

现场溢油燃烧技术在我国的应用仍处于研究探讨阶段，目前，《中华人民共和国海洋环境保护法》对现场燃烧技术的应用还没有相应规定。但在已颁布的溢油突发事故计划中，该技术已作为突发事故决策的一种可行性措施。

3. 岸滩溢油应急技术

岸滩溢油与海上溢油应急处置不同，具有其自身的特点，同时也存在着诸多难点。一是设备（尤其是大型设备）进入施工区域困难，如有些区域与路基的高度差达数米，大型设备很难进入施工;二是设备在泥沼区域移动困难;三是施工区域存在涨落潮及潮差,如果控制不好,很可能要进行重复性的溢油处置施工。

1) 岸滩溢油围控技术

岸滩溢油应急中的围控主要有两个方面的作用:一个是防止或减少海面上的溢油漂浮上岸,另一个是防止岸滩上的油流到海里。

(1) 围油栏围控:主要是采用岸滩围油栏及能够与其进行连接的海上围油栏对溢油进行围控。一种方式是单独使用岸滩围油栏,另一种方式是使用岸滩围油栏和海上围油栏连接后的组合体。前者主要是防止大面积的或零散的海上溢油上岸或已上岸的溢油入海,后者主要是针对一定可控面积的溢油,防止其上岸。

(2) 堤坝围控:主要是采用人工的方式构建堤防、滩肩等对溢油进行围控,如图7-18所示,这些人造屏障可以包围并控制污染区域,围堵或改变溢油的流向,将溢油聚集在小区域中以便回收等,在围控的同时,也为回收创造了有利条件。堤坝的材料有砂石、泥土、秸秆压缩块等。

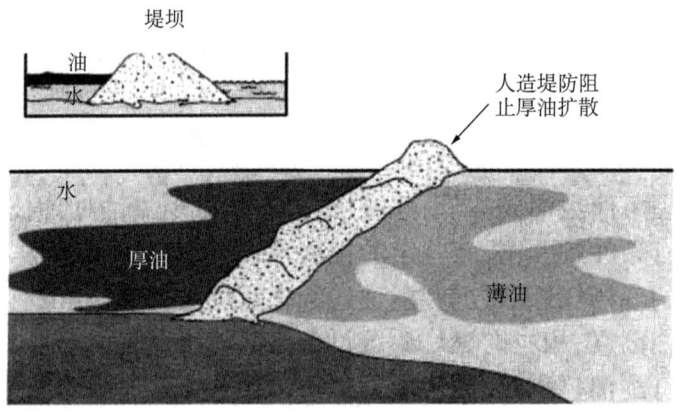

图7-18 堤坝围控

(3) 沟、池、槽围控:主要是利用岸滩的低洼处形成的沟、槽或是在岸滩区域结合地势开挖的沟、池、槽等,将岸滩上的溢油引入到上述沟、池、槽中,防止溢油扩散,同时也为溢油回收提供了便利条件。

2) 岸滩溢油回收清除技术

岸滩溢油回收清除要在实际环境基础上采用多方式、多方法的综合处置,在实战中要充分结合现场情况,综合使用各类方法,以达到对溢油的快速处置,同时要注意人员、环境问题,防止次生灾害的发生。

(1) 机械回收。

机械回收主要是使用机械设备对岸滩的溢油进行回收,有以下三种形式:

①使用两栖工作车。两栖工作车上配备有专业的溢油回收、处理装置,由专业人员对车及回收、处理装置进行操作,可以对岸滩的溢油进行回收,这类设施在潮间带或泥沼地带尤其适用,不受地域和现场条件限制,退潮时可以施工,涨潮时也可以施工。

②在前面所述的堤坝、沟、池、槽等区域使用真空收油机、刷式收油机、盘式收油机、鼓式收油机等进行收油施工。当沟、池、槽等区域内的溢油较多时,也可直接使用导油泵回收溢油。

③使用平地机、推土机、铲土机和装载机等机械设备回收溢油和油污染的沙子。这种回收方式适用于沙滩渗透程度和敏感程度低的岸滩。施工时,机械设备应沿着岸滩方向自岸上向水边逐步推进,将受油污染的沙子集中起来而后统一进行分离、回收溢油。

(2) 溢油吸附。

吸附材料利用亲油、疏水的材料制成,溢油吸附量大,亲油后能够保留溢油且不下沉。使用该类材料可以吸附被冲入水边的溢油,以避免进一步污染岸滩,也可以用来清理石块或人工构筑物缝隙的溢油,或用来擦除巨石及人工构筑物表面的溢油。

一种是化学合成吸附材料,主要是聚丙烯成分的吸油毡、吸油拖栏;一种是天然吸附材料,如秸秆、毛发、羽毛等;还有一种是天然材料与化学材料相结合的材料,如羽丝绒吸油毡。

(3) 人工清除。

人工使用铲、镐、筐和塑料袋清除溢油,对于敏感性高的岸滩和机械设备不能进入的岸滩以及溢油面积较大的情况较为适用。虽然这种清除方式效率低,但是清洁后的岸滩资源恢复快,对岸滩的生态破坏性较小。

(4) 使用消油剂清除。

在岸滩上使用消油剂需要得到许可,喷洒后应用海水冲洗或等待潮汐的冲刷,以使消油剂充分发挥作用,消除溢油。

(5) 采用生物修复。

生物修复技术是清除溢油最有效、最彻底也是最环保的方法,是利用生物降解来修复被溢油污染的海岸的方法,因为其具有可以就地处理、操作简便、成本较低、不产生二次污染等优点,在溢油处理中得到广泛应用。比较成功的案例是1989年美国阿拉斯加溢油事故,当时美国环保局利用亲油性肥料作为土著降解石油微生物的营养盐,在清除海滩溢油的实际应用中取得了很好的治理效果。一般来说,生物修复较适合于低浓度的溢油污染,当浓度较高时,需采用其他常规措施将游离的、高浓度溢油清除后才能使用。生物降解方法清除溢油的周期较长,可作为后期处理极少数剩余溢油的辅助方法。

第五节　火灾爆炸

海洋油气设施的工艺设备、管线等发生油气泄漏、外溢或聚集,一旦有明火源存在,就可能造成火灾、爆炸事故,火源出现的形式主要有明火、电火花、雷击放电、静电。

一、火灾爆炸类型

海洋油气设施火灾与爆炸类型主要有以下五种。

1. 喷射火

海洋油气设施上处理的介质主要是原油或天然气,其极易燃烧,泄漏后一旦遇到引火源就会被点燃而引发火灾,同火焰喷射器一样可形成喷射火。

2. 闪火

闪火是由泄漏的气体或含气原油导致的。气体云通常是边缘部分先被点燃，并且远离泄漏源。燃烧区域从点燃点迅速扩散到整个云团。

3. 油池火

所有含气原油的工艺物质单元都具有形成池火的可能。池火将产生浓烟，可能损坏逃生、撤离和援救设备。池火也可能发生在海面上，液体可能是原油或原油炼制产物。

4. 球火

如果泄漏的天然气立即被点燃，连续泄漏（如管线的破裂）将导致喷火；瞬时泄漏的天然气如果立即被点燃，将形成球火。

5. 蒸气云爆炸

当以液态存储的爆炸性气体瞬间泄漏到敞开空间以后，遇到火源，或者在空气中扩散形成爆炸混合物，发生延迟点火，就会发生蒸气云爆炸。蒸气云爆炸破坏作用有爆炸冲击波、爆炸火球热辐射对周围人员、建筑物、储罐等设备的伤害、破坏作用，其中爆炸冲击波的破坏作用最强，破坏区域最大。

火灾与爆炸事故会导致人员伤亡、设备损坏等后果。及时、有效地采取消防突发事故等措施可以控制火势蔓延，避免引发连锁反应造成更严重的后果。

二、火灾爆炸的风险分析

1. 对井内爆炸风险认识不足

井筒内形成天然气聚集的情况非常复杂，可能因为前期的油套补贴腐蚀严重，不能满足气密封的要求，导致井下油气互串；也可能因为固井时套管水泥返高不够，存在衔接空缺段，导致地层中的游离气进入到井筒中；也可能由于洗井不彻底，残余在井壁上的油气挥发聚集。这些聚集的天然气遇到空气混合时，即可形成爆炸物。

2. 对工艺安全性认识不全面

油气施工或者测试中，由于工艺本身的限制，空气进入或者产生点火源而瞬间引发爆炸。例如，使用空爆弹作为声源测试液面，在井下击发时就可能会产生火花或静电。

3. 施工管理不严

污油、含油污水处理不及时，蒸发形成可燃气体云，与空气接触后在一定的密闭空间内，会形成爆炸环境。

4. 防火防爆管理不到位

危险区内电气设备防爆性能不能满足要求，或者防爆装置损坏，防爆性能缺失；危险区内无静电释放装置，流程管线无跨接线，导致产生静电，危险区进行热工施工等，这些情况都可能引发火灾或闪燃闪爆。

5. 爆炸物品管理失位

爆炸物品（如射孔弹、射孔枪）存储、搬运不当，会引发爆炸。

三、火灾爆炸的防控措施

1. 对井筒内的风险要有充分认识

认真查阅油气井的历史施工记录,对可能发生的事故风险要充分分析,并采取成熟、安全可靠的施工工艺,采取有效的安全措施。

2. 加强油类污染物的管理

对残余油、含油污水、含油污泥等要严格存储管理,必要时可安装可燃气体报警探测仪,严防油气聚集。

3. 防火防爆设备要完好有效

危险区内应使用类型相符的防爆电气设备,做到一机一闸一保护。临时用电要规范连接,办理相关许可手续,不能影响设施整体的防爆要求。

4. 危险品管理要严格

射孔弹、射孔枪等应存放于专门的场所,设置专人管理,设置警示标志,射孔操作应符合规范要求。

第六节 中 毒

中毒是指大量毒物短时间内经皮肤、黏膜、呼吸道、消化道等途径进入人体,使机体受损并发生功能障碍。

一、中毒的原因分析

海洋油气施工过程中常见的主要有毒物质有硫化氢、天然气、液化石油气等,具体施工中导致中毒的原因有以下三个方面。

1. 钻井施工

射孔、钻塞等施工,打开井下层位,井内硫化氢、一氧化碳等有毒有害气体泄漏,人员防护措施不到位可能造成人员中毒。

2. 采油施工

采油过程中,原油、天然气、氨、硫化氢、硝酸、盐酸、氢氟酸、有机溶剂、清蜡剂、除垢剂、缓蚀剂、防腐剂等药剂的使用产生的有毒气体会导致中毒。

3. 辅助施工

在辅助施工过程中,如酸化、压裂过程中,酸化液、压裂液等化学药剂由于在搬运、装卸、使用中飞溅,造成人员伤害;人员进入储液罐等受限空间施工过程中,含氧量不足,易发生人员中毒窒息。

二、中毒的防控措施

(1) 施工过程中要对有毒有害气体监测措施落实。硫化氢检测报警装置应定期校验合格，报警值设置正确，灵敏好用。

(2) 中毒窒息风险辨识到位，并制定防控措施。在含硫化氢井施工时，应对施工人员进行交底，要求员工熟知硫化氢的危害和应急程序，制定防硫化氢应急预案，组织全员防硫化氢演习；严格执行受限空间施工许可制度，进入受限空间施工需保证含氧量充足，通风良好。

(3) 增强施工人员安全意识，要具备基本的防护技能。含硫化氢井施工时，所有施工人员均应接受防硫化氢技术培训，并取得合格证书。

(4) 按照要求配备可燃、有毒气体探测装置，设置安全标志。海洋油气设施的井口区、甲板上、钻台上、污油舱内污液池顶部配备固定式硫化氢探头，至少配备 $0 \sim 20 mg/m^3$ 和 $0 \sim 100 mg/m^3$ 量程的便携式硫化氢探测仪各一套；滩海陆岸、人工岛每个井场配备至少两台便携式硫化氢检测仪、两台可燃气体检测仪；现场应有明确易见的风向标，含硫化氢区域应有明显警示标志和顺畅的逃生通道；含硫油气井放喷点燃时，要采取防中毒措施。

三、发生中毒事故后应急措施

(1) 立即终止接触毒物，毒物由呼吸道或皮肤侵入时，要立即将患者撤离中毒现场，转移到空气新鲜的地方，污染的衣服必须立即脱去，清洗接触部位的皮肤。

(2) 清除体内尚未被吸收的毒物（催吐法，患者神志清楚而能合作时，此法简便可行；洗胃法；导泻法）。

(3) 消除皮肤上毒物，脱去污染衣服，用大量温水清洗皮肤毛发。

(4) 用清水彻底清洗眼内毒物。

(5) 清洗伤口毒物。

(6) 使用解毒剂并送至岸上距离最近的医院。

第七节　机械损伤

海洋油气需要使用动力设备、提升设备和辅助设备等专门的机械装置，这些设备设施操作频繁，易发生机械故障造成伤害，是井下施工中发生概率较高的事故，可能导致人员伤亡和机械设备损坏等。

一、机械损伤的风险分析

(1) 管柱起下操作过程中，出现上碰下砸事故；人员误操作造成砸伤、压伤、扭伤等；液压大钳、B型钳、卡瓦等设备可能对人员造成伤害。

(2) 机器外部运转的部分在运行过程中引起人员的绞、碾伤害，或因运动部件断脱、飞出而造成人身伤亡和设备损坏。如绞车、各类泵等设备的旋转部位保护措施不到位，导致对附近人员的伤害。

（3）搬运工具、设备、配件、油管过程中造成人员砸伤、挤伤；海上吊装施工造成人员伤害等。

（4）设备局部高温对人造成高温烫伤。

二、机械损伤的防控措施

（1）增设机械设备安全防护装置，并保证齐全牢靠，如旋转部位加装防护罩，易伤人的突出部位进行保护等；容易发生危险的部位设有明显的安全标志、警示信号和警语。

（2）加强机械设备的日常检查与维护，定期保养，保持其良好的运行状态；经常进行安全检查和调试，消除机械设备的不安全因素。游动滑车、大钩、吊环、吊卡检验合格，灵活可靠；修井机刹车系统应灵活好用；修井机防碰天车装置应灵敏有效；井下施工专用设备如井架、天车、游车、大钩、水龙头、修井机、压井泵等经过专业设备检验检测且检验合格。

（3）装卸酸液等化学危险品时轻拿轻放，不得震动、撞击、摩擦、重压和倾倒；特种施工应有专人指挥；起重机吊装设备时应使用游绳牵引。

三、机械损伤的事故后的应急措施：

（1）如遇严重出血或胸部开放性损伤，应尽快止血或封闭胸部伤。
（2）治疗休克和骨折固定，运送骨折伤员，必须用夹板固定伤部，脊柱骨折须卧硬板。
（3）如动脉出血，要上止血带，每隔1h放松一次，每次1～2min，转运途中保持呼吸道畅通。
（4）送医院进行抗休克、预防感染等处理，纠正电解质代谢失调，注射破伤风抗毒素。

第八节　其他突发事故

一、平台遇险

海上平台因受自身及外界的不利影响发生的平台失控漂移、拖航遇险、被碰撞或者翻沉等称为平台遇险。平台遇险可能引起设备设施的大规模毁坏、海上溢油污染和人员伤亡。

平台失控漂移主要指海上移动钻井平台因各种原因出现部分或完全失去控制而发生位置自由移动的情形。钻井船失电、推进系统或电力系统故障、位置参考系统故障、强大的自然力等均可能导致平台失控漂移。

平台拖航遇险的主要原因有很多方面，包括拖航过程舱室进水；天气、海况的恶劣对拖航造成威胁，甚至造成翻船事故；船体倾斜超过限定，如未及时采取措施，将使倾斜加大，使船体受损等。

海上平台被碰撞或者翻沉主要是指生活船、倒班船等外来船舶停靠平台过程中，由于海况条件不良、顺流或人员操作失误等,引发碰撞平台桩腿、立管等,或者进而引发翻沉。然而海上平台翻沉主要是受地层承载力不足、地震、海啸等因素的影响,往往也伴随着井喷、火灾爆炸事故而发生。

二、直升机失事

目前,部分距离岸基较远的海洋油气设施采用直升机进行施工人员接送和生活用品供给,在飞机起降以及飞行过程中,受驾驶员自身情况、天气、直升机甲板面条件等因素影响,可能发生飞机碰撞和坠毁等事故,对人员生命和财产安全有着严重的影响。

导致直升机事故的原因主要有:机身、部件或系统发生失效、故障,驾驶员操作不当,起火或爆炸,恶劣天气等多种原因和其他不确定因素。

三、船舶海损

船舶海损事故主要包括船舶发生碰撞、搁浅、触礁、翻沉、断损等事故。船舶海损事故一直是造成船舶损毁、人员伤亡、货物损失以及海洋环境污染的重要元凶,一旦发生海损事故,造成的危害是巨大的,不但可能造成重大的人身伤亡,而且还可能造成巨大的经济损失,有些事故可能造成严重的环境污染。

造成船舶海损事故的原因有客观方面的,主要包括雷达及船舶设备故障和局限,以及航道环境、天气海况、能见度、船舶流密度和其他意外因素等。但主要原因是主观方面的,绝大部分是属于船员责任心不强,驾驶操纵不当,技术水平有限,违反国际海上避碰规则和有关港航法规、港口章程,或者由于麻痹大意、瞭望疏忽及判断失误等。因此,一般来说,除不可抗力所致的海损事故外,船舶海损事故不是不能避免的。船长、驾驶员和船员在驾驶船舶和管理船舶上严守岗位、恪尽职责,严格遵守航行规则,认真做好预防工作就可以有效地防止事故发生。

四、油气生产设施与管线破损

油气生产设施与管线破损主要是指以开采海洋油气为目的的海上固定平台、单点系泊、浮式生产储油装置(FPSO)、海底管线等海上和陆岸结构物受人员操作、碰撞、环境因素等影响导致的破损、泄漏、断裂等。

油气生产设施破损的主要原因包括:

(1) 材料自身会出现自然老化及腐蚀现象等,对此并未按照要求进行检测,未及时发现系统的破损风险。

(2) 设施超期服役未进行大检和延寿工作。

(3) 由船舶、直升机等外力碰撞导致设施结构损坏。

(4) 发生井喷、火灾、爆炸等事故导致的倾覆、倒塌和设施破坏。

(5) 恶劣环境条件,如海冰、台风、涌浪、地震海啸、地基沉降等对设施结构的破坏等。

海底油气管线破损的原因主要有拖锚、抛锚、海面落物、腐蚀失效、渔业施工、自然危险、建造损坏等。海底油气管线破损会引发溢油事故,造成海洋环境污染。

五、潜水施工事故

潜水施工由于处于水下复杂环境中，因而存在一定风险，潜水员在水下进行施工、检修施工过程中发生的碰撞、溺水等事故均称为潜水施工事故。

造成潜水施工事故的原因主要有：潜水员未按规定时间换气，水面信号员和现场指挥未及时通知潜水员换气；潜水员业务不精，对信号绳不能正确操作；潜水员对潜水装具使用不当，头带过松，随着水深的增加，面罩内形成的负压过快过大，海水沿面部和面罩边沿进入面罩；冬季潜水施工体温过低和冻伤；潜水员水下眩晕、被缠住、供气中断、水下外伤、潜水衣破损、潜水鞋脱落等。当潜水事故发生后，应该有组织有领导地采取积极有效的措施进行处理，以免造成不必要的损失和伤亡。

六、触电

发生触电事故后的应急措施：

（1）切断电源，如电源开关在附近，应迅速关闭开关，或用绝缘物体挑开电线或分离电器，使患者脱离电源。
（2）患者呼吸停止，应立即抬至干燥处或值班房工作台进行人工呼吸。
（3）心脏停搏者，立即进行胸外按压。
（4）送医院急救处理。
（5）严禁将患者往复搬动。

七、烧（烫）伤

发生烧（烫）伤事故后的应急措施：

（1）消除烧（烫）伤的原因，不同的原因给予不同的措施，切忌奔跑，切勿呼喊。
（2）保护创面，将创面用清洁的被单或衣服简单包扎，避免污染的再次损伤。
（3）镇静止痛。
（4）呼吸道烧伤，保持呼吸道畅通，心脏停止跳动做胸外按压。
（5）创面出血立即止血，对骨折者给以简单固定。
（6）路途转运超过1h，应给予口服含盐水，途中伤员应和汽车行驶方向垂直。

• • 习　题 • •

1. 海洋油气事故类型包括哪些？
2. 导致井喷的原因有哪些？
3. 简述井喷失控后的应急措施。
4. 溢油应急物资装备包括哪些？
5. 海上溢油监测技术包括哪些？
6. 简述海上溢油回收清除技术。
7. 火灾爆炸的防控措施包括哪些？

8. 简述发生触电事故后的应急措施。
9. 简述发生烧（烫）伤事故后的应急措施。
10. 简述发生中毒事故后的应急措施。
11. 简述发生机械损伤事故后的应急措施。

第八章 案例分析

第一节 井喷失控案例

※ 案例1 墨西哥湾BP海上钻井平台井喷事故

一、事故概述

2010年4月20日,在距离美国路易斯安那州海岸82km处的一个半潜钻井平台发生爆炸并引发大火,如图8-1所示。火势持续大约36h后,平台沉入墨西哥湾。当时的施工水深为1524m,施工情况是完钻井深5596m(18360ft),固井施工结束,准备临时弃井,移平台。当时平台上的人员共126人,其中平台人员79人,BP人员6人,其他承包商41人。一些被爆炸和大火吓坏了的工人纷纷跳下30m高的钻台逃生,一些人还乘坐上了救生筏,此次爆炸造成17人重伤,11人失踪。

图8-1 墨西哥湾BP海上钻井平台井喷事故救援现场

二、原因分析

（1）固井时因井下套管附件损坏导致油层套管底部被替空或碰压时使油层部位套管损坏，造成管内和底部油气层连通，地层流体侵入是发生这次井喷事故的主要诱因。

（2）在水泥封堵效果测试时，井下压力已出现异常，但没有引起有关人员的高度重视，反而用海水顶替套管内的高密度钻井液，造成套管内液柱压力进一步下降，地层里的油气进一步快速侵入，埋下了重大的井喷事故隐患，这是发生这次井喷事故的重要原因。

（3）在发生井喷时，管内的防喷阀出现了故障，未能动作，没有起到内防喷的作用。

（4）当平台发生着火爆炸后，平台甲板上的防喷器控制系统被毁坏，不能实现对水下防喷系统的控制，不能操作防喷器组的剪切闸板，未能实现剪切封井。

第二节　火灾与爆炸案例

※ 案例2　孟买平台火灾事故

一、事故概述

2005年6月27日，一艘多用供应船（MPS）运送一名受伤的随船厨师到BHN平台进行治疗，在大风大浪的环境条件下，MPS失去控制并与BHN平台发生碰撞，导致一根从水下井口输送原油到平台的立管破裂，引发大火，原油着火并散发出有毒气体在高压下溢出，引发了平台爆炸，如图8-2所示。

图8-2　孟买平台火灾事故现场

大火持续了2h，整个平台坍塌到海里，仅留下一些基础管架在海面，一架停留在平台上的Pawan直升机也在事故中被毁，供应船MPS也在事故中被毁，被另一艘工作船拖走，但最终沉没在距离孟买海岸线12km处。当时共有384人在BHN及周围的两条工作船和一座海上钻井平台Noble Charlie Yester上，其中11人死亡，11人失踪。受影响的井口已经通过井下安全阀关闭，避免了更大的污染。

二、原因分析

(1) 在大风、大浪的环境条件下，船舶失去控制与平台发生了碰撞，导致一根从水下井口输送到平台设施的立管破裂，破裂处引发火灾。

(2) 原油着火散发出有毒气体，并在高压下溢出，进而引发平台爆炸。由于火势剧烈，根据海上施工者事故管理计划，施工人员撤离平台。2h 内，整个平台坍塌到海里，仅留下一些基础管架在海面。

※ 案例3 输油管道爆炸事故

一、事故概述

2013 年 11 月 22 日 10 时 25 分，某输油管道泄漏原油进入市政排水暗渠，在形成密闭空间的暗渠内，积聚的油气遇火花发生爆炸，造成 62 人死亡，136 人受伤，直接经济损失 75172 万元。事故发生时，该输油管道输送混合原油，其密度 $0.86t/m^3$，饱和蒸气压 13kPa，蒸气爆炸极限 1.76%～8.55%（体积分数），油品属轻质原油；原油出站温度 27.8℃，满负荷运行出站压力 4.67MPa。

输油处调度中心通过数据采集与监视控制系统发现输油管道出站压力从 4.56MPa 降至 4.52MPa，两次电话确认无操作因素后，判断管道泄漏。为处理泄漏的管道，现场决定打开暗渠盖板。现场动用挖掘机，采用液压破碎锤进行打孔破碎施工，施工期间发生爆炸。

爆炸造成排水暗渠的预制混凝土盖板大部分被炸开，爆炸产生的冲击波及飞溅物造成现场抢修人员、过往行人、周边单位和社区人员，以及排水暗渠上方临时工棚及附近施工人员的伤亡。爆炸还造成周边多处建筑物不同程度的损坏，多台车辆及设备损毁，供水、供电、供暖、供气多条管线受损。泄漏原油通过排水暗渠进入附近海域，造成局部污染。

二、原因分析

1. 直接原因

输油管道与排水暗渠交汇处管道腐蚀减薄，管道破裂使原油泄漏，泄漏的原油流入排水暗渠及反冲到路面。原油泄漏后，现场处置人员采用液压破碎锤在暗渠盖板上打孔破碎，产生撞击火花，引发暗渠内油气爆炸。

2. 间接原因

企业安全生产主体责任不落实，隐患排查治理不彻底，现场应急处置措施不当；市政府及开发区管委会贯彻落实国家安全生产法律法规不力；管道保护工作主管部门履行职责不力，安全隐患排查治理不深入；开发区规划、市政部门履行职责不到位，事故发生地段规划建设混乱；市政府及开发区管委会相关部门对事故风险研判失误，导致应急响应不力。

第三节 平台遇险案例

※ 案例4 "克拉"石油钻井平台沉没事故

一、事故概述

2011年12月18日,"克拉"(又译"科尔斯卡耶")石油钻井平台在完成既定施工后返回基地的途中,一艘破冰船和一艘拖船正试图将该钻井平台拖航至萨哈林岛,但船只舷窗遭海浪和冰块冲击后破损,船舱开始进水,导致施工中断,在距离萨哈林岛200km的鄂霍次克海的中心海域发生倾覆沉没,等待救援的平台人员未能及时登上救生艇逃生。

二、原因分析

1. 主要原因

钻井平台进行牵引施工时违反安全条例,以及忽视当时的恶劣天气条件。

2. 次要原因

事发地点水温仅为11℃,在此条件下,落水者的生存时间仅为30min左右,在身着防护服的情况下最多生存6h。

※ 案例5 平台倾斜事故

一、事故概述

某三桩腿自升式海洋修井施工平台由主体、桩腿(带桩靴)、升降系统三部分组成,主体平面接近三角形,适于施工工况风速36m/s(12级飓风),风暴自存风速51.5m/s(16级飓风),水深5~25m的修井施工,于2002年6月正式投用。

事故当天,该平台就位于井组平台(由三口油井和三口水井组成),并对井组平台某口井进行注水管柱检修施工。该处海域设计水深11m。平台在发生倾斜事故时实际处于避风停等状态。值班人员检查平台时,发现平台向艏部纵倾0.2°、横倾0°,40min后,平台倾斜0.7°(允许0.3°),平台副经理接到汇报后,决定启动调整程序,对平台艏部进行调整。此时海上实际风力7~8级(风向东北),阵风9级。做好准备工作后,开始对平台艏桩进行调整,调整过程一切正常。平台调平,停止升平台动作时,艏部突然下沉,操作人员迅速按下突发事故切断按钮,但艏部继续下沉。由于平台倾斜加剧,生活区逐渐进水,继而36人遇险,其中4人被巨浪卷入海中。险情发生后,平台立即组织职工穿戴救生衣向高处集合,报告并等待救援。事故现场如图8-3所示。

图 8-3 平台倾斜事故

二、原因分析

(1) 直接原因。一是海床地层承压安全系数不足；二是施工平台坐入区海床凹凸不平且高差大，平台就位前未做海床不平施工处理，增加了海流冲刷、掏空桩靴的隐患；三是本次施工平台安装就位时，大靴脚（12m×12m）入泥深仅 0.5m，也增加了海流冲刷、掏空桩靴的隐患。

(2) 天气原因。大风巨浪期间调升平台和滑桩是加剧平台倾斜的原因之一。平台发生倾斜之时，恰值大风巨浪肆虐之时。

(3) 海床严重剥蚀和海流冲刷、掏空桩靴导致地层承压下降（地层液化）也是平台倾斜的原因之一。一是海床严重剥蚀，造成表面承力层变弱。黄河改道后，油田海域由冲淤逐渐变成目前的冲刷和剥蚀；二是大风巨浪使浅海海底形成巨大的海流，加剧冲刷和掏空大靴脚底部，同时平台也频繁摇动，进一步使地层承压能力下降（后简称地层液化）；三是同一位置施工时间过长，助长了地层液化。

(4) 甲乙双方忽视油田海床多年剥蚀带来的地质风险。

(5) 平台设计对油田极其复杂的海床地层承压安全论证不充分，存在平台倾斜隐患，平台操作手册未根据海床剥蚀变化更新。

(6) 平台操作规程、突发事故管理不完善且应急启动不及时，各级管理不严，安全培训存在薄弱环节。

※ 案例 6 钻井船沉船事故

一、事故概述

1979 年 11 月 25 日，某钻井船在移井位拖航途中发生翻沉事故，造成 72 人死亡，整个钻井平台沉没。钻井船自原井位迁至新井位，航距 117n mile。经讨论决定不在原井位卸载和捞潜水泵（为避免潜水泵将平台顶破，确定浮力舱与平台之间留 1m 间隙），为了能够就位，在距新井位 4n mile 处设过渡点升船一次，捞泵卸载，如新井位水深可以直接就位就不再设过渡点，不再捞泵卸载；采用一条拖船（84h_P 拖航，航行 43h，航速 2.5～2.7kn）进行拖航。11 月 24 日 8 时 3 分，拖轮靠近该钻井船准备带缆，但因海浪大而失败；8 时 59 分，第二次带缆成功，随即降船；10 时 44 分开拖；20 时以后，风力逐步增强，由于干舷低，甲板没在水里。25 日 2 时 10 分，该钻井船通风筒被打坏，海水涌进泵舱；3 时 10 分至 20 分，该钻井船用明码报局电台"我船开始下沉"；几分钟后，又用内部频率发出"SOS"（呼救信号）三次，同时告知拖轮救人；3 时 35 分后，拖轮已看不到该钻井船灯光，钻井船已完全翻没海中。

二、原因分析

（1）拖航前没有排出压载水。总载荷应为 7700t 而实达 11047t，从而极大加深了吃水，吃水应为 7.08m 而实达 10.86m，加深了 3m，使应为 3m 以上的干舷，实际上才达 1 米左右。如此低的干舷稍有风浪就经不起袭击。

（2）平台与沉垫舱没有贴紧。因没有打捞怀疑落在沉垫舱上的潜水泵，就无法做到平台与沉垫紧靠，确定平台与沉垫舱保留 1m 间距的违章错误做法，从根本上丧失了排出压载水的条件。

（3）没有卸载。根据后测算，该平台负有可变载荷 7511t，按已知规定超载将近 1 倍。虽该平台几次电报要求卸载，但未被接受，没有卸载，违反拖船安全要求。

（4）抢工期。致使平台在 10 级大风下被冲击翻沉。

（5）抢救不得力。现场的救生设备没有起到救生作用。

以上这几方面原因共同影响破坏了拖航施工的稳性要求，加深了吃水，降低了干舷，严重削弱了抵抗风浪的能力，使本来能抗 12 级以上风的钻井平台未能抵抗住 8～9 级风的袭击，致使通风口被打断后海水大量涌入泵舱，船体失去平衡造成翻沉。

第四节　直升机事故案例

※ 案例 7　机翼受损事故

一、事故概述

2007 年 3 月 7 号 9 时 40 分，某海上平台在使用直升机进行人员倒班，直升机降落时气流较大，直升机平台防滑网格内薄冰碎片被吹起，飞行员感觉机体有明显振动，经查是由于旋转的机翼与碎冰的撞击力较大，导致机翼部分表面受损，飞机暂时无法正常使用，需要进行检修。

二、原因分析

（1）缺乏安全意识。忽视了直升机降落时平台直升机甲板周围环境对直升机产生的安全隐患。

（2）对关键的安全行为没有充分认识，忽视了对直升机平台的除冰清理工作。

第五节　船舶海损案例

※ 案例 8　"12·24"特大海滩船舶事故

一、事故概述

1999 年 12 月 24 日，客滚船"大舜"轮在恶劣天气和海况条件下航行，船舶操纵和操作不当，船载车辆超载且系固不良，导致"大舜"轮在烟台附近海域倾覆，282 人遇难。这一特大海难事故给国家和人民群众的生命财产带来了无可挽回的损失，这是新中国成立以来海上最大的一起海难事故，如图 8-4 所示。

"大舜"轮失控后，在左倾比较严重、稳性逐步丧失的情况下随风浪向岸边拖锚漂移，在狂风巨浪下又受近岸波浪和船体水线以上风压的影响，加之舱内自由液面和货物移动加剧，致使船体左倾达极限值后突然倾覆。倾覆时，大部分旅客仍在船舱内。倾覆后，"烟救 13""烟渔 686""烟港拖 15"等船舶先后抵达现场搜寻、救助落水人员，"烟渔 686"轮救起 12 人，"烟救 13"轮救起 1 人，守候在岸边的军民救援队伍救起 9 人，并沿 13km 海岸线千方百计搜寻遇难人员。

图 8-4　"大舜"号海难事故

二、原因分析

（1）气象、海况恶劣。在寒潮降温、大风和大潮的共同作用下，以及最恶劣的气象、海况，致使"大舜"轮遇险，并给施救带来极大困难。
(2) 船长决策和指挥失误，在紧急情况下船舶操纵和操作不当。
(3) 船载车辆超载，系固不良。
(4) 相关单位安全管理存在严重问题。

除上述原因外，在"大舜"轮遇险后，尽管先后派遣了16艘船舶奋力救助，沿岸也组织了军民千方百计救援，但由于海况、气象条件十分恶劣，天黑、风大、浪高，搜救设备和手段落后，救助船舶抗风能力弱，又无直升机参加救助，全船304人中仅有22人获救生还。

※ 案例9　船舶桅杆擦挂平台事故

一、事故概述

2004年5月8日15时，某船在靠泊钻井平台右舷的施工过程中，船舶失控，船头压向平台艏向，致使船舶桅杆擦挂平台飞机甲板下部。

二、原因分析

(1) 对环境因素认识不足。
(2) 船舶在靠泊过程中对当时的风流影响，特别是对海流的影响考虑不足。
(3) 对关键的安全行为没有充分认识。
(4) 在船舶靠泊前，对危险源辨识及风险控制考虑不充分。

※ 案例10　船舶碰撞平台栈桥事故

一、事故概述

2004年8月21日4时10分，某倒班船准备靠A平台接送B平台倒班人员，当时风向为东南风，风力2~3级，流向为北向。水手长通知倒班船，靠A平台南侧的浮吊"南天龙"号船尾有两根定位钢缆在A平台桩腿下的海里，用于接送卫星平台人员倒班的拖轮无法靠近A平台，建议倒班船靠泊B平台，倒班船船长得知建议后决定靠泊B平台。4时30分，倒班船开始靠到B平台，5时10分靠上B平台并带缆，同时B平台水手班开始吊送倒班人员。当第一吊完成准备吊送第二吊人员时，水手长发现倒班船船头开始向B平台与A平台之间的栈桥移动。水手长立刻用对讲机呼叫倒班船，告知其船头向栈桥方向移动，但此时船已来不及控制而直向栈桥移去，最终导致倒班船右舷烟囱、部分天线、船头示位灯碰到栈桥。5时20分，在水手长的指挥下，倒班船从栈桥区域脱离出来，使倒班船在最短的时间内撤出危险区域，避免了一场恶性事故的发生。

二、原因分析

(1) A 平台南侧的浮吊"南天龙"号船尾有两根定位钢缆在 A 平台两桩腿下的海里，船舶不能靠泊 A 平台。

(2) 倒班船的首推吨位不能克服流向作用力，造成船首随流漂移。

第六节　油气生产设施与管线破损案例

※ 案例 11　吊索断裂事故

一、事故概述

2003 年 8 月 3 日，某公司钻井队完成某井侧钻井，正用钻杆进行通井和下筛管施工。当时，第 95 根钻杆已位于转盘里，第 96 根钻杆卡在吊卡上准备与第 95 根钻杆进行连接，井架工操作气动绞车提升第 97 根钻杆，准备送往小鼠洞。捆绑钻杆的索具为尼龙吊索，缠绕在钻杆内螺纹下方。提升钻杆过程中，井架工发现钢丝绳卡挂在井架 V 门的滚筒旁边，于是释放气动绞车后继续往上提，同时观察钻杆底部外螺纹端吊离钻台的距离。就在这时，尼龙吊索断了，第 97 根钻杆掉了下来。钻杆顺着坡道下滑，钻杆内螺纹端打到正在准备进行接单根施工的钻工后脑部位。事故发生后，平台医生立即对该钻工进行急救，13 时 10 分由直升机将伤者送往医院抢救，16 时抢救无效死亡。

二、原因分析

(1) 尼龙吊索在施工过程中出现疲劳和损害。吊索检验、界定"过度磨损"的标准不清晰，用目测确认吊索是否满足原设计强度具有主观性。

(2) 操作不当可能导致吊索超载断裂。钻杆与滚筒底部边缘或轴承座之间的撞击可能切断吊索。

(3) 钻杆提升系统或施工程序没有充分考虑安全防护措施，工作人员无法被保护。

※ 案例 12　安全带断裂导致员工死亡事故

一、事故概述

2004 年 1 月 24 日 23 时 45 分左右钻井二班人员完成了接班前的巡回检查工作后，开班前会安排本班工作，提出安全注意事项。24 时左右到钻台现场交接班，接班后钻台进行正常的下钻（带有 LWD）施工。1 月 25 日 11 时 30 分左右，顶驱下钻（带有 LWD）到吊卡正接近钻台面的位置停下来后，井架工用黄油枪对吊卡进行了保养，然后向司钻请示，他想去保养顶驱冲管，司钻告诉他，马上就要下班了，别去保养了，等下一个班白班人员接班后，由他们来进行保养。黄油枪没有黄油了，该井架工也没有异议就拿着黄油枪离开了。此后钻台在进行正常的顶驱上卸扣施工，准备接下一个立柱。11时45分左右，司钻正常操作钻机上提顶驱，此时突然听到有人叫喊，司钻以为顶驱挂到什么东西了，立即停止上提，随即该井架工从距钻台面大约6.94m垂高的顶驱上掉下来，他拴带的安全带意外断裂，其头部朝下砸在钻台面的转盘上。司钻立即用电话呼叫平台医生上钻台，随后高级队长赶到钻台，并组织了现场抢救。11时50分左右医生到达钻台，当时该井架工不省人事，鼻孔和口部不断有鲜血流出，检查伤员无呼吸，颈动脉无搏动，随即用担架将其抬到主甲板开阔处，清理呼吸道血块，对其连续进行心肺复苏抢救，注射肾上腺素，持续抢救约30min，仍无法使其恢复呼吸和心跳。同时保护好事故现场，与油公司和相关部门紧急联系飞机，按应急程序进行汇报，岸基支持系统应急启动，开展岸基应急支援。12时43分救援飞机带着医疗抢救小组从陆上基地起飞去支援平台。14时28分医院宣布该员工抢救无效死亡，送进太平间。

二、原因分析

事故调查组进行了一系列"原因树"的分析讨论。认为触发事故的直接原因为：虽然该井架工要求对顶驱冲管进行保养被拒绝，但他还是系上安全带拿着黄油枪爬上顶驱对顶驱上的冲管进行保养，但在其坠落时应起到保护作用的安全带没有起到保护作用，在关键时刻发生断裂，导致人员坠落摔死。安全带断裂是造成人员死亡的直接原因。经过调查组的充分调查和反复分析、推敲、论证，认为造成该员工死亡的原因主要包括以下两方面。

1. 主要原因

安全带选型不当：事故安全带（国家认可的专业厂家生产）经国家检验机构检验8项安全指标，5项合格，3项不合格，属合格品；但根据国家标准安全带的安全冲击重量为100kg。刘某自身重量是88kg，穿着劳保服装后，总重量接近100kg；刘某从顶驱坠落时安全带的安全绳（国家标准没有护套）与顶驱旁边拴安全带的保养小平台外沿接触，在人员重量和下坠加速度的冲击力作用下，安全绳被保养小平台的外沿钢结构剪切割断安全带4股中的2股，接着另2股在重力加速度的作用下拉断，造成刘某摔下，头部触钻台死亡。

2. 次要原因

（1）刘某安全意识淡薄，违反劳动纪律，在司钻明确告诉他不要去保养顶驱且无人知晓的情况下擅自上顶驱保养，上顶驱后也没有及时向任何人声明自己已上顶驱，从而得不到必要的协助、配合和监护。

（2）顶驱上提产生的晃动导致刘某站立不稳从顶驱坠落。

（3）刘某自我防护意识淡薄，安全责任心较差，拴安全带的固定点位置不正确：一是位置较低；二是安全绳的活动范围内有障碍物，致使滑落时给安全带产生了较大的冲击力，被保养小平台的外沿钢结构剪切割断安全带4股中的2股，接着另外2股在重力加速度的作用下拉断。

（4）冬季天气非常寒冷，气温低，导致该员工在顶驱上的站立处易滑。

三、事故处理过程及纠正措施

（1）事故发生后，平台立刻停止施工，抢救伤员，保护好事故现场，防止事故扩大化；采取周密措施，最快恢复生产。

（2）分3次召开现场人员会议，通报安全注意事项和上级的指示；稳定员工的情绪，对情绪不稳定者派专人看护；将事故班组的5人送下平台，从陆地调整5人上平台顶替，防止事故的连锁反应。

（3）将该事故通报各单位，要求立即清理所有的安全带、吊索、吊具，立即停止使用导致事故的厂家生产的安全带及吊索、吊具等系列产品，对其他厂家的安全带及吊索、吊具进行全面自检自查。

（4）事业部领导分别到各片区，参加各单位的倒班会，同员工面对面交心，各平台和项目组经理奔赴海上一线现场，稳定员工情绪，保证下一步的施工安全。

（5）实行顶驱、游车保养专人监护制度。采用挂牌操作的方式，在刹把上悬挂"正在保养，禁止动用"的警示牌。

（6）加强安全意识和"三不伤害"意识宣传的力度与广度，通过实施有奖安全建议活动纠正人员的不规范行为和违章违纪现象，以促进规范和约束员工的行为，增强全体员工的安全意识。

（7）加强对平台管理人员的管理、教育，特别是加强对司钻责任心及安全意识教育，要让他时时牢记司钻手里有3条命，责任重大；计划尽快组织司钻以上高岗位人员和经验丰富的钻井方面专家座谈，提高其管理和危机意识。

（8）开展JSA工作风险分析的制度，班前会上要把所干工作的安全注意事项讲透、讲细、讲具体；工作中要互相提醒，沟通到位；班后会要及时总结，并归纳汇总，逐步建立各单位的JSA数据库。

（9）要求各单位以该事故为教材，组织专题会议开展讨论，认真从事故中吸取教训，举一反三，深入查找事故隐患，看看本单位是否有此类现象存在，下一步应如何制止，拿出一套切实可行的预防措施来。同时要认真查找本单位其他方面存在的问题，特别是关键部位和危险源点及弱点与死角要进行拉网式排查，针对存在的问题进行整改。把事故消灭在萌芽状态，确保安全生产。

（10）加强安全知识培训，提高安全技能，特别是对安全带、吊具、索具、劳动保护用品等国家专控安全产品的保管、保养、使用的专项培训。指定专人对它们进行管理，并完善其管理程序，对在用的安全带挂牌、编号，实行跟踪管理制度。

※ 案例13 吊车扒杆变形事故

一、事故概述

4月20日4时30分，某海洋平台在完井结束后进行甩钻杆施工，某钻井队吊车司机李某在使用完吊车放吊车扒杆过程中，由于操作失误，将吊车扒杆压在了支撑架上，造成扒杆一斜拉筋轻微变形。

二、原因分析

1. 直接原因

（1）判断错误：把杆在回放的过程中，由于驾驶室与支撑架不在一个平行线上，观察角度不够直观，吊车司机未进行进一步观察，凭感觉进行下放。

（2）疏忽和意识缺乏：在不能准确把握把杆正常就位的情况下，完全可探出驾驶室进行仔细观察，对正后慢慢就位。

（3）夜间施工的影响：虽然吊车照明灯和平台上的照明设施处于正常状态，但由于吊车司机对夜间的环境不够熟悉，视觉效果不好也是造成是事故的直接原因之一。

（4）个人违章：吊车司机在将吊车把杆就位的过程中，没有司索指挥，擅自操作。

（5）设备原因：U形的扒杆搁架没有导向装置。

2. 间接原因

（1）技术缺乏：对所需要的技术未能及时掌握，操作生疏。

（2）未能及时了解相关情况：钻井平台吊车司机在对采油平台吊车不熟悉的前提下未能与采油平台吊车司机或相关人员进行充分的沟通与交流，在施工前对吊车的状况不够了解。

※ 案例14　管线铺设断裂事故

一、事故概述

2004年7月29日21时，某铺管船在进行某平台海底管线铺设过程中突遇暴风雨，瞬时风力达22m/s（东北风）。当时该铺管船正在进行管线第13个节点的内管封底焊接施工，大风使铺管船摇摆剧烈。海底管线在施工线上前后剧烈窜动，致使焊接工人无法进行焊接施工。铺管船上第一施工站正在组对焊口，由于船体严重颠簸，海底管线在第一施工站至第二施工站之间来回窜动。22时50分，风力达28m/s（东北风）由铺管船在风浪作用下向西南方向移动，第一施工站未封完底的海底管线节点窜到张紧器之后，在该点断裂，海底管线滑入水中。各部门项目组迅速组织抢救工作，由于措施得当，无任何人员伤害。

二、原因分析

（1）天气突然发生变化造成海底管线断裂。

（2）气象资料来源不准确。所接收的气象资料与施工现场实际情况差距较大，造成当天工作安排不合理。

（3）对此次施工所制定的应急措施有一定的欠缺。

第七节 有毒有害物质遗散案例

※ 案例15 放射源未收回事故

一、事故概述

某平台夜间进行测井施工,由于夜间连续施工时间较长,施工人员王某在完成最后一次施工后急于休息,未将放射源及时收回就解除了隔离警告,12h后平台施工人员在钻杆堆后发现了未回收的放射源,平台立即启动突发事故管理,将平台39人送至医院进行检查,发现均受到不同程度辐射,且两人较为严重。

二、原因分析

(1) 操作人员违反测井施工规定,施工后未进行检查就解除了隔离警告。
(2) 监督管理人员未履行监督责任,疏于现场检查和施工许可证的归档检查。
(3) 夜间施工管理不到位,无人监管。
(4) 施工人员疲劳操作,导致事故发生。

※ 案例16 放射源落井事故

一、事故概述

2004年3月8日,某油田放射性测井小队在某井进行完井测井任务。测完电缆输送段后,仪器提至井口准备测量钻杆输送井段。在卸放射源时,由于操作人员未将源叉与源头螺纹连接到位,致使放射源取出仪器源室后与源叉一起脱落,放射源掉入防落井卡盘内;又因卡盘销子没有锁牢,操作人员用手扑抓放射源时,使卡盘底面分开,造成放射源滑入井眼落井。

二、原因分析

1. 直接原因

操作人员卸放射源时,没有将卸源工具与源头螺纹上紧,造成放射源与工具脱离。

2. 间接原因

(1) 违反了HSE设施使用的规定。井口防止放射源落井的卡盘销子没有锁牢,造成卡盘底面分开,致使放射源滑入井眼落井。

(2) 现场人员职责履行不到位。装卸放射源时，队长和 HSE 监督员没有对施工过程进行监督检查，未能及时发现事故隐患。

(3) 应急措施不当。当放射源脱落掉入井口卡盘上时，操作人员用手扑抓放射源，将卡盘压翻，致使放射源落井。

3. 管理原因

安全教育和培训没有落实到位，造成员工安全意识淡薄，安全操作技能差而且违章施工。现场工艺技术管理人员对保证工程安全的技术措施的制定和检查均没有完全落实到位，对工程技术安全重视不够。日常紧急情况的应急处理实际演练不到位，造成员工对紧急事件的处置能力差。

第八节　急性中毒案例

※ 案例 17　CO 泄漏导致员工急性中毒事故

一、事故概述

2005 年 3 月 29 日，某井进行射孔、高能气体压裂施工。该井是一口注水井，完钻井深 2229m，完钻层位长 8m，根据方案要求采用 TY-102 枪 127 弹射孔，并进行高能气体压裂，抽汲排液合格后完井。射孔前，王某主持召开班前会，会议记录内容包括：

(1) 该井施工技术交底。

(2) 该井可能会有有毒气体产生，射孔时甚至会产生井涌或井喷，井口装有防喷器，发现异常立即关防喷器，若电缆未起出，紧急情况下可切断电缆，抢装井口。

(3) 副队长兼技术员慕某和试井工张某 24h 时坐岗观察，准备好防毒面具，射孔时用检测仪进行监测做好记录。

(4) 下高能气体压裂钻具开始时要慢，保持平稳。

16 时 30 分，射孔结束，21 时 53 分，高能气体压裂成功。23 时，慕某喊试油工王某、马某、张某、郭某做抽汲准备。23 时 40 分，发现井口有溢，按照施工规程要将井口溢流引入计量罐内。由于水龙带与计量罐之间的连接活接头丢失，慕某安排王某、左某在罐顶将导流水龙带从罐口引入罐内，马某在井口配合开关阀门。第一次打开阀门后，水龙带摆动幅度大，关闭阀门，王某进入罐内用棕绳将水龙带绑在罐内直梯上，然后出罐。第二次打开阀门，水龙带仍然摆动，再次关闭阀门，王某又进入罐内，用铁丝加固水龙带时昏倒在罐内。

左某在罐上呼叫王某，没有回应，立即呼救，马某和慕某佩戴过滤式防硫化氢面具，先后进入罐内救人，相继晕倒在罐内。苗某立即拨打 120，同时驻井质量监督张某向监督公司汇报，左某与其他两名试油工戴正压式空气呼吸器准备入罐救助。左某从后罐口进入罐内，用绳子绑住马某救出。为便于抢救，司钻王某用通井机拖倒大罐，使罐口接近地面，救出王某和慕某。3 月 30 日凌晨 1 时 20 分将 3 人送往医院，经抢救无效死亡。经法医鉴定,3人均为一氧化碳中毒死亡。

二、原因分析

1. 直接原因

计量罐内含有井口溢流出的高浓度一氧化碳气体,造成进入计量罐内的王某、慕某、马某中毒死亡。

2. 间接原因

(1) 高能气体压裂后井筒内产生大量一氧化碳有毒气体。本次高能气体压裂施工所使用的主要原料是火箭推进剂,在组分上氧化剂组成相对较少,爆燃时碳组分不完全燃烧,以尽可能得到更多的一氧化碳气体,由于一氧化碳气体分子量相对较小而体积相对较大,从而会产生更大的爆燃压力,达到更好的压裂改造效果。在高能气体压裂后,大量的一氧化碳气体从井筒射孔段随井内液体返至井口,通过水龙带进入计量罐,导致计量罐含有高浓度一氧化碳气体。

(2) 水龙带与计量罐之间的连接活接头丢失。

(3) 在未对大罐进行气体检测的情况下,员工违章进罐施工。

(4) 出现险情后,错误佩戴过滤式防硫化氢面具,盲目进入罐内救人,导致事故扩大。慕某与马某在救援时,违反防毒面具滤毒罐使用说明书中"要根据毒气来源选择相应的滤罐(盒)类型","不要在狭窄的或不通风的房间、蓄水池或容器内使用","如果工作环境中的情况不明确或不稳定时,要采用自给式呼吸器"的规定,错误的选用不能防一氧化碳,又不能在密闭有限空间使用的防毒面具(注:该防毒面具只防硫化氢),进入大罐救人,造成事故扩大。

3. 管理原因

(1) 没有制定相应的操作规程。没有对高能气体压裂工艺进行风险评估,而是沿用液体压裂工艺的操作规程组织施工。高能气体压裂作为一种应用时间较长的施工工艺,一直以来没有进行全面深入的HSE风险评估,管理人员和操作人员都不清楚这种施工工艺可能带来的气体中毒风险,以致地质设计没提供地层中有毒有害气体种类、含量,工程设计没有制定导流过程中有毒有害气体检测措施,现场人员没对井筒溢出流体出口、罐口及时检测。同时没有编制专门的防一氧化碳、硫化氢等有毒有害气体井下施工操作规程和高能气体压裂安全操作规程,使工人无章可循。

(2) 设备管理不严,设备设施有缺陷,没有及时补配丢失的活接头。该施工违反了井下技术施工处关于"油井压裂后放喷时,水龙带必须用活接头与计量罐阀门连接"的规定,导致职工习惯违章用水龙带绑在大罐顶部罐口进行放喷。

(3) 基层干部违章指挥。副队长违反井下技术施工处《安全管理须知》第6条"安全施工七不准"中"大罐未经检查、允许,不准进入大罐内施工"的规定,指挥王某进入罐内施工。而"大罐未经检查、允许,不准进入大罐内施工"的规定,在执行上流于形式,没有制定相关的操作程序,长期以来习惯性违章。

(4) 对员工培训不到位。在出现异常情况时,员工应急知识不掌握,不清楚如何正确选用安全防护用具。项目一部未进行专项监督检查和培训指导，队里人员对一氧化碳气体的毒性认识不到位，防范措施掌握不够。该队在上一口井施工前，进行了3天的防井喷、防气体中毒培训和演习，内容仅限于毒气类型、特性、危害机理及急救方法，没有对防毒面具和正压式空气呼吸器的使用条件与方法进行培训，造成职工救援时防护用具选择不当。

※ 案例18　急性硫化氢中毒

一、事故概述

某年1月21日，某厂油品车间液化石油气罐区瓦斯管线工在17时左右按巡回路线定点检查，在2号凝缩油地下泵房检查时一头栽倒在地上。18时左右被人发现抬出泵房时，呼吸、心跳全无，确诊为硫化氢中毒死亡。

二、原因分析

（1）由于当时柴油加氢瓦斯放空管线堵塞，临时改为火炬燃烧，瓦斯气内含硫化氢30%以上；由于泵有泄漏，泵房又是在地下，硫化氢较空气重，积于泵房底部；该工人到泵房后未开启通风排毒设施，又未佩戴防毒面具，致使中毒事故发生。

（2）无人监护，中毒未能立即发现，待发现时已死亡一段时间。

第九节　潜水施工事故案例

※ 案例19　潜水事故

一、事故概述

2003年7月14日早晨，某潜水员正在某浮式生产储油轮水下清理海洋生物时，突然被储油轮一个直径200mm的吸入口吸住达1分55秒，造成其头皮擦伤。

二、原因分析

（1）对流程的隔离不足。FPSO没能在潜水施工前对连接海底门的公用海水泵的进口阀进行隔离。

（2）对危害缺乏认识。潜水员注意到剥落下来的海洋生物流入海底门，但认为是由于隔离阀门有渗漏造成的，而没意识到是有吸力存在。

（3）集体及个人违反了程序。在现场有一个针对该项施工的安全计划，但在整个施工过程中没有得到强调和执行，没有按正确程序准备和签发工作许可证与隔离证。

第十节 溢油事故案例

※ 案例 20　某油田溢油事故

一、事故概述

2011年6月，某油田C平台及其附近海域有大量溢油，经核实确认该油田C平台C20井发生井涌事故，导致原油和油基钻井液溢出入海。该油田紧急对C20井实施水泥封井，同时组织大量突发事故处置人员和设备全面实施溢油回收清理，如图8-5所示为高压清洗装置清除岸滩周围溢油现场。

图 8-5　高压清洗装置清除岸滩周围溢油

由于溢油事态并未得到完全控制，溢油源排查和封堵工作进展缓慢，该油田实施"三停"（停注、停钻、停产）"三继续"（继续排查溢油风险点、继续封堵溢油源、继续清理油污）"两调整"（调整油田总体开发方案、调整海洋环境影响报告书）。

二、原因分析

在进行注水施工时，对油藏层施压激活了天然气断层，导致原油从断层裂缝中溢出来。

参考文献

[1] 李占东，邱淑新，李阳，等．海洋采油工程 [M]．北京：中国石化出版社，2017．

[2] 谢梅波，赵金洲，王永清．海上油气田开发工程技术和管理 [M]．北京：石油工业出版社，2005．

[3] 戴焕栋，龚再升．中国近海油气田开发 [M]．北京：石油工业出版社，2003．

[4] 张煜，冯永训．海洋石油田开发工程概论 [M]．北京：中国石化出版社，2011．

[5] 李睿，杨二龙，李吉．海洋油气工程专业外语 [M]．北京：石油工业出版社，2018．

[6] 张振国，王长进，李银朋，等．海洋油气工程概论 [M]．北京：中国石化出版社，2012．

[7] 陈建民，李淑民，韩志勇．海洋油气工程 [M]．北京：石油工业出版社，2015．

[8] 董星亮，曹式敬，唐海雄，等．海洋钻井手册 [M]．北京：石油工业出版社，2011．

[9] 海洋油气工程设计指南编委会．海洋油气工程设计指南 [M]．北京：石油工业出版社，2011．

[10] 路继臣，蔺玉水，林向英，等．滩海石油工程技术 [M]．北京：石油工业出版社，2006．

[11] 郭小哲．世界海洋石油发展史 [M]．北京：石油工业出版社，2012．

[12] 张位平．中国海洋石油发展回顾与思考 [M]．北京：石油工业出版社，2010．

[13] 靳波．海洋石油勘探开发安全概论 [M]．北京：石油工业出版社，2006．

[14] 冯景信．海洋石油施工风险管理与实践 [M]．东营：中国石油大学出版社，2007．

[15] 穆剑．海上油气田安全监督实用技术手册 [M]．北京：石油工业出版社，2012．

[16] 郑新权，高志强，罗东坤，等．石油工程项目监督管理 [M]．北京：石油工业出版社，2006．

[17] 王秀军．作业安全分析（JSA）指南 [M]．北京：中国石化出版社，2014．

[18] 阳宪惠，郭海涛．安全仪表系统的功能安全 [M] 北京：清华大学出版社，2007．

[19] 威廉·戈布尔．控制系统的安全评估与可靠性 [M]．白焰，董玲，杨国田，译．北京：中国电力出版社，2008．

[20] 于胜泓，郭志伟．井下施工安全手册 [M]．北京：石油工业出版社，2012．

[21] 樊运晓，罗云．系统安全工程 [M]．北京：化学工业出版社，2009．

[22] 刘康，刘成江，等．安全评价师 [M]．2 版．北京：中国劳动社会保障出版社，2010．

[23] 吴重光．危险与可操作性分析（HAZOP）应用指南 [M]．北京：中国石化出版社，2012．

[24] 王淑美．溢油应急培训教程 [M]．北京：人民交通出版社，2004．

[25] 朱可尚．海洋油气安全管理模式及特点 [J]．中国造船，2008，49（2）：672-675．

[26] 王凯全．冗余安全系统的可靠性分析 [J]．石油化工高等学校学报，2003，16（1）：64-67．

[27] 刘涛．海洋石油危险化学品安全管理 [M]．东营：中国石油大学出版社，2007．

[28] 戴静君，等．海上油气水处理工艺及设备 [M]．武汉：武汉理工大学出版社，2002．

[29] 海上采油工程手册编写组．海上采油工程手册 [M]．北京：石油工业出版社，2001．

[30] 陈建民，等．海洋石油平台设计 [M]．北京：石油工业出版社，2012．

[31] 杨永强．船舶与海洋平台结构 [M]．北京：国防工业出版社，2011．

[32] 简埃里克维南．海洋油气工程设计手册 [M]．上海：上海交通大学出版社，2012．

[33]《海上油气田完井手册》编委会．海上油气田完井手册 [M]．北京：石油工业出版社，1998．

[34] 孙丽萍．海洋油气工程概论 [M]．哈尔滨：哈尔滨工程大学出版社，2000．

[35] 曾宪锦．海上油气田生产系统 [M]．北京：石油工业出版社，1993．